21 世纪高等学校计算机应用技术规划教材

U0146521

网页设计基础与上机指导
——HTML＋CSS＋JavaScript

缪 亮 范 芸 主 编

徐景波 雷学锋 副主编

清华大学出版社

北 京

内 容 简 介

本书系统地介绍了 HTML、CSS、JavaScript 的基本语法，循序渐进地讲述了网页前台技术，从基本概念到具体实践、从页面结构建设到页面布局都进行了详细的阐述，并进行了细致的实例讲解。

全书共 12 章，分别介绍了网页设计入门知识、用 HTML 制作网页内容、超级链接、用 HTML 布局网页、表单、CSS 样式表基础、CSS 布局、CSS 网页元素设计、JavaScript 基础、JavaScript 核心对象、事件响应以及一个网站设计的综合实例。每章还精心设计了"本章习题"和"上机练习与指导"教学单元，既可以让教师合理安排教学实践内容，又可以让学习者举一反三，快速掌握本章知识。

本书以"讲清语法、学以致用"为指导思想，其特点是语言平实，贴近初级读者，不仅仅将笔墨局限于语法的讲解上，还通过介绍典型的小实例来达到学以致用的目的，加强了本书的可自学性，其内容精练，表述清晰，实例丰富。

本书可作为高等院校、高职院校计算机专业及相关专业的教材，也可作为从事网页设计与制作、网站开发、网页编程等行业人员的参考教材。

图书在版编目（CIP）数据

网页设计基础与上机指导：HTML＋CSS＋JavaScript/缪亮等主编. —北京：清华大学出版社，2012.5
（21 世纪高等学校计算机应用技术规划教材）
ISBN 978-7-302-27324-0

Ⅰ. ①网…　Ⅱ. ①缪…　Ⅲ. ①超文本标记语言，HTML－程序设计－高等学校－教材 ②网页制作工具，CSS－高等学校－教材 ③JAVA 语言－程序设计－高等学校－教材　Ⅳ. ①TP312 ②TP393.092

中国版本图书馆 CIP 数据核字（2011）第 236994 号

责任编辑：魏江江　薛　阳
封面设计：杨　兮
责任校对：时翠兰
责任印制：杨　艳

出版发行：清华大学出版社
　　　网　　　址：http://www.tup.com.cn，http://www.wqbook.com
　　　地　　　址：北京清华大学学研大厦 A 座　　　　邮　　编：100084
　　　社 总 机：010-62770175　　　　　　　　　　邮　　购：010-62786544
　　　投稿与读者服务：010-62776969，c-service@tup.tsinghua.edu.cn
　　　质 量 反 馈：010-62772015，zhiliang@tup.tsinghua.edu.cn
印 装 者：北京国马印刷厂
经　　销：全国新华书店
开　　本：185mm×260mm　　　印　　张：22.5　　　字　　数：549 千字
版　　次：2012 年 5 月第 1 版　　　　　　　印　　次：2012 年 5 月第 1 次印刷
印　　数：1～3000
定　　价：34.50 元

产品编号：041780-01

编审委员会成员

（按地区排序）

浙江大学	吴朝晖	教授
	李善平	教授
扬州大学	李　云	教授
南京大学	骆　斌	教授
	黄　强	副教授
南京航空航天大学	黄志球	教授
	秦小麟	教授
南京理工大学	张功萱	教授
南京邮电学院	朱秀昌	教授
苏州大学	王宜怀	教授
	陈建明	副教授
江苏大学	鲍可进	教授
中国矿业大学	张　艳	教授
武汉大学	何炎祥	教授
华中科技大学	刘乐善	教授
中南财经政法大学	刘腾红	教授
华中师范大学	叶俊民	教授
	郑世珏	教授
	陈　利	教授
江汉大学	颜　彬	教授
国防科技大学	赵克佳	教授
	邹北骥	教授
中南大学	刘卫国	教授
湖南大学	林亚平	教授
西安交通大学	沈钧毅	教授
	齐　勇	教授
长安大学	巨永锋	教授
哈尔滨工业大学	郭茂祖	教授
吉林大学	徐一平	教授
	毕　强	教授
山东大学	孟祥旭	教授
	郝兴伟	教授
中山大学	潘小轰	教授
厦门大学	冯少荣	教授
厦门大学嘉庚学院	张思民	教授
云南大学	刘惟一	教授
电子科技大学	刘乃琦	教授
	罗　蕾	教授
成都理工大学	蔡　淮	教授
	于　春	副教授
西南交通大学	曾华燊	教授

出版说明

随着我国改革开放的进一步深化,高等教育也得到了快速发展,各地高校紧密结合地方经济建设发展需要,科学运用市场调节机制,加大了使用信息科学等现代科学技术提升、改造传统学科专业的投入力度,通过教育改革合理调整和配置了教育资源,优化了传统学科专业,积极为地方经济建设输送人才,为我国经济社会的快速、健康和可持续发展以及高等教育自身的改革发展做出了巨大贡献。但是,高等教育质量还需要进一步提高以适应经济社会发展的需要,不少高校的专业设置和结构不尽合理,教师队伍整体素质亟待提高,人才培养模式、教学内容和方法需要进一步转变,学生的实践能力和创新精神亟待加强。

教育部一直十分重视高等教育质量工作。2007 年 1 月,教育部下发了《关于实施高等学校本科教学质量与教学改革工程的意见》,计划实施"高等学校本科教学质量与教学改革工程(简称'质量工程')",通过专业结构调整、课程教材建设、实践教学改革、教学团队建设等多项内容,进一步深化高等学校教学改革,提高人才培养的能力和水平,更好地满足经济社会发展对高素质人才的需要。在贯彻和落实教育部"质量工程"的过程中,各地高校发挥师资力量强、办学经验丰富、教学资源充裕等优势,对其特色专业及特色课程(群)加以规划、整理和总结,更新教学内容、改革课程体系,建设了一大批内容新、体系新、方法新、手段新的特色课程。在此基础上,经教育部相关教学指导委员会专家的指导和建议,清华大学出版社在多个领域精选各高校的特色课程,分别规划出版系列教材,以配合"质量工程"的实施,满足各高校教学质量和教学改革的需要。

本系列教材立足于计算机公共课程领域,以公共基础课为主、专业基础课为辅,横向满足高校多层次教学的需要。在规划过程中体现了如下一些基本原则和特点。

(1) 面向多层次、多学科专业,强调计算机在各专业中的应用。教材内容坚持基本理论适度,反映各层次对基本理论和原理的需求,同时加强实践和应用环节。

(2) 反映教学需要,促进教学发展。教材要适应多样化的教学需要,正确把握教学内容和课程体系的改革方向,在选择教材内容和编写体系时注意体现素质教育、创新能力与实践能力的培养,为学生的知识、能力、素质协调发展创造条件。

(3) 实施精品战略,突出重点,保证质量。规划教材把重点放在公共基础课和专业基础课的教材建设上;特别注意选择并安排一部分原来基础比较好的优秀教材或讲义修订再版,逐步形成精品教材;提倡并鼓励编写体现教学质量和教学改革成果的教材。

(4) 主张一纲多本,合理配套。基础课和专业基础课教材配套,同一门课程可以有针对不同层次、面向不同专业的多本具有各自内容特点的教材。处理好教材统一性与多样化、基本教材与辅助教材、教学参考书,文字教材与软件教材的关系,实现教材系列资源配套。

　　（5）依靠专家，择优选用。在制定教材规划时依靠各课程专家在调查研究本课程教材建设现状的基础上提出规划选题。在落实主编人选时，要引入竞争机制，通过申报、评审确定主题。书稿完成后要认真实行审稿程序，确保出书质量。

　　繁荣教材出版事业，提高教材质量的关键是教师。建立一支高水平教材编写梯队才能保证教材的编写质量和建设力度，希望有志于教材建设的教师能够加入到我们的编写队伍中来。

21世纪高等学校计算机应用技术规划教材

联系人：魏江江 weijj@tup.tsinghua.edu.cn

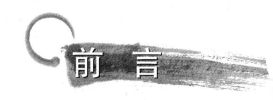

前 言

  Internet 在国内开始流行时,网页作为互联网的主要媒介受到了电脑爱好者的广泛关注,由于当时网速限制,网页主要承载文本、图片等简单数据,使用 Dreamweaver 或 FrontPage 软件即可轻松完成网页制作,而现在 Internet 领域已经改变了很多,它综合了多种技术,如今各大技术论坛长篇累牍的术语,使初学者望而生畏。

  本书面向初、中级用户,主要学习前台浏览器端技术,也就是静态页面的制作技术。早期的网页制作只需要使用 HTML 即可单独完成前台网页制作,而今天则需要学习整个 Web 标准体系才能完成规范的前台网页制作。在 Web 标准中,HTML/XHTML 负责页面结构,CSS 负责样式表现,JavaScript 负责动态行为。本书结合 HTML＋CSS＋JavaScript 的最新规范,从基本的语法入手,以网页前台技术和各种概念及理论知识为主线,以应用为目标,运用实例系统由浅入深地阐述了如何运用 HTML＋CSS＋JavaScript 制作网页。

  本书构思科学合理,理论与应用配合紧密,语言通俗易懂,既可作为各类院校计算机专业及相关专业的教材,也可以作为培训机构相关专业的培训教材。

1. 主要内容

  本书以精简的内容循序渐进地讲述了网页制作技术从基本概念到 HTML 页面制作、CSS 样式控制、JavaScript 程序的动态行为和综合实例。

  全书共分 12 章,各章具体内容如下。

  第 1 章介绍 HTML 的基本语法。

  第 2 章介绍使用 HTML 制作网页内容。

  第 3 章介绍超级链接的使用。

  第 4 章介绍使用 HTML 的表格与框架布局网页。

  第 5 章介绍 HTML 表单的应用。

  第 6 章介绍 CSS 样式表的应用基础。

  第 7 章介绍使用 CSS 对网页进行布局。

  第 8 章介绍使用 CSS 的网页元素设计网页内容。

  第 9 章介绍 JavaScript 的基本语法。

  第 10 章介绍 JavaScript 的核心对象。

  第 11 章介绍 JavaScript 的事件响应。

  第 12 章综合实例,运用 HTML＋CSS＋JavaScript 的技术和方法解决实际问题。

2. 本书特点

1) 教材体系结构合理

本书对知识的安排强调整体性和系统性,知识表达强调层次性和有序性,概念和技术逐层推进，一环扣一环，便于读者学习和理解。

2）实例贯穿知识点

本书从始至终都以实例引导知识点的学习，通过实例来理解概念，通过应用来熟悉技术，理论与实际相结合，使读者易学易用，学以致用。

3）案例实用，技术较新

本书作者均从事过网页制作的开发工作，书中案例都是以最新标准为基础，介绍HTML＋CSS＋JavaScript的最新发展，且在实际开发工作中经常碰到的问题在案例中都有体现，更贴近实用。

4）注重教学实验，加强上机指导内容的设计

网页设计与制作是门实践性很强的课程，学习者只有亲自动手上机练习，才能更好地掌握教材内容。本书将上机练习的内容设计成"上机练习与指导"教学单元，穿插在每章的最后，教师可以根据课程要求灵活授课和安排上机实践。读者可以根据上机练习指导介绍的方法、步骤进行上机实践，然后根据自己的情况对实例进行修改和扩展，以加深对其中所包含的概念、原理和方法的理解。

5）专设图书服务网站，打造知名图书品牌

为了帮助读者建构真正意义上的学习环境，以图书为基础，为读者专设一个图书服务网站。网站提供相关图书资讯，以及相关资料下载和读者俱乐部。在这里读者可以得到更多、更新的共享资源。还可以交到志同道合的朋友，相互交流、共同进步。

网站地址：http://www.cai8.net。

3. 本书作者

本书作者曾从事多年的网页设计和开发工作，积累了丰富的设计思想和方法，近几年从事高校教学工作，作者既有丰富的系统开发经验，又有丰富的教学经验，是主讲网页制作技术的一线教师。

本书由南昌理工学院、开封文化艺术职业学院及邢台学院的教师共同编写，主编为缪亮（负责提纲设计、稿件主审、前言编写等）和范芸（负责编写第6章～第8章、稿件初审）。副主编为徐景波（负责编写第12章）和雷学锋（负责编写第10章和第11章）。编委为李卫东（负责编写第1章和第2章）、聂静（负责编写第9章）、隋春荣（负责编写第4章）和耿超（负责编写第3章和第5章）。

在本书的编写过程中，杨梅、叶君、关南宝、黎宇轩、陈平兰、周雪敏、陆亮、胡彦玲、徐慧、张轶群等参与了本书实例制作和教材编写工作，在此表示感谢。

由于编写时间有限，加之作者水平有限，疏漏和不足之处在所难免，恳请广大读者批评指正。

作　者

2012 年 3 月

目　录

第1章

网页设计入门

随着万维网的飞速发展,各种 Web 网站正如雨后春笋般出现。网页设计技术是网站开发的基础,基于 Web 标准的网页设计技术是当今的大势所趋。在 Web 标准中,HTML/XHTML 负责页面结构,CSS 负责样式表现,JavaScript 负责动态行为。

本章主要内容:

- 网页设计基础知识;
- 网页制作相关技术;
- HTML 入门;
- HTML 基本语法。

1.1 网页设计基础知识

网站是由若干网页构成的,这些网页按照一定的逻辑关系组织在一起。每个网页都包含一定的组成元素,网页的设计与制作就是对这些元素的规划和构建。

1.1.1 网站和网页

网站(Website)是指在因特网上,根据一定的规则,使用 HTML 等工具制作的用于展示特定内容的相关网页的集合。简单地说,网站是一种通信工具,就像布告栏一样,人们可以通过网站来发布自己想要公开的资讯,或者利用网站来提供相关的网络服务。人们可以通过网页浏览器来访问网站,获取自己需要的资讯或者享受网络服务。

网站由域名(domain name)、网页和网站空间这三部分组成。网站域名就是在访问网站时在浏览器地址栏中输入的网址,比如:www. cai8. net(课件吧网站的一级域名)、down2. cai8. net(课件吧网站的二级域名)。网页用某种形式的 HTML 来编写,多个网页由超级链接联系起来。网站空间由专门的独立服务器或租用的虚拟主机承担,网页需要上传到网站空间中,才能供浏览者访问网站中的内容。

网站是一个整体,它是由网页及为用户提供的服务构成的,网站为浏览者提供的内容是通过网页展示出来的,即为使浏览者了解该网站为用户所提供的服务及展示的信息,浏览者访问网站实际上就是浏览网页。网页经由网址(URL)来识别和存取,当在浏览器中输入网址后,浏览器可以从 WWW 上下载指定的网页,传送到本地计算机,然后再通过浏览器解释网页的内容,再展现到窗口内。

首页(Home page)也可以称之为主页,它是一个单独的网页,和一般网页一样,可以存放各种信息,同时又是一个特殊的网页,作为整个网站的起始点和汇总点,是浏览者访问网站的第一个网页。人们都将首页作为体现网站形象的重中之重,也是网站所有信息的归类目录或者分类索引。因此在制作首页的时候一定要突出重点、分类准确和操作方便,能够使浏览者在看到主页后,吸引用户进一步深入关注网站的内容。图 1-1 是一个网站首页的布局示意图。

图 1-1　网站首页布局示意图

1.1.2　网页基本元素

不同的网页虽然内容千差万别,但是万变不离其宗,所有的网页都是由网页基本元素组成的。下面介绍网页中常见的基本元素。

构成网页的基本元素主要包括文本、图片、水平线、表格、表单、超链接及各种动态元素。

(1) 文本:文本是网页中最主要的信息载体,浏览者主要通过文字了解各种信息。

(2) 图片:图片可以使网页看上去更加美观。如果是新闻类或说明类网页,插入图片后可以让浏览者更加快捷地了解网页所要表达的内容。

(3) 水平线:在网页中主要起到分隔区域的功能,使网页的结构更加美观合理。

(4) 表格:表格是网页设计过程中使用最多的基本元素。首先表格可以显示分类数据,其次使用表格进行网页排版可以达到更好的定位效果。

(5) 表单:访问者有时要查找一些信息或申请一些服务时需要向网页提交一些信息,这些信息就是通过表单的方式输入到 Web 服务器,并根据所设置的表单处理程序进行加工处理的。表单中包括输入文本、单选按钮、复选框和下拉菜单等。

(6) 超链接:超链接是实现网页按照一定逻辑关系进行跳转的元素。一般情况下在浏览网页时将鼠标指针指向具有超链接的文本或图片的时候,鼠标指针变成小手的形状。

(7) 动态元素:现在的网页中的动态元素丰富多彩,包括 GIF 动画、Flash 动画、滚动字幕、悬停按钮、广告横幅、网站计数器等。这些动态元素使网页不再是一个静止的画面,它们赋予了网页生命力,使网页活了起来。

1.2 网页制作相关技术

本书主要介绍浏览器端开发技术,也就是 HTML 页面制作技术。早期的网站功能比较简单,单独使用 HTML 就可以实现前台网页的制作,而现在的网站功能越来越完善,网页的设计与制作要符合 Web 标准。在 Web 标准体系下,HTML/XHTML 负责页面结构,CSS 负责样式表现,JavaScript 负责动态行为。

1.2.1 初识 HTML

HTML 是英文 Hypertext Marked Language 的缩写,中文意思是超文本标记语言,是一种用来制作超文本文档的简单标记语言。所谓超文本,是指用 HTML 创建的文档可以加入图片、声音、动画、影视等内容,并且可以实现从一个文件跳转到另一个文件,与世界各地主机的文件链接。

查看网页源代码具体操作如下。

(1) 打开 IE(Internet Explorer)浏览器,在地址栏输入网易的网址 http://www.163.com,按 Enter 键后,网易网站的首页呈现在面前,如图 1-2 所示。

图 1-2　网易网站首页

（2）下面查看这个精美网页的源文件代码。在 IE 浏览器窗口中,选择"查看"|"源文件"命令,弹出一个记事本文件,如图 1-3 所示。可以看到网页的源文件是由一行行代码组成,这些就是 HTML 代码。

图 1-3　网页源文件代码

专家点拨　用 HTML 编写的超文本文档称为 HTML 文档,它能在各种操作系统平台(如 UNIX,Windows 等)上独立运行。自 1990 年以来 HTML 就一直被用作 WWW(World Wide Web)的信息表示语言,用于描述网页的格式设计及其与 WWW 上其他网页的链接信息。使用 HTML 语言描述的文件,需要通过 WWW 浏览器显示出效果。

1.2.2　HTML 编辑工具

编写 HTML 代码的工具有很多,本节介绍三种最常用的编辑工具:记事本、EditPlus 和 Dreamweaver。记事本是一个简单的文本编辑器,EditPlus 是一个比较专业的文本编辑器,Dreamweaver 是一个所见即所得的网页制作工具。

1. 记事本

记事本是 Windows 操作系统自带的一个应用程序,使用起来十分方便和简单。下面通过简单网页实例介绍用记事本编写 HTML 代码的方法。

（1）选择"开始"|"所有程序"|"附件"|"记事本",运行"记事本"程序。在"记事本"窗口中输入以下代码。

```
<!-- 程序 1-1 -->
<html>
<head>
```

```
<title>欢迎光临图书网站</title>
</head>
<body>
这是第一个简单网页!
</body>
</html>
```

（2）选择"文件"|"保存"命令,在弹出的"另存为"对话框中选择要保存的路径,在"文件名"文本框中输入文件名 myweb001.html,如图 1-4 所示。

图 1-4　"另存为"对话框

专家点拨　在如图 1-4 所示的"文件名"文本框中输入文件名时,一定要输入网页文件的扩展名.html(或者.htm),这样保存的文件才是 HTML 网页文档。如果这里不输入.html(或者.htm)扩展名,那么系统会默认将文件保存为文本文件(TXT文件)。

（3）打开"资源管理器"窗口,根据刚才保存网页的位置,找到 myweb001.html 文件,如图 1-5 所示。

（4）双击 myweb001.html 文件图标,系统自动启动 IE 浏览器并打开这个网页文件,IE窗口中显示的网页效果如图 1-6 所示。

2. EditPlus

EditPlus 是一款功能全面的文本、HTML、程序源代码编辑器。它提供了更加便捷的代码编辑功能,默认支持 HTML, CSS, PHP, ASP, Perl, C/C++, Java, JavaScript 和VBScript 等语法高亮显示;提供了与 Internet 的无缝连接,可以在 EditPlus 的工作区域中打开 Internet 浏览窗口;提供了多工作窗口,不用切换到桌面,便可在工作区域中打开多个文档。

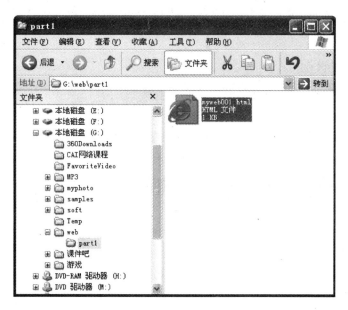

图 1-5　在"资源管理器"窗口中定位文件

图 1-6　网页效果

　　总之，EditPlus 功能强大，界面简洁美观，且启动速度快；中文支持比较好；支持语法高亮；支持代码折叠；支持代码自动完成（但其功能比较弱），不支持代码提示功能；配置功能强大，很适合初学者使用。如图 1-7 所示，是 EditPlus 的工作窗口。

3. Dreamweaver

　　Dreamweaver 是一个"所见即所得"的网页制作和网站管理开发工具，利用 Dreamweaver 可以设计、开发并维护符合 Web 标准的网站和应用程序。无论网站开发者是喜欢直接编写 HTML 代码的驾驭感还是偏爱在可视化编辑环境中工作，Dreamweaver 都会提供帮助良多的工具，丰富 Web 创作体验。

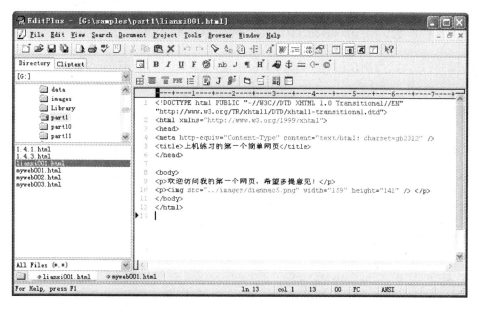

图 1-7 EditPlus 的工作窗口

Dreamweaver CS3 的工作窗口如图 1-8 所示。Dreamweaver CS3 是 Adobe 公司推出的软件版本，加强了对 Web 标准的支持，使创建符合 Web 标准的站点更加容易。

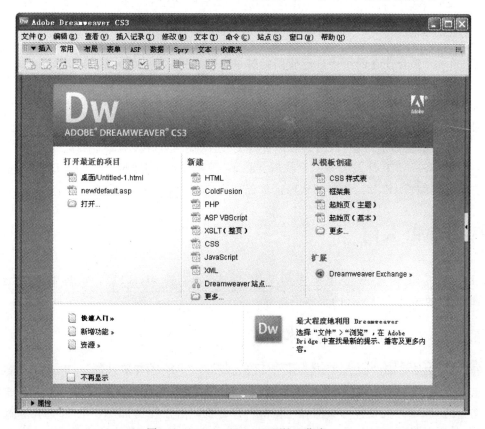

图 1-8 Dreamweaver CS3 的工作窗口

1.2.3 CSS 和 JavaScript

在进行网页设计与制作时,除了 HTML 外,还有 CSS 和 JavaScript 等技术与网页设计密切相关。

1. CSS

CSS(Cascading Style Sheet,可译为"层叠样式表"或"级联样式表")是一组格式设置规则,用于控制 Web 页面的外观。通过使用 CSS 设置页面的格式,可将页面的内容与表现形式分离。页面内容存放在 HTML 文档中,而用于定义表现形式的 CSS 规则存放在另一个文件中或 HTML 文档的某一部分,通常为文件头部分。将内容与表现形式分离,不仅可使维护站点的外观更加容易,而且还可以使 HTML 文档代码更加简练,缩短浏览器的加载时间。

CSS 是 W3C(World Wide Web Consortium)定义和维护的标准,是一种用来为结构化文档(如 HTML 文档或 XML 应用)添加样式(字体、间距和颜色等)的计算机语言。它可以使网页制作者的工作更加轻松和灵活,现在越来越多的网站采用了 CSS 技术。

由于允许同时控制多重页面的样式和布局,CSS 可以称得上 Web 设计领域的一个突破。网页设计者可以为每个 HTML 元素定义样式,并将之应用于所希望的任意多个页面中。如需进行全局的更新,只需简单地改变样式,然后网站中的所有元素均会自动地更新。

2. JavaScript

JavaScript 是目前在网页中广泛使用的脚本语言,它是 Netscape 公司利用 Java 的程序概念,将自己原有的 Livescript 重新进行设计后而产生的脚本语言。

JavaScript 是一种基于对象和事件驱动并具有安全性能的脚本语言,有了 JavaScript,可使网页变得生动、活泼。使用它的目的是与 HTML、Java 小程序(Java Applet)一起实现在一个网页中链接多个对象,与网络客户进行交互,从而可以开发客户端的应用程序。

一个 JavaScript 程序其实是一个代码文档,它需要嵌入或者调入到 HTML 文档进行使用。任何可以编写 HTML 代码的软件都可以用来编写 JavaScript 程序。

1.3 HTML 入门

HTML 是编写 Web 应用程序的基本语言。本节学习 HTML 的基础知识,包括 HTML 文档的结构、HTML 的基本语法等。

1.3.1 HTML 文档的结构

HTML 文件是标准的 ASCII(American Standard Code for Information Interchange,美国信息互换标准代码)文件,它是添加了被称为标记(Tag)的特殊字符串的普通文本文件。一个完整的 HTML 文档包含头部和主体两个部分的内容。在头部内容里,可以定义标题、样式等,主体内容就是网页要显示的各种信息,HTML 文档的结构如下所示。

```
<html>
  <head>
      头部内容,定义标题、样式等
  </head>
  <body>
      主体内容,网页要显示的各种信息,包括文本、超链接、图像、动画等
  </body>
</html>
```

其中<html>标记在最外层,表示这对标记间的内容是 HTML 文档。一些 HTML 文档省略了<html>标记,因为扩展名为.html 或.htm 的文件被 Web 浏览器默认为是 HTML 文档。<head>与</head>之间包括文档的头部内容,如文档的标题、样式等,若不需头部信息则可省略此标记。<body>标记一般不省略,表示主体内容的开始。

1. 头部内容

HTML 头部内容里包含关于所在网页的信息。头部内容里的信息,主要是为浏览器所用,不会显示在网页的正文内容里。

标题是最常用的头部信息,它不是显示在网页的正文内容中,而是显示在浏览器的标题栏。用<title>标记指定网页标题,即在<title>…</title>之间写上网页标题,如程序 1-2 所示。

```
<!-- 程序 1-2 -->
<html>
<head>
    <title>专业的图书网站</title>
</head>
<body>
</body>
</html>
```

在浏览器中打开这个网页文档,显示效果如图 1-9 所示。浏览器窗口的标题栏中窗口的标题为"专业的图书网站"。

图 1-9 页面标题示例

另外，在头部内容中用＜meta＞标记描述网页的有关信息，例如开发工具、作者信息、网页关键字、网页描述等。这些信息并不在网页正文内容中显示，但是一些搜索引擎可以检索这些信息，浏览者可以根据这些关键字或描述查找到该网页。程序 1-3 是一个＜meta＞标记的实例。

```
<! -- 程序 1 - 3 -->
< html >
< head >
    < title >专业的图书网站</title>
    < meta name = "generator" content = "editplus" />
    < meta name = "author" content = "miaoliang" />
    < meta name = "keywords" content = "图书,教材,教程,出版社"/>
    < meta name = "description" content = "这是一个包含大量图书信息的网站" />
</head >
< body >
</body >
</html >
```

除了＜title＞和＜meta＞标记外，网页的头部内容还有＜script＞、＜link＞、＜style＞等标记。＜script＞标记用来设定页面中程序脚本的内容；＜link＞标记用来建立和外部文件的链接，常用的是对 CSS 外部样式表文件的链接；＜style＞标记用来设定 CSS 样式表的内容。

2. 主体内容

主体内容是网页呈现给浏览者的信息，是网页的中心和重心所在。主体内容放在标记＜body＞…＜/body＞之间，包括文字、图片、动画、视频、表格、表单、超链接等元素。

例如，程序 1-4 在＜body＞…＜/body＞之间添加了几个关于文本和段落的标记。

```
<! -- 程序 1 - 4 -->
< html >
< head >
    < title >专业的图书网站</title>
</head >
< body >
    < h2 >最新教材公告</h2>
    < p >清华大学出版社出版发行了一套经典教材。</p>
</body >
</html >
```

程序 1-4 中的标记＜h2＞可以将文字定义成二级标题，＜p＞是段落标记。

1.3.2　＜! DOCTYPE＞标记

HTML 语法要求比较松散，这样对网页编写者来说，比较方便，但对于机器来说，语言的语法越松散，处理起来就越困难，对于传统的计算机来说，还有能力兼容松散语法，但对于许多其他设备，比如移动电话和手持设备等，难度就比较大。

为了解决这样的兼容问题,XML(Extensible Markup Language)语言应运而生。XML是一种标记化语言,其中所有的内容都要被正确地标记,以产生形式良好的文档。由于大量的 HTML 网页的存在,短期内将 HTML 网页都升级成 XML 网页是不现实的。通过把 HTML 和 XML 各自的长处加以结合,得到了在现在和未来都能派上用场的标记语言——XHTML(eXtensible HyperText Markup Language,可扩展超文本标记语言)。XHTML可以说是由 HTML 技术向 XML 技术转变的过渡技术,XHTML 和 HTML 并没有太大的区别,只是在语法上更加严格。

DOCTYPE 是 Document Type(文档类型)的简写,在页面中,用来指定页面所使用的XHTML(或者 HTML)的版本。要想制作符合标准的页面,一个必不可少的关键组成部分就是 DOCTYPE 声明。只有确定了一个正确的 DOCTYPE,XHTML 里的标识和 CSS 才能正常生效。

DOCTYPE 声明添加在 HTML 文档的首行,下面是一个示例。

```
!DOCTYPE html PUBLIC " - //W3C//DTD XHTML 1.0 Transitional//EN"
        "http://www.w3.org/TR/xhtml1/DTD/xhtml1 - transitional.dtd">
< html >
</html >
```

其中的 DTD(例如上例中的 xhtml1-transitional.dtd)叫文档类型定义,里面包含了文档的规则,浏览器根据定义的 DTD 来解释页面的标记,并展现出来。

HTML 4 或者 XHTML 1.0 包含三种 DTD 声明可供选择,分别是:严格型、过渡型和框架型。严格型禁止在页面中使用被 W3C 废弃的标记,而过渡型和框架型则认为废弃的标记是有效的。上例就是一个过渡型 DOCTYPE 声明。

严格型的 DOCTYPE 声明示例如下。

```
<!DOCTYPE html PUBLIC " - //W3C//DTD XHTML 1.0 Strict//EN"
        "http://www.w3.org/TR/xhtml1/DTD/xhtml1 - strict.dtd">
< html >
</html >
```

框架型的 DOCTYPE 声明示例如下。

```
<!DOCTYPE html PUBLIC " - //W3C//DTD XHTML 1.0 Frameset//EN"
        "http://www.w3.org/TR/xhtml1/DTD/xhtml1 - frameset.dtd">
< html >
</html >
```

1.4 HTML 基本语法

HTML 文档是在普通文件中的文本上加上标记(或者叫标签),使其达到预期的显示效果。当浏览器打开一个 HTML 文档时,会根据标记的含义显示 HTML 文档中的内容。

1.4.1　标记语法

HTML 用于描述功能的符号称为标记。前面介绍的＜html＞、＜head＞、＜body＞、＜p＞等都是标记。标记通常分为双标记和单标记两种类型。

1. 双标记

双标记由开始标记和结束标记两部分构成，它必须成对使用。开始标记告诉浏览器从此处开始执行该标记所表示的功能，结束标记告诉浏览器在这里结束该标记。

双标记的基本语法是：

<标记名称>内容</标记名称>

例如：＜h1＞网站简介＜/h1＞，其作用是将"网站简介"这段文本按＜h1＞标记规定的功能来显示，即以一级标题来显示。而＜h1＞和＜/h1＞之外的文本不受这组标记的影响。

2. 单标记

单标记是指标记单独出现，只有开始标记而没有结束标记。这种标记单独使用就可以表达完整的意思。

单标记的基本语法是：

<标记名称>

比如＜br＞就是一个最常用的单标记，它表示换行。

1.4.2　属性语法

HTML 可以为某些标记附加一些信息，这些附加信息被称为属性(attribute)。通过属性可以设置 HTML 元素更丰富的信息。属性是在开始标记中设定，它以"名称/值"对的形式出现，比如：name＝"value"。

属性的基本语法是：

<标记名称 属性名 1 = "属性值" 属性名 2 = "属性值">

属性应该添加在开始标记内，并且和标记名之间由一个空格分隔。一个标记可以包含多个属性，各属性之间无先后次序，用空格分开。例如：

< body background = "back_ground.gif" text = "red">大家好!</body>

这是一个 body 标记，其中 background 属性用来表示 HTML 文档的背景图片，text 属性用来表示文本的颜色。

1.4.3　注释标记

注释标记用于在 HTML 文档中插入注释。注释内容并不会在浏览器中显示，它会被浏览器忽略。可以使用注释对程序代码进行解释,适当的注释便于以后对代码的阅读和维护。

注释标记的基本语法是:

```
<!-- 注释内容 -->
```

左括号后需要写一个惊叹号,右括号前就不需要了。例如:

```
<!-- 这是一段注释。注释不会在浏览器中显示。-->
<p>这是一段普通的段落。</p>
```

另外一个用法是把脚本或者样式元素放入注释文本中,这样可以避免不支持脚本或样式的浏览器把它们显示为纯文本,影响网页的美观。例如:

```
<body>
...
    <script type="text/javascript">
    <!--
        document.write("欢迎访问本站!")
    -->
    </script>
    <noscript>您的浏览器不支持JavaScript!</noscript>
...
</body>
```

1.5 上机练习与指导

1.5.1 编写一个简单 HTML 网页

用记事本程序创建如下 HTML 文档,网页效果如图 1-10 所示。其中页面标题为"个人主页"。程序要设置 DOCTYPE 声明,类型为过渡型。

```
<!DOCTYPE html PUBLIC "-//W3C//DTD XHTML 1.0 Transitional//EN"
    "http://www.w3.org/TR/xhtml1/DTD/xhtml1-transitional.dtd">
<!-- 上机练习1-1 -->
<html>
    <head>
        <title>个人主页</title>
    </head>
    <body>
        <p>欢迎访问我的个人主页!</p>
        <img src="../images/home.png">
    </body>
</html>
```

图 1-10   网页效果

1.5.2   ＜meta＞标记的应用

本练习主要是让读者掌握元信息标记＜meta＞的使用方法。元信息标记＜meta＞位于 HTML 文件的＜head＞＜/head＞区域中，用来记录网页关键字、描述、刷新等信息，不会显示在 HTML 页面中，但却起着重要的作用。例如加入关键字会使网页自动被大型搜索网站自动搜集，可以设定页面格式及刷新等。

提示：可以在网上搜索有关＜meta＞标记的相关知识进行学习并自主练习。

1.6   本章习题

一、选择题

1. 不同的网页虽然内容千差万别，但是万变不离其宗，所有的网页都是由网页基本元素组成的。下面哪一个是实现网页按照一定逻辑关系进行跳转的元素？（   ）

    A. 水平线   B. 超链接   C. 表格   D. 动画

2. HTML 网页文件的默认扩展名是什么？（   ）

    A. .txt   B. .doc   C. .html   D. .exe

3. 以下哪对 HTML 标记是网页的主体？（   ）

    A. ＜head＞＜/head＞   B. ＜title＞＜/title＞

    C. ＜body＞＜/body＞   D. ＜table＞＜/table＞

4. 以下标记中，哪个是用于设置页面标题的标记？（   ）

    A. ＜title＞   B. ＜caption＞   C. ＜head＞   D. ＜html＞

二、填空题

1. _____是一个单独的网页，和一般网页一样，可以存放各种信息，同时又是一个特殊的网页，作为整个网站的起始点和汇总点，是浏览者访问网站的第一个网页。

2．要想制作符合标准的页面，一个必不可少的关键组成部分就是_____声明。声明的类型包括三种：严格型、_____和框架型。

3．HTML 用于描述功能的符号称为标记，标记通常分为_____和_____两种类型。

4．HTML 可以为某些标记附加一些信息，这些附加信息被称为属性。属性应该添加在开始标记内，并且和标记名之间由一个_____分隔。

第2章

制作网页内容

文字和图片是网页中最基本的元素,制作网页时要对它们进行适当的编排,包括文字格式、段落格式、图文混排等。另外,一些常见的多媒体文件也是网页中的重要元素,包括动画、声音和视频等,它们可以使网页的内容更加丰富多彩。

本章主要内容:

- 添加文字和符号;
- 添加段落;
- 添加列表;
- 添加图片;
- 添加其他多媒体文件。

2.1 添加文字和符号

文字和符号是网页中最基础的信息载体,浏览者主要通过文字了解网页的内容。虽然利用图形文字也可以达到同样的效果,甚至超出纯文本的效果,但是网页文字的优势还是无法被取代的。因为纯文本所占用的存储空间非常小,浏览纯文本网页时,占用的网络带宽较少,能快速地被用户打开。

2.1.1 添加文字

在 HTML 文件中添加文字的方法很简单,在需要文字的地方直接输入即可,但是需要添加在<body>与</body>标记之间。

程序 2-1 是一个在网页中添加文字的实例。

```
<!-- 程序 2-1 -->
<html>
<head>
    <title>添加文字</title>
</head>
<body>
    这是一个专业的图书网站!
</body>
</html>
```

这个程序中,在＜body＞与＜/body＞标记之间输入了一段文字,网页效果如图 2-1 所示。

图 2-1 添加文字的网页效果

2.1.2 添加空格和特殊符号

1. 添加空格

通常情况下,HTML 会自动删除文字内容中的多余空格,不管文字中有多少空格(通过按键盘上的空格键添加的),都视作一个空格。例如,两个文字之间添加了 8 个空格,HTML 会自动截去 7 个空格,只保留一个。为了在网页中增加空格,可以使用" "明确表示空格。添加一个空格使用一个" "表示,添加多个空格就使用多个" "表示。

程序 2-2 是一个在网页中添加空格的实例。

```
<!-- 程序 2-2 -->
<html>
<head>
    <title>添加空格</title>
</head>
<body>
    这是一个    专业的    图书网站!
</body>
</html>
```

这个程序中,在文字中间添加了一些空格,网页效果如图 2-2 所示。

2. 添加特殊符号

在制作网页时经常会应用一些特殊字符,比如版权符号、注册商标符号等,这些特殊符号的添加方法也和添加空格一样,在需要添加特殊符号的地方添加相应的符号代码即可。

图 2-2　添加空格的网页效果

常用特殊符号及其对应的符号代码如表 2-1 所示。

表 2-1　常用特殊符号

特 殊 符 号	符 号 代 码	说　明
&	&amp;	连接符
©	&copy;	版权所有
®	&reg;	注册
™	&trade;	商标
§	&sect;	小节
€	&euro;	欧元
±	&plusmn;	加减符号
×	&times;	乘法符号
÷	&divide;	除法符号
·	&middot;	中间点
<	&lt;	小于符号
>	&gt;	大于符号
¥	&yen;	人民币符号
°	&deg;	度
£	&pound;	磅

程序 2-3 是一个在网页中添加特殊符号的实例。

```
<!-- 程序 2-3 -->
<html>
<head>
    <title>添加特殊符号</title>
</head>
<body>
&copy;版权所有 课件吧
</body>
</html>
```

在这个程序中添加了一个版权符号,网页效果如图 2-3 所示。

图 2-3　添加版权符号

2.1.3　设置文字样式

在网页中添加文字后,可以设置文字的样式,包括字体、字号、颜色等。利用<font>标记或者<basefont>标记可以实现文字样式的设置。

1. <font>标记

设置文字样式的基本标记是<font></font>,被其包含的文本为样式作用区。
基本语法:

```
< font face = "font_name" size = "value" color = "value">…</font >
```

语法解释:

(1) <font>标记的 face 属性用于设置文字字体(字型)。HTML 网页中显示的字型从浏览器端的系统中调用,所以为了保持字型一致,建议采用宋体,HTML 页面也是默认采用宋体。可以给 face 属性一次定义多个字体,字体之间用逗号分隔开。浏览器在读取字体时,如果第一种字体在系统中不存在,就显示第二种字体,如果第二种字体在系统中不存在,就显示第三种字体,依次类推,如果这些字体都不存在,就显示为计算机系统的默认字体。

(2) size 属性用于设置文字大小。size 的值为 1~7,默认为 3。可以在 size 属性值之前加上＋、－字符,来指定相对于字号初始值的增量或减量。

(3) color 属性用于设置文字颜色,其值为该颜色的英文单词或十六进制数值。
程序 2-4 是一个设置文字样式的实例。

```
<! -- 程序 2-4 -->
< html >
< head >
    <title>设置文字样式</title>
</head >
```

```
< body >
< font face = "黑体" size = "5" color = "red">这是一个专业的图书网站!</font >
</body >
</html >
```

这个程序中用<font>标记定义了文字的样式,文字字体为黑体,字号为 5 号,颜色为红色。网页效果如图 2-4 所示。

图 2-4　设置文字样式

2. <basefont>标记

<basefont>是基底文字标记。在制作网页前,可以使用<basefont>标记对整个网页文字进行一个基本的定义,主要包括字体、字号和颜色,当网页中没有另外定义文字样式时,就自动套用<basefont>标记定义的样式。

基本语法:

```
< basefont face = "font_name" size = "value" color = "value">…</font >
```

语法解释:

<basefont>标记的三个属性用法和<font>标记一样。

专家点拨　<basefont>标记要慎用,因为它属于不被未来 Web 标准支持的标记。

2.1.4　修饰文字

HTML 提供了一些修饰文字效果的标记,包括粗体、斜体、下划线、删除线、上标和下标等。

1. 粗体

为了使文字更醒目,可以使用<b>标记将文字加粗显示。

基本语法:

```
<b>…</b>
```

语法解释：

使被作用的文字加粗显示。

专家点拨   `<strong></strong>`被称为特别强调标记，也是使文字加粗，目前其使用比`<b></b>`标记更频繁。

2. 斜体

如果想使文字倾斜显示，可以使用`<i>`标记。

基本语法：

```
<i>…</i>
```

语法解释：

使被作用的文字倾斜显示。

3. 下划线

如果想使文字添加上下划线，可以使用`<u>`标记。

基本语法：

```
<u>…</u>
```

语法解释：

使被作用的文字加上下划线。

程序 2-5 是一个文字加粗、斜体和下划线的实例。

```
<!-- 程序2-5 -->
<html>
<head>
    <title>文字加粗、斜体和下划线</title>
</head>
<body>
    <b>这是一个专业的图书网站!</b><br>
    <i>这是一个专业的图书网站!</i><br>
    <u>这是一个专业的图书网站!</u>
</body>
</html>
```

这个程序中分别对 3 行文字进行了加粗、斜体和下划线的修饰，网页效果如图 2-5 所示。

4. 删除线

基本语法：

```
<strike>…</strike>
```

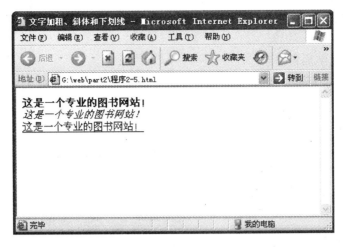

图 2-5　加粗、斜体和下划线的修饰效果

语法解释：

使被作用的文字加上删除线。

程序 2-6 是一个文字添加删除线的实例。

```
<!-- 程序2-6 -->
<html>
<head>
    <title>给文字添加删除线</title>
</head>
<body>
    本网站域名将由<strike>http://www.cai8.cn</strike>改为http://www.cai8.net
</body>
</html>
```

程序运行的网页效果如图 2-6 所示。

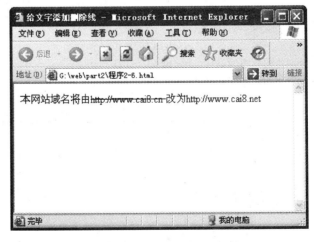

图 2-6　文字添加删除线效果

5. 上标和下标

如果在网页中添加数学公式,有可能遇到输入上标和下标的问题,比如 a^2、b_2 等。

基本语法:

(1) […]

(2) _…

语法解释:

(1) 将文字放在^与之间就可以实现上标。

(2) 将文字放在_与之间就可以实现下标。

程序 2-7 是一个输入上标和下标的实例。

```
<! -- 程序 2 - 7 -->
<html>
<head>
    <title>文字的上标和下标</title>
</head>
<body>
    方程式 x<sup>2</sup> - 3x + 2 = 0 的解有两个: x<sub>1</sub> = 2; x<sub>2</sub>
= 1
</body>
</html>
```

这个程序中用<sup>标记显示数学表达式中的上标,用<sub>标记显示数学表达式中的下标,网页效果如图 2-7 所示。

图 2-7　文字的上标和下标效果

2.2　添加段落及相关设置

在网页设计时,文字段落制作的层次分明,才能让浏览者更好地阅读,也使得网页看起来整洁、美观。

2.2.1　使用段落标记

在文本编辑器中按 Enter 键可以创建一个新的段落,但是这样会被 HTML 忽略。因此,要在网页中开始一个新的段落需要通过使用<p>标记来实现。

基本语法:

<p>…</p>

语法解释:

在<p>与</p>标记之间的文字属于一个段落。段落与段落之间有一定的间距。

程序 2-8 是一个段落实例。

```
<!-- 程序 2-8 -->
<html>
<head>
    <title>段落</title>
</head>
<body>
    <p>段落标记的应用</p>
    <p>在网页设计时,文字段落制作的层次分明,才能让浏览者更好地阅读,也使得网页看起来
整洁、美观。</p>
    <p>在文本编辑器中按 Enter 键可以创建一个新的段落,但是这样会被 HTML 忽略。因此,要
在网页中开始一个新的段落需要通过使用段落标记来实现。</p>
</body>
</html>
```

这个程序中,用<p>标记定义了三个不同的段落。网页效果如图 2-8 所示。

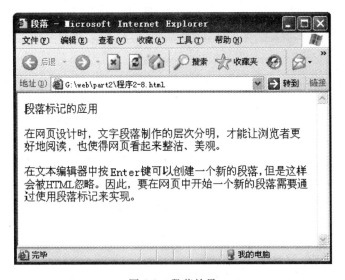

图 2-8　段落效果

2.2.2 使用换行标记

HTML 的段落与段落之间有一定的间隔。如果不希望出现间隔而只想换行的话,就要用到另一个标记,即
标记。
标记可以使所在的位置换行。这种换行和浏览器的自动换行的效果类似。

基本语法:

< br >

语法解释:

标记不是成对出现的,而是一个单标记。一次换行使用一个
标记,多次换行可以使用多个
标记。

如果想强制浏览器不换行显示,可以使用<nobr>标记。如果希望<nobr>标记中的文字强制换行,则可以使用<wbr>标记。

基本语法:

(1) <nobr>…</nobr>

(2) <wbr>…</wbr>

语法解释:

<nobr></nobr>标记之间的内容不换行,但是<nobr></nobr>标记中被<wbr></wbr>包含的内容将被强制换行。

程序 2-9 是一个换行实例。

```html
<!-- 程序 2-9 -->
< html >
< head >
    < title >换行</title>
</head >
< body >
    <p>换行标记的应用</p>
    <p>在网页设计时,文字段落制作的层次分明,<br>才能让浏览者更好地阅读,<br>也使得
    网页看起来整洁、美观。</p>
    <nobr>在文本编辑器中按 Enter 键可以创建一个新的段落,但是这样会被 HTML 忽略。<wbr>
    因此,要在网页中开始一个新的段落需要通过使用段落标记来实现。</wbr></nobr>
</body >
</html >
```

这个程序中,使用了两个
标记进行换行;并且使用了强制不换行标记和内置了强制换行标记。网页效果如图 2-9 所示。

2.2.3 设置段落对齐

如果要设置网页中段落的对齐方式,可以使用<p>标记的 align 属性。

基本语法:

< p align = "value">…</p>

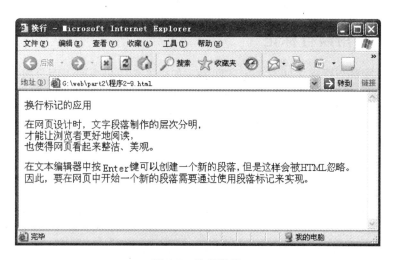

图 2-9 换行效果

语法解释：

在<p>标记中使用 align 属性可以设置段落的对齐方式，其中 value 有 4 个值：left(左对齐)、right(右对齐)、center(居中对齐)和 justify(两端对齐)。

程序 2-10 是一个段落对齐的实例。

```
<!-- 程序 2-10 -->
<html>
<head>
    <title>段落对齐</title>
</head>
<body>
    <p>align 属性的应用</p>
    <p align="center">在网页设计时,文字段落制作的层次分明,<br>才能让浏览者更好地阅读,<br>也使得网页看起来整洁、美观。</p>
</body>
</html>
```

程序运行时的网页效果如图 2-10 所示。

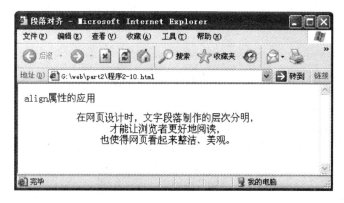

图 2-10 段落对齐效果

2.2.4 使用居中标记

除了使用<p>标记的 align 属性设置段落居中对齐以外,还可以使用<center>标记。该标记也可以使图片等网页元素居中显示。

基本语法:

…

语法解释:

使用该标记,可以使标记中间的内容在网页中居中显示。

专家点拨 在 HTML 4.0 中,<center>是不被建议使用的标记。另外,<p>标记的 align 属性也是一个不被建议使用的属性。

2.2.5 设置标题

在一个网站的网页中或者一篇独立的文章中,通常都会有一个醒目的标题,告诉浏览者这个网站的名字或该文章的主题。HTML 的标题标记主要用来快速设置文本标题的格式,典型的形式是<h1></h1>,它用于设置第一级标题,<h2></h2>用于设置第二级标题,以此类推。

基本语法:

<h# align = "left"|"center"|"right">…</h#>

语法解释:

该标记用来定义六级标题,从一级到六级,每级标题的字体大小依次递减。标题标记本身具有换行的作用,标题总是从新的一行开始。"#"用来指定标题文字的大小,"#"取 1~6 的整数值,取 1 时文字最大,取 6 时文字最小。align 是设置标题的对齐属性。

程序 2-11 是一个标题应用的实例。

```
<!-- 程序 2-11 -->
<html>
<head>
    <title>标题</title>
</head>
<body>
    <p>标题的应用</p>
    <h1>一级标题</h1>
    <h2>二级标题</h2>
    <h3>三级标题</h3>
    <h4 align = "center">四级标题</h4>
    <h5 align = "left">五级标题</h5>
    <h6 align = "right">六级标题</h6>
</body>
</html>
```

这个程序中应用了 6 种标题,并且后面三级标题还设置了对齐方式。网页效果如

图 2-11 所示。

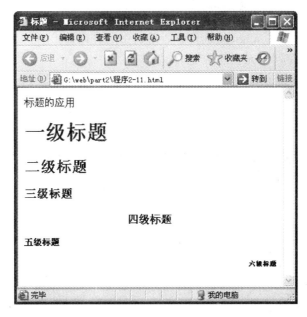

图 2-11 标题效果

2.2.6 添加水平分割线

可以在段落与段落之间添加水平分割线,这样可以使网页文档结构清晰,层次分明。

基本语法:

< hr width = " " size = " " color = " " align = " " noshade >

语法解释:

水平分割线的宽度可以用百分比或者像素作为单位,默认情况下,水平分割线的宽度(width)为 100％,也就是横割浏览器窗口。水平分割线的高度(size)必须以像素为单位。水平分割线的对齐方式(align)为居左(left)、居右(right)、居中(center)。noshade 属性设置水平分割线不出现阴影。

程序 2-12 是水平分割线的实例。

```
<! -- 程序 2 - 12 -->
< html >
< head >
    <title>水平分割线</title>
</head >
< body >
    <p>水平分割线的应用</p>
    < hr >
    <p>在网页设计时,文字段落制作的层次分明,才能让浏览者更好地阅读,也使得网页看起来整洁、美观。</p>
    < hr size = "5">
```

```
    <p>在文本编辑器中按 Enter 键可以创建一个新的段落,但是这样会被 HTML 忽略。</p>
    <hr width = "50 %" color = "red">
    <p>因此,要在网页中开始一个新的段落需要通过使用段落标记来实现。</p>
    <hr width = "70 %" color = "blue" size = "6" align = "right" noshade>
    <p> &copy;版权所有 课件吧</p>
</body>
</html>
```

这个程序中用<hr>标记插入了若干个不同的水平分割线,网页效果如图 2-12 所示。

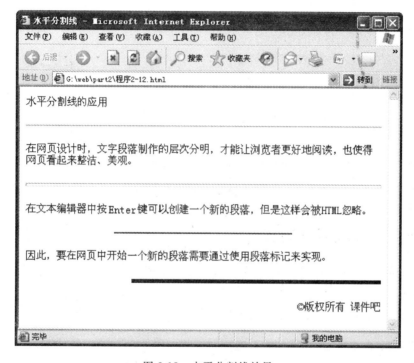

图 2-12　水平分割线效果

2.3　添加列表

列表是 HTML 中组织多个段落文本的一种方式,包括无序列表(Unordered List)、有序列表(Ordered List)和定义列表(Definition List)。

2.3.1　添加无序列表

无序列表在每个列表项目之前使用一个项目符号,各个列表项目之间属于并列关系,没有特定的先后顺序之分。

基本语法:

```
< ul type = " ">
    <li>项目名称</li>
```

```
        <li>项目名称</li>
        <li>项目名称</li>
         ⋮
</ul>
```

语法解释：

无序列表由<ul>标记开始，每个列表项由<li>标记开始。使用 type 属性可以指定出现在列表项前的项目符号的样式，type 属性值及其对应的符号样式如下所述。

(1) disc：指定项目符号为一个实心圆点。IE 浏览器默认的 type 属性值为 disc。

(2) circle：指定项目符号为一个空心圆点。

(3) square：指定项目符号为一个实心方块。

程序 2-13 是一个无序列表的实例。

```
<! -- 程序 2-13 -->
< html >
< head >
    <title>无序列表</title>
</head >
< body >
    <b>推荐图书</b>
    < ul >
        <li>JSP 动态网站开发基础与上机指导</li>
        <li>Flash 动画制作基础与上机指导</li>
        <li>Office 办公应用基础与上机指导</li>
        <li>Authorware 多媒体制作基础与上机指导</li>
        <li>网页设计基础与上机指导</li>
    </ul >
</body >
</html >
```

这段代码执行后，网页效果如图 2-13 所示。列表项目前的项目符号显示为实心圆点，这是系统默认的样式。如果想改变项目符号的样式，可以设置 type 属性为相应的值。

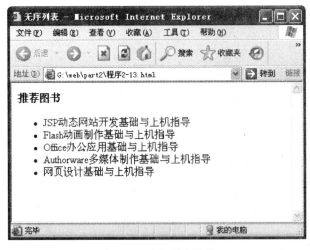

图 2-13　无序列表效果

2.3.2　添加有序列表

有序列表用数字顺序为列表中的项目进行编号,各个列表项目之间有先后顺序之分。在有序列表中,每个列表项前标有数字,表示顺序。

基本语法:

```
< ol type = " ">
    <li>项目名称</li>
    <li>项目名称</li>
    <li>项目名称</li>
      ⋮
</ol>
```

语法解释:

有序列表由<ol>标记开始,每个列表项由<li>标记开始。使用 type 属性可以指定出现在列表项前的项目编号的样式,type 属性值及其对应的项目编号样式如下所述。

(1) 1:指定项目编号为阿拉伯数字。这也是 IE 浏览器默认的项目编号样式。

(2) a:指定项目编号为小写英文字母。

(3) A:指定项目编号为大写英文字母。

(4) i:指定项目编号为小写罗马数字。

(5) I:指定项目编号为大写罗马数字。

程序 2-14 是一个有序列表的实例。

```
<! -- 程序 2-14 -->
< html >
< head >
    <title>有序列表</title>
</head >
< body >
    <b>推荐图书</b>
    <ol >
        <li>JSP 动态网站开发基础与上机指导</li>
        <li>Flash 动画制作基础与上机指导</li>
        <li>Office 办公应用基础与上机指导</li>
        <li>Authorware 多媒体制作基础与上机指导</li>
        <li>网页设计基础与上机指导</li>
    </ol >
</body >
</html >
```

这段代码执行后,网页效果如图 2-14 所示。列表项目前的项目编号显示为阿拉伯数字,这是系统默认的样式。如果想改变项目编号的样式,可以设置 type 属性为相应的值。

通常在指定列表项目的编号样式后,浏览器会从 1、a、A、i 或 I 开始自动编号。而在使用有序列表标记的 start 属性后,可以改变编号的起始值。start 属性值是一个整数,表示从哪一个数字或者字母开始编号。

图 2-14 有序列表效果

程序 2-15 是一个改变编号起始值的实例。

```
<! -- 程序 2－15 -->
<html>
<head>
    <title>有序列表：改变编号起始值</title>
</head>
<body>
    <b>推荐图书</b>
    <ol type = "A" start = "5">
        <li>JSP 动态网站开发基础与上机指导</li>
        <li>Flash 动画制作基础与上机指导</li>
        <li>Office 办公应用基础与上机指导</li>
        <li>Authorware 多媒体制作基础与上机指导</li>
        <li>网页设计基础与上机指导</li>
    </ol>
</body>
</html>
```

这段代码执行后，网页效果如图 2-15 所示。这里设置 type 属性值为 A，start 属性值为 5，所以项目编号从大写字母 E 开始。

专家点拨 除了对＜ul＞或＜ol＞进行属性设置外，还可以对＜li＞进行属性设置。另外，列表还可以嵌套使用，也就是一个列表中还可以包含多层子列表。读者可以查阅相关的资料进行学习。

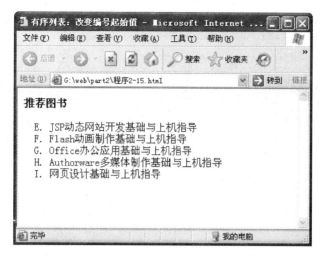

图 2-15 改变有序列表的编号起始值

2.4 添加图片

图片是网页中最常用的元素,要想制作漂亮的网页是离不开图片这个元素的。图片在网页中具有画龙点睛的作用,它能装饰网页,表达网站的情调和风格。但在网页上加入的图片越多,浏览器下载的速度就越慢。网页中使用的图片可以是 GIF、JPEG、BMP、TIFF、PNG 等格式的文件,目前使用最广泛的主要是 GIF、JPEG 和 PNG 三种格式。

2.4.1 ＜img＞标记

在 HTML 文档中,引用图片必须用＜img＞标记。

基本语法:

```
< img src = "url">
```

语法解释:

＜img＞标记的基本属性是 src 属性,src 的属性值为所引用的图片的 URL 地址。src 属性是必需的。url 可以是绝对地址,也可以是相对地址。除了 src 属性外,＜img＞标记还包含其他一些属性,具体内容如表 2-2 所示。

表 2-2 ＜img＞标记的属性及其功能说明

属 性	功 能 说 明
src	指定图片源,即图片的 URL 路径
width	指定图片的显示宽度
height	指定图片的显示高度
hspace	指定图片的水平间距
vspace	指定图片的垂直间距
align	指定图片的对齐方式
border	指定图片的边框大小
alt	显示图片的说明文字

程序 2-16 是＜img＞标记应用的实例。

```
<! -- 程序 2 - 16 -->
< html >
< head >
    < title >在网页中应用图片</title >
</head >
< body >
    <! -- 使用相对路径指定 url -->
    < img src = "../images/qiche001.jpg">
    </br >
    </br >
    <! -- 使用绝对路径指定 url -->
    < img src = "http://www.cai8.net/images/banner.jpg">
</body >
</html >
```

这段代码中分别用相对路径和绝对路径插入了两幅图片,网页效果如图 2-16 所示。

图 2-16　在网页中插入图片

2.4.2　指定图像的尺寸

默认情况下,在网页中显示的图像是原始尺寸。如果想在显示图像时更改其尺寸,就需要采用 img 标记的 width 和 height 属性。

基本语法:

```
< img src = "url" width = " " height = " ">
```

语法解释：

width 和 height 的单位可以是像素（绝对尺寸），也可以是百分比（相对尺寸）。百分比表示显示图像尺寸为浏览器窗口尺寸的百分比。在 width 和 height 属性中，如果只设置了其中一个属性，则另一个属性会根据已设置的属性值按原图等比例显示。如果对两个属性都进行了设置，且其缩放比例和原图尺寸的比例不一致，则显示的图像会相对于原图变形或失真。

程序 2-17 是 width 和 height 属性的应用实例。

```
<! -- 程序 2 - 17 -->
< html >
< head >
    < title >图像尺寸的设置</title>
</head >
< body >
    <! -- 使用绝对尺寸 -->
    < img src = "../images/qiche001.jpg" width = "100">
    <! -- 使用相对尺寸 -->
    < img src = "../images/qiche001.jpg" width = "50 % ">
</body >
</html >
```

这段程序分别用绝对尺寸和相对尺寸的方式设置了一幅图片的 width 属性，网页效果如图 2-17 所示。原图大小为 159×141 像素。第一个图像设置宽为 100 像素，高度自动按等比例进行了设置。第二个图像设置宽为 50%，其尺寸显示为浏览器窗口的二分之一。

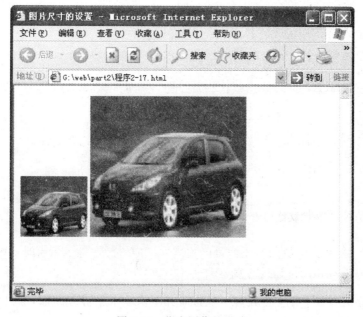

图 2-17　指定图像的尺寸

2.4.3　指定图像的对齐方式

<img>标记的 align 属性定义了图像相对于周围元素的水平和垂直对齐方式。
基本语法：

```
< img src = "url" align = " ">
```

语法解释：

HTML 和 XHTML 标准指定了 5 种图像对齐属性值，如表 2-3 所示。除此之外，Netscape 又增加了 4 种垂直对齐属性：texttop、absmiddle、baseline 和 absbottom。Internet Explorer 则增加了 center。不同的浏览器以及同一浏览器的不同版本对 align 属性的某些值的处理方式是不同的。

表 2-3　align 属性取值说明

属　　性	功 能 说 明
left	在水平方向上向上左对齐
right	在水平方向上向上右对齐
middle	图片中部与同行其他元素中部对齐
top	图片顶部与同行其他元素顶部对齐
bottom	图片底部与同行其他元素底部对齐

程序 2-18 是 align 属性应用的实例。

```
<! -- 程序 2-18 -->
< html >
< head >
    < title >图像对齐方式的设置</title>
</head>
< body >
    < h2 >在文字中垂直对齐图像：</h2>
    < p >图像< img src = "../images/qiche001.jpg" width = "60" align = "bottom">在文本中</p>
    < p >图像< img src = "../images/qiche001.jpg" width = "60" align = "middle">在文本中</p>
    < p >图像< img src = "../images/qiche001.jpg" width = "60" align = "top">在文本中</p>
    < h2 >在文字中水平对齐图像：</h2>
    < p >< img src = "../images/qiche001.jpg" width = "60" align = "left">带有图像的一个段
落。图像的 align 属性设置为 left,图像将浮动到文本的左侧。
    </p>
    < p >< img src = "../images/qiche001.jpg" width = "60" align = "right">带有图像的一个段
落。图像的 align 属性设置为 right,图像将浮动到文本的右侧。
    </p>
</body>
</html>
```

这段程序分别演示了在文字段落中垂直对齐图像和水平对齐图像，网页效果如图 2-18 所示。

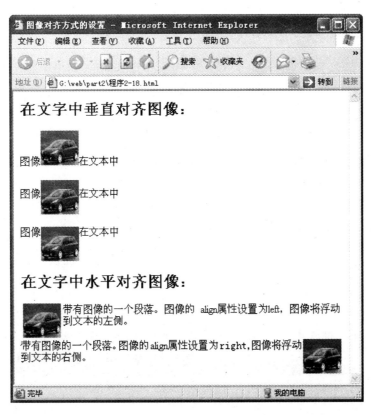

图 2-18 设置图像对齐方式

专家点拨 在 Web 标准中,不推荐使用 img 标记的 align 属性进行图像对齐方式的设置,而是推荐使用表格对齐内容或者使用 CSS 的相应技术。

2.4.4 指定图像的间距

通常情况下,网页中的图像与其周围文字之间默认有两个像素的距离,对于大多数设计者来说这样的间距有些小。hspace 和 vspace 属性可以给图像一个固定的空间。通过设置 hspace 属性,可以以像素为单位,指定图像的水平间距;而设置 vspace 属性则可以指定图像的垂直间距。

基本语法:

（1）<img src = "url" hspace = " ">

（2）<img src = "url" vspace = " ">

语法解释:

hspace 属性用于设置图片与相邻元素的水平间距,vspace 属性用于设置图片与相邻元素的垂直间距。属性值为数字,单位是像素。

程序 2-19 是一个使用 hspace 和 vspace 属性的实例。

```
<!-- 程序 2-19 -->
<html>
```

```
< head >
    < title >图像间距的设置</title >
</head >
< body >
    < h3 >不带有 hspace 和 vspace 的图像：</h3 >
    < p >
    < img src = "../images/qiche001.jpg" width = "90" align = "middle">
    这是一辆新开发的汽车,动力十足。这辆汽车采用了最先进的动力技术。
    </p >
    < h3 >带有 hspace 和 vspace 的图像：</h3 >
    < p >
    < img src = "../images/qiche001.jpg" width = "90" align = "middle" hspace = "30" vspace =
"30">
    这是一辆新开发的汽车,动力十足。这辆汽车采用了最先进的动力技术。
    </p >
</body >
</html >
```

　　这段程序通过两种方式显示一幅图片和一段文字。第一种方式没有设置图像和周围元素之间的间距,第二种方式设置了图像和周围元素的间距。网页效果如图 2-19 所示。

图 2-19　设置图像间距

　　专家点拨　在 Web 标准中,不推荐使用 img 标记的 hspace 和 vspace 属性进行图像间距的设置,而是推荐使用 CSS 的外边距属性和内边距属性进行设置。

2.4.5 指定图像的替换文本

所谓图像的替换文本,指图像不能显示时在图像所在位置显示的一段文本,或当图像正常显示时鼠标移到图像上显示的一段文本。

基本语法:

```
< img src = "url" alt = " ">
```

语法解释:

<img>标记的 alt 属性用于对图像信息进行文字描述。在浏览器中当图像无法正常显示时,在图像位置显示一段替换文本,告诉用户该处是一幅什么样的图像。当图像可以正常显示时,把鼠标指针放在图像上面时也可以显示该替换文本。

程序 2-20 是 alt 属性的应用实例。

```
<! -- 程序 2 - 20 -->
< html >
< head >
    < title >图片的替换文本</title>
</head>
< body >
    < img src = "../images/qiche001.jpg" alt = "新动力汽车">
    </br>
    < img src = "qiche001.jpg" alt = "新动力汽车">
</body>
</html>
```

以上程序代码应用了两次 alt 属性,网页效果如图 2-20 所示。第一幅图像正常显示,当鼠标指针放在图像上面时,显示 alt 属性的值。第二幅图像由于路径错误而未能显示,其 alt 属性的值就显示在图像的位置。

图 2-20　图像的替换文本

2.4.6 设置图像的边框

默认情况下,网页中显示的图像没有边框,为了突出显示图像,可以为一幅图像加上边框。

基本语法:

```
< img src = "url" border = " ">
```

语法解释:

border 属性的值用数字表示,默认单位为 px。图像边框的颜色不可调整,默认为黑色。如果图像作为超级链接使用,图像边框的颜色和文字超链接的颜色一致,默认为深蓝色。

程序 2-21 是设置图像边框的实例。

```
<! -- 程序 2 - 21 -->
< html >
< head >
    < title >图像的边框</title>
</head >
< body >
    <! --默认情况下,border = 0,图像不带边框 -->
    < img src = "../images/qiche001. jpg">
    <! --边框为 5 像素的图像 -->
    < img src = "../images/qiche001. jpg" border = "5">
    <! --边框为 5 像素,并且作为超链接的图像 -->
    < a href = "程序 2 - 19.html">< img src = "../images/qiche001. jpg" border = "5"></a>
</body >
</html >
```

程序代码执行后,网页效果如图 2-21 所示。第一幅图像默认没有边框,第二幅图像显示 5 像素的黑色边框,第三幅图像由于被设置成超级链接,显示 5 像素的蓝色边框。

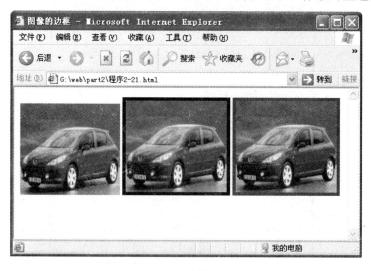

图 2-21 设置图像边框

2.5 设置移动的文字

移动的文字可以增加文字的动态效果，引起浏览者的注意，丰富网页的内容。在 HTML 文档中，插入移动的文字使用的标记是 marquee。

2.5.1 ＜marquee＞标记

基本语法：

＜marquee＞移动文字内容＜/marquee＞

语法解释：

在＜marquee＞和＜/marquee＞标记之间放置需要添加移动效果的文字，可以设置文字的字体、大小和颜色等。

程序 2-22 是＜marquee＞标记的基本应用实例。

```
<! -- 程序 2 - 22 -->
< html >
< head >
    < title >移动文字效果</title>
</head >
< body >
    < marquee >< font face = "宋体" size = "4">欢迎大家访问本站!</font></marquee >
</body >
</html >
```

程序运行时，在浏览器窗口中文字从右向左移动，网页效果如图 2-22 所示。

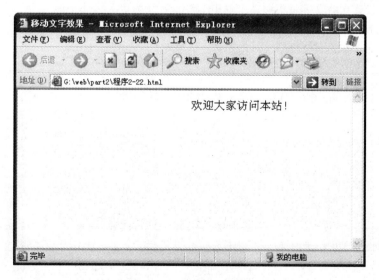

图 2-22 文字移动效果

2.5.2　文字移动属性

在＜marquee＞标记中还可以设置各种属性，如表 2-4 所示。这些属性是可选参数，可以丰富文字移动的效果。

表 2-4　＜marquee＞标记属性

属　性	功　能　说　明	属　性　取　值	各属性值的功能
behavior	设置文字的移动方式	scroll	循环移动（默认值）
		slide	移动一次停止
		alternate	来回交替移动
direction	设置文字的移动方向	left	从右向左移动（默认值）
		right	从左向右移动
		up	从下向上移动
		down	从上向下移动
bgcolor	设置文字的背景颜色	英文颜色名称（或者＃rrggbb）	表示所用颜色
width	设置文字背景的宽度	数字（或者百分比）	设置背景的绝对宽度（或者设置背景相对于浏览器窗口的宽度百分比）
height	设置文字背景的高度	数字（或者百分比）	设置背景的绝对高度（或者设置背景相对于浏览器窗口的高度百分比）
hspace 和 vspace	设置文字背景和周围其他元素的空白间距	数字	设置文字背景和周围其他元素的空白间距的绝对值
loop	设置移动文字的循环次数	infinite	文字移动无限循环（默认值）
		正整数 n	文字移动 n 次
scrollmount	设置移动文字每次移动的距离	数字（默认单位为 px）	文字每次移动的距离
scrolldelay	设置移动文字每次移动后的间歇时间	数字（默认单位为 ms）	文字每次移动后的间歇时间

程序 2-23 是＜marquee＞标记的属性应用的实例。

```
<!-- 程序 2-23 -->
<html>
<head>
    <title>移动文字效果</title>
</head>
<body>
    <marquee behavior = "alternate" direction = "right" bgcolor = "red" width = "300"
    height = "20"><font face = "宋体" size = "4">欢迎大家访问本站!</font></marquee>
</body>
</html>
```

程序运行时，浏览器窗口出现一个宽度为 300 像素、高度为 20 像素的红色背景条，文字在这个背景范围内先从右向左移动,然后从左向右来回交替移动。网页效果如图 2-23 所示。

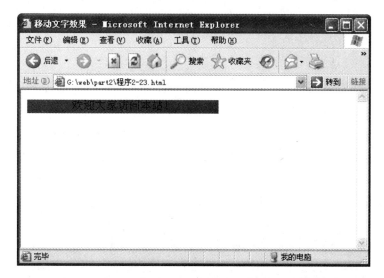

图 2-23 文字移动效果

2.6 插入其他多媒体文件

多媒体技术是当今 Internet 持续流行的一个重要动力。早期的网页大多是由文字或者图像构成,由于多媒体技术的发展,音乐、动画、视频等媒体的应用越来越广泛。音乐网站、电影网站、播客等融合多媒体技术的网站越来越多。本节介绍各种多媒体文件在网页中的应用。

2.6.1 ＜embed＞标记

利用＜embed＞标记可以在网页中插入各种类型的多媒体文件,如 WMV、MP3、AVI、MPEG、SWF、MOV、RMVB 等格式的文件。

基本语法:

```
< embed src = "url">
```

语法解释:

在使用＜embed＞标记之前,需要安装相应的插件,否则多媒体文件就不能正常播放。对于不同的插件,＜embed＞标记的属性也不同。src 属性指定多媒体文件的 URL 来源,即其路径,这是一个必选属性。

程序 2-24 是一个利用＜embed＞标记在网页中插入 Flash 动画的实例。

```
<! -- 程序 2 - 24 -->
< html >
< head >
```

```
    <title>在网页中插入 Flash 动画</title>
</head>
< body >
    < center >
    < embed width = "550" height = "450" src = "../images/test.swf">
    </center >
</body >
</html >
```

程序运行时,在网页中显示一个 Flash 动画,效果如图 2-24 所示。

图 2-24   在网页中应用 Flash 动画

程序 2-25 是一个利用<embed>标记在网页中插入 MP3 音乐文件的实例。

```
<! -- 程序 2 - 25 -->
< html >
< head >
    <title>在网页中插入 MP3 音乐</title>
</head >
< body >
    < center >
    < embed src = "../images/music.mp3" autostart = "true" loop = "true">
    </center >
</body >
</html >
```

程序 2-26 是一个利用＜embed＞标记在网页中插入 MPEG 影像的实例。

```html
<! -- 程序 2-26 -->
< html >
< head >
    <title>在网页中插入 MPEG 影像</title>
</head >
< body >
    < center >
    < embed src = "../images/video.mpeg" autostart = "true" loop = "true">
    </center >
</body >
</html >
```

2.6.2 嵌入背景音乐

利用＜bgsound＞标记可以将音乐嵌入到网页中，其参数设定不多。可以播放的声音文件格式包括 WAV、AU、MIDI、MP3 等。

基本语法：

```html
< bgsound src = "url" loop = " # ">
```

语法解释：

src 指定声音文件的 URL 来源，即其路径，是必选属性。loop 指定声音文件的循环播放次数，其值为正整数 n 时可指定循环播放 n 次，值为－1 或者 infinite 时指定无限循环播放。

程序 2-27 是利用＜bgsound＞标记在网页中嵌入背景音乐的实例。

```html
<! -- 程序 2-27 -->
< html >
< head >
    < title>在网页中嵌入背景音乐</title>
</head >
< body >
    < bgsound src = "../images/music.mp3 " loop = " - 1">
</body >
</html >
```

专家点拨 ＜object＞标记也可以用来在网页中插入多媒体文件。＜object＞标记用于包含对象，比如图像、音频、视频、Java 小程序、PDF 和 Flash 等。几乎所有主流浏览器都拥有对＜object＞标记的支持。

2.7 上机练习与指导

2.7.1 制作文字网页

用记事本程序创建如下 HTML 文档，网页效果如图 2-25 所示。

```
<! DOCTYPE html PUBLIC " - //W3C//DTD XHTML 1. 0 Transitional//EN" "http://www. w3. org/TR/
xhtml1/DTD/xhtml1 - transitional. dtd">
< html >
< head >
< meta http - equiv = "Content - Type" content = "text/html; charset = utf - 8" />
< title>上机练习 2 - 1 </title>
</head >
< body >
< h2 >< font color = "♯CC0000">名车欣赏</font ></h2 >
< h3 >进口汽车</h3 >
< ul >
   < li >宝马</li>
   < li >奔驰</li>
   < li >保时捷</li>
   < li >法拉利</li>
   < li >悍马</li>
</ul >
< h3 >国产汽车</h3 >
< ul >
   < li >奇瑞</li>
   < li >长城</li>
   < li >奔腾</li>
   < li >吉利</li>
   < li >红旗</li>
</ul >
< p >< a href = "http://www. autohome. com. cn/" target = "_blank">查看更多汽车品牌</a></p >
< h4 > &copy; 版权所有 2010 </h4 >
< p >   </p >
</body >
</html >
```

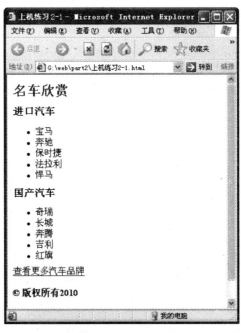

图 2-25　文字网页效果

2.7.2 制作图文混排网页

拟定一个主题,例如宝马汽车新闻,制作一个图文混排的网页效果,如图 2-26 所示。制作时可以上网搜索相关的图片和文字。

图 2-26 图文混排网页

相关代码如下。

```
<! DOCTYPE html PUBLIC " - //W3C//DTD XHTML 1.0 Transitional//EN" "http://www.w3.org/TR/
xhtml1/DTD/xhtml1 - transitional.dtd">
< html >
< head >
< meta http - equiv = "Content - Type" content = "text/html; charset = utf - 8" />
< title >上机练习 2 - 2 </title >
</head >

< body >
<p>< img src = "../images/宝马标志.jpg" width = "69" height = "70" />< a href = "mailto:bmw@
126.com">给编辑发邮件
</a ></p>
< h2 align = "center">现身环保目录 四驱版宝马 750Li 将进口</h2>
```

```
< p >     2010 款宝马 7 系将增加采用 xDrive 四驱技术的新车款,这是宝马
首次为其旗舰车型提供全轮驱动系统。在环保部发布的最新一批"型式核准证书"中,我们看到了
BMW 750Li xDrive KC81 轿车的身影,这意味着四驱版宝马 750Li 的引进已被证实。</p>
< p align = "center">< img src = "../images/宝马 6.jpg" width = "383" height = "275" /></p>
< p >     宝马的 xDrive 全轮驱动系统,能够迅速改变前后轴的扭矩分布状
态,提供更好的行车稳定性及安全性。xDrive 系统的可调幅度较广,能通过自动计算转弯时转向
不足或转向过度的情况,将最合适的扭力分配给需要的车轮。</p>
< p align = "center">< img src = "../images/宝马 7.jpg" width = "389" height = "274" /></p>
</body >
</html >
```

2.8　本章习题

一、选择题

1. ＜font＞标记的 size 属性的最大值是什么?（　　　）

　　A. 5　　　　　　　　B. 6　　　　　　　　C. 7　　　　　　　　D. 3

2. 下列哪一项是换行标记?（　　　）

　　A. ＜font＞　　　　　B. ＜br＞　　　　　C. ＜body＞　　　　D. ＜p＞

3. 在定义超链接时,以下哪一项是表示在新窗口中打开网页文档的?（　　　）

　　A. _self　　　　　　B. _blank　　　　　C. _top　　　　　　D. _parent

4. 通过下列哪个属性可以为图片添加边框?（　　　）

　　A. img　　　　　　B. src　　　　　　　C. border　　　　　D. bgcolor

二、填空题

1. 在 HTML 代码中,用来表示空格的特殊符号是_____。

2. 列表是 HTML 中组织多个段落文本的一种方式,包括_____、_____ 和定义
列表(Definition List)。

3. 在创建电子邮件链接时,如果电子邮件地址是 cai8net@sohu.com,那么正确的链接
代码是_____。

4. 嵌入背景音乐的 HTML 代码是_____。

第 3 章

超级链接

由 HTML 制作的网页中,超级链接是最重要的内容之一,通过单击超级链接可以使显示的内容跳转到另一个对象。超级链接能够使多个孤立的网页之间相互联系,从而使多个单独的网页形成一个有机的整体。

一般而言,在网页中表示超级链接的文字会有特别的颜色,而且字的底下会有条下划线,当光标移到那些字上时,会变成手指形状,单击鼠标则会链接到别的页面或网站。

本章主要内容:

- 超级链接的概念;
- 如何创建超级链接;
- 超级链接的应用;
- 图像映射。

3.1 认识超级链接

超级链接在本质上属于一个网页的一部分,它是一种允许用户同其他网页或站点之间进行链接的元素。各个网页链接在一起后,才能真正构成一个网站。

3.1.1 什么是超级链接

所谓超级链接,又叫超链接,是指从一个网页指向另一个目标的链接关系,这个目标可以是另一个网页,也可以是相同网页上的不同位置,还可以是一个图片、一个电子邮件地址、一个文件,甚至是一个应用程序。而在一个网页中用来超链接的对象,可以是一段文本或一个图片。当浏览者单击已经链接的文字或图片后,链接目标将显示在浏览器上,并且根据目标的类型来打开或运行。

例如,一般网页上都存在栏目导航,每个栏目都对应着一个超级链接,图 3-1 为百度首页,包含新闻、网页、贴吧等栏目,每个栏目都是一个超级链接。

当单击栏目"新闻"超级链接时,页面就会跳转到百度新闻页面,如图 3-2 所示,这样实现了与网站其他页面的链接。

图 3-1　百度首页

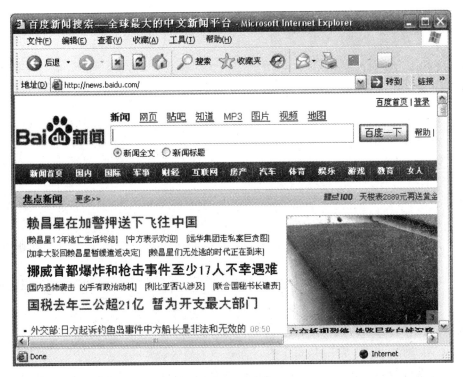

图 3-2　百度新闻

3.1.2 超链接的类型

1. 按照链接路径分类

按照链接路径的不同,网页中超链接一般分为以下 3 种类型:内部链接、锚点链接和外部链接。

所谓内部链接,指的是在同一个网站内部,不同的 html 页面之间的链接关系,在建立网站内部链接的时候,要明确哪个是主链接文件(即当前页),哪个是被链接文件。

所谓外部链接,指的是跳转到当前网站外部,与其他网站中页面或其他元素之间的链接关系。

所谓锚点链接,也称为书签链接,用来标记文档中的特定位置,使用它可以跳转到当前文档或其他文档中的标记位置。在网页中加入锚点包括两方面的工作,一是在网页中创建锚点,另一个是为锚点建立链接。

2. 按照使用对象分类

按照使用对象的不同,网页中的链接又可以分为文本超链接、图像超链接、E-mail 链接、锚点链接、多媒体文件链接、空链接等。

3.2 创建超级链接

本节介绍如何在页面内创建超级链接,包括创建外部链接和内部链接,最后介绍如何改变链接的颜色。

3.2.1 <a>标记

设置链接的基本标记是<a></a>,被其包含的对象为被设置为超级链接的对象。
基本语法:

< a href = "url" title = "指向链接显示的文字" target = "窗口名称" name = "超级链接名称" >超链接名称</a>

语法解释:

(1) href 属性用于设置链接的目标。建立链接时,属性 href 定义了这个链接所指的目标地址,也就是路径。属性值为 URL,可以是绝对路径也可以是相对路径。理解一个文件到要链接的那个文件之间的路径关系是创建链接的根本。每一个网站都具有独一无二的地址,英文中被称做 URL(Uniform Resource Locator),即统一资源定位器。同一个网站下的每一个网页都有不同的地址,但是在创建一个网站的网页时,不需要为每一个链接都输入完整的地址,我们只需要确定当前文档同站点根目录之间的相对路径关系就可以了。可使用的值有绝对 URL、相对 URL 和锚 URL。

(2) target 用于指定打开链接的目标窗口,其属性的默认方式是原窗口,仅在 href 属性存在时使用。

（3）name 属性用于规定链接的名称。

（4）title 属性用于规定有关链接的额外信息，鼠标悬停于该链接上方时显示提示信息。

程序 3-1 是一个超级链接的实例。

```
<! -- 程序 3 - 1 -->
< html >
< head >
    <title>超级链接实例</title>
</head >
< body >
< a href = "http://www.sohu.com">搜狐首页</a>
</body >
</html >
```

这个程序中用<a>标记定义了一个链接，链接目标为搜狐首页，单击链接显示页面跳转到搜狐首页，网页效果如图 3-3 所示。

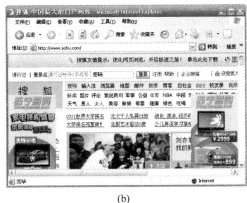

(a)　　　　　　　　　　　　　(b)

图 3-3　超级链接实例

3.2.2　绝对路径与相对路径

在设定超级链接 href 属性值之前，需要首先了解网站中的文档路径。文档路径分为绝对路径、根目录相对路径以及文档相对路径等三种类型。

1. 绝对路径

绝对路径是包含服务器协议（对于网页来说通常是 http://或 ftp://）的完整路径，绝对路径包含的是精确地址而不用考虑源文件的位置。但是如果目标文件被移动，则链接无效。创建外部超链接时必须使用绝对路径。

绝对路径是指资源的完整地址，包括 URL 的所有 3 个部分，形式如下：

协议：//计算机/文档名

例如，http://news.sohu.com/20110721/n314120792.shtml 就是绝对路径，协议为 http，表示访问 news.sohu.com 主机 20110721 目录下的 n314120792.shtml 文件。

如果创建外部链接,在对<a>标记的 href 属性值进行设定时,使该值所代表的值为绝对路径,这样在单击该链接时就会链接到网站的外部。

通过外部链接可以使链接跳转到网站外部某个指定的目标,该目标可以是一个网页,也可以是发送邮件到一个 E-mail 地址,或者是访问某个 ftp 资源。href 属性一些常见选用值和含义如表 3-1 所示。

表 3-1　href 属性常见参数及含义

服　　务	文字描述举例	URL 形式
WWW	新浪网	<a href="http://www.sina.com.cn">新浪</a>
FTP	清华大学 ftp 服务器	<a href="ftp://ftp.tsinghua.edu.cn">清华大学</a>
E-mail	邮件地址	<a href="mailto:itwangwu@sina.com">写信</a>

程序 3-2 为一个外部链接的实例。

```
<!-- 程序3-2-->
<html>
    <head>
        <title>绝对路径与外部链接</title>
    </head>
    <body>
        <a href="http://news.sohu.com/20110721/n314153042.shtml">搜狐新闻内容</a>
    </body>
</html>
```

程序 3-2 中,该链接的目标是一个绝对路径,URL 中的协议为 http,链接目标为 news.sohu.com 主机 20110721 目录下的 n314153042.shtml 文件,当单击该链接时链接到外部的搜狐网站的该文件,效果如图 3-4 所示。

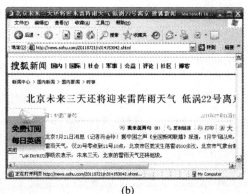

(a)　　　　　　　　　　　　　　　　(b)

图 3-4　绝对路径与外部链接

2. 相对路径

相对路径又分为根目录相对路径与文档相对路径两种。相对路径适合于创建网站的内部链接,一个相对路径不包括协议和主机信息,因为它的路径与当前文档的访问协议和主机相同,甚至有相同的目录路径,所以通常只包含文件夹名和文件名,有时甚至只有文件名。

(1) 根目录相对路径：是指从当前站点的根目录开始的路径。站点上所有可公开的文件都存放在站点的根目录下。和根目录相对的路径使用斜杠以告诉服务器从根目录开始。

例如，如果一个站点的根目录在 D:\Program Files\Apache Software Foundation\Tomcat 6.0\webapps\ROOT 下，ROOT 目录下存在文件 31.html 和子目录 part3，在 part3 下存在子目录 1，子目录 1 下存在文件 32.html，文件 32.html 中有链接"<a href="\31.html">访问文件 31.html</a>"，那么单击该文件的显示链接就会跳转到文件 31.html。

(2) 文档相对路径：是指和当前文档所在的文件夹相对的路径。这种路径通常是最简单的路径，可以用来链接和当前文档处于同一文件夹下的文档。下面举例说明。

① 如果链接到同一目录下的文件 part3.html，只需要指定链接文件的名称即可，即 href="part3.html"。

② 如果要链接上一级目录中的文件 part3.html，则要输入"../"然后再输入文件名，即 href="../part3.html"。

③ 如果要链接上两级目录中的文件 part3.html，则要输入"../../"然后再输入文件名，即 href="../../part3.html"。

④ 如果链接到当前目录的下一级子目录 web 下的文件 part3.html，则要输入目录名 "web/"，然后再输入文件名，即 href="web/part3.html"。

程序 3-3 在网页上面显示一个链接"链接到程序 3-2"，当单击该链接后，网页显示的内容转到同目录的"程序 3-2.html"页面。

页面显示效果如图 3-5 所示。

```
<! -- 程序 3-3 -->
<html>
<head>
<title>相对路径与内部链接</title>
</head>
<body>
    <a href="程序 3-2.html">链接到程序 3-2</a><br>
</body>
</html>
```

单击该链接，显示的内容跳转到网站内部的"程序 3-2.html"页面，显示效果如图 3-6 所示。

图 3-5　相对路径和内部链接　　　　　　图 3-6　内部链接目标显示

3.2.3 target 属性

<a> 标签的 target 属性规定在何处打开链接文档。如果在一个 <a> 标签内包含一个 target 属性,浏览器将会载入和显示用这个标签的 href 属性命名的、名称与这个目标吻合的框架或者窗口中的文档。如果这个指定名称或 id 的框架或者窗口不存在,浏览器将打开一个新的窗口,给这个窗口一个指定的标记,然后将新的文档载入这个窗口。

语法格式:

< a target = "value">

属性值及其含义如表 3-2 所示。

表 3-2　target 属性值及含义

属　性　值	描　　述
_blank	在新窗口中打开被链接的文档
_self(默认)	在相同的框架中打开被链接的文档
_parent	在父框架集中打开被链接的文档
_top	在整个窗口中打开被链接的文档
framename	在指定的框架中打开被链接的文档

属性值详解如下。

(1) _blank,浏览器总在一个新打开的未命名的窗口中载入目标文档。

(2) _self,这个目标的值是所有没有指定目标的<a>标签的默认目标,它使得目标文档载入并显示在相同的框架或者窗口中作为源文档。

(3) _parent,这个目标使得文档载入父窗口。如果网页中含有框架,那么_parent 就是指包含自己的父框架。如果这个引用是在窗口或者在顶级框架中,那么它与目标_self 等效。

(4) _top,这个目标使得文档载入包含这个超链接的窗口,用 _top 目标将会清除所有被包含的框架并将文档载入整个浏览器窗口。

专家点拨　上述 target 的 4 个值都是以下划线开始。任何一个以下划线作为首字符命名的窗口或者目标都会被浏览器忽略,因此,不要将下划线作为文档中定义的任何框架 name 或 id 的第一个字符。

(5) framename 为指定的框架名称,下面举例说明其用法。

如果不用打开一个完整的浏览器窗口,通常使用 target 在一个 <frameset> 显示中将超链接内容定向到一个或者多个框架中。例如,可以将目录网页放入一个带有两个框架的文档的其中一个框架中,并用另一个相邻的框架来显示选定的文档:

```
< frameset cols = "100, * ">
  < frame src = "toc. html">
  < frame src = "pref. html" name = "content">
</frameset >
```

当浏览器最初显示这两个框架的时候,左边的框架包含目录,右边的框架包含前言。

以下是 "toc. html" 的源代码：

```
目录内容< br >
< a href = "pref.html" target = "content">前言</a>< br >
< a href = "chap1.html" target = " content ">第一章</a>< br >
< a href = "chap2.html" target = " content ">第二章</a>< br >
< a href = "chap3.html" target = " content ">第三章</a>
```

注意，在文档 toc. html 中，每个链接的 target 的值都是 content，也就是右边的框架。

当用户从左边框架中的目录中选择一个链接时，浏览器会将这个关联的文档载入并显示在右边的 content 框架中。当其他链接被选中时，右边这个框架中的内容会随之发生变化，而左边的框架内容始终保持不变。

3.2.4　超级链接的显示效果

默认情况下，未被访问的链接带有下划线而且是蓝色的，已被访问的链接带有下划线而且是紫色的，活动链接带有下划线而且是红色的。要改变链接颜色，可以在＜body link＝"颜色" vlink＝"颜色" alink＝"颜色"＞中设置，link 为未访问时的链接颜色，vlink 为已访问过的链接颜色，alink 为活动链接颜色。

程序 3-4 是一个改变超级链接颜色的实例。默认情况下，未访问的链接显示为蓝色，访问过的链接显示为紫色。此程序使未访问的链接显示为绿色，访问过的链接显示为红色。

```
<! -- 程序 3-4 -->
< html >
< head >
    <title>链接文字颜色</title>
</head>
< body link = " #00FF00" vlink = " #FF0000" alink = " #00FF00" >
    < a href = "http://www.sina.com.cn">访问过的链接</a>< br >
    < a href = "http://www.sohu.com">未访问的链接</a>
</body>
</html>
```

单击网页中"访问过的链接"后，访问过的链接颜色变为红色，没访问过的链接颜色显示为绿色，网页显示效果如图 3-7 所示。

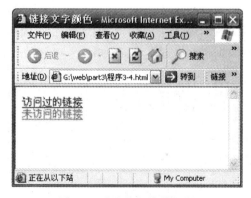

图 3-7　改变超级链接颜色

3.3 常见的超级链接应用

本节介绍几个常见的链接应用,包括图像链接、下载链接、邮件链接和锚点链接。

3.3.1 图像链接

不只是文本可以作为超级链接,也可以指定图像作为超级链接。

基本语法:

`< a href = "url" target = "打开目标链接的窗口">< img src = "图像地址"></a>`

语法解释:

(1) href:图像链接的目标 URL。

(2) target:用于指定打开链接的目标窗口。

(3) <img>:用于指定插入到网页的图像,属性 src 的值为所插入图像的地址。

程序 3-5 是一个以图像作为超级链接的例子。

```
!-- 程序 3-5-->
< html >
< head >
    < title >图像超级链接</title>
</head>
< body >
    < a href = "http://www.baidu.com">< img src = "baidu.gif" alt = "百度"></a>< br >
</body>
</html>
```

程序中显示为链接的图像是和该网页同目录下的 baidu.gif,图片的替换文字是“百度”,当鼠标滑动到百度图像上时,窗口下面的状态栏显示链接地址,显示效果如图 3-8 所示。

图 3-8 图像超级链接

3.3.2　下载链接

如果希望制作下载文件的链接,只需在链接地址处输入文件所在的位置即可。当浏览器用户单击链接后,浏览器会自动判断文件的类型,以做出不同情况的处理。

基本语法:

< a href = "url">链接内容</a >

语法解释:

(1) href:下载文件的地址可以是绝对路径或相对路径。

(2) 文件的类型可以是 zip 文件、rar 文件、pdf 文件或可执行文件。

程序 3-6 是一个下载链接的实例。

```html
<! -- 程序 3 - 6 -->
< html >
< head >
    <title>下载超级链接</title>
</head >
< body >
    < a href = "程序 3 - 5.rar">下载程序 3 - 5 压缩包</a >< br >
</body >
</html >
```

程序 3-6 的超级链接 href 值是一个压缩文件的地址,显示效果如图 3-9 所示。

图 3-9　下载超级链接

当单击链接时,弹出"文件下载"对话框,如图 3-10 所示。

图 3-10　下载文件

3.3.3　邮件链接

如果希望网页浏览者往某个地址发送 E-mail 时,只要浏览者单击 E-mail 链接后,就会在浏览器端自动打开浏览器默认的 E-mail 处理程序,收件人的地址将会按 E-mail 超链接中的指定地址自动装入,无须浏览者输入,这时就需要创建电子邮件链接。

基本语法:

< a href = mailto:E-mail 地址 1?cc = 抄送人 E-mail 地址 &subject = 邮件主题 &body = 邮件正文>描述文字</a>

语法解释:

(1) href 属性值必须以"mailto:"开头,表示后面为电子邮件链接,具体的值为电子邮件地址。

(2) E-mail 链接只有在客户端正确安装电子邮件软件(如 Outlook 或 Foxmail 等)后才能正常运行。

(3) 链接地址后可以添加多个参数,参数之间用"&"字符分隔。电子邮件链接参数及含义见表 3-3。

(4) 多个电子邮件地址之间用";"分隔。

表 3-3　电子邮件链接参数及含义

参数名	说　明
cc	电子邮件的抄送接收人
subject	电子邮件的主题
body	电子邮件的内容

程序 3-7 是一个关于电子邮件链接的实例。

```
<!-- 程序 3-7-->
< html >
< head >
    <title>邮件超级链接</title>
</head >
< body >
    < a href = "mailto:itwangwu@sina.com?cc = Tom&subject = 邮件标题 &body = 邮件内容">发
送电子邮件</a>< br >
</body >
</html >
```

链接显示效果如图 3-11 所示。

单击链接后,打开默认的邮件软件,新建一封邮件,主题为"邮件标题",抄送为"Tom",内容为"邮件内容",收件人地址为"itwangwu@sina.com"。显示效果如图 3-12 所示。

图 3-11　邮件超级链接

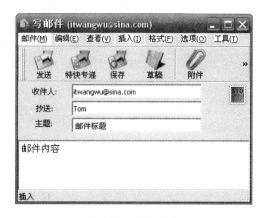

图 3-12　发送邮件

3.3.4　锚点链接

锚点,也称为书签,用来标记文档中的特定位置,使用它可以跳转到当前文档或其他文档中的标记位置。在网页中加入锚点包括两方面的工作,一是在网页中创建锚点,另一个是为锚点建立链接。

在一些内容很多的网页中,设计者常常在该网页的开始部分以网页内容的小标题作为超链接。当浏览者单击网页开始部分的小标题时,网页将跳转到对应小标题的内容中,免去浏览者翻阅网页寻找信息的麻烦。其实,这是在网页中的小标题添加了锚点,再通过对锚点的链接来实现的。

基本语法:

(1) 在同一页面内使用锚点链接的格式:

< a href = "＃锚点名称" target = "窗口名称">链接标题</a>

(2) 在不同页面之间使用锚点链接的格式(在不同页面中链接的前提是需要指定好链接的页面地址和链接的锚点名称):

< a href = "URL 地址＃锚点名称" target = "窗口名称">链接标题</a>

以上两种书签链接形式,链接到的目标为:

< a name = "锚点名称">链接内容</a>

语法解释:

锚点链接可以在同一页面内链接,也可以在不同页面间链接。建立锚点链接需要两个步骤:建立锚点和为锚点建立链接。

1.建立锚点

选择一个目标点,用<a>标记的属性 name 的值来确定锚点的名称。建立锚点的语法形式为:

< a name = "锚点名称">链接内容</a>

在命名锚点时,必须遵循以下规定。

(1)只能使用字母和数字,锚点命名不支持中文。虽然在插入锚点对话框中能输入中文,但在属性面板上显示的则是一堆乱码,且在为锚点添加链接的时候,无法操作。

(2)锚点名称的第 1 个字符最好是英文字母,一般不要以数字作为锚点名称的开头。

(3)锚点名称要区别英文字母的大小写。

(4)锚点名称间不能含有空格,也不能含有特殊字符。

2.链接锚点

创建锚点后,还必须链接锚点。选择想要链接到锚点的文字或图片,然后按下面的方法建立链接。

(1)若锚点和锚点链接在同一页面,链接形式为"<a href = "♯锚点名称" target="窗口名称">链接标题</a>"。

(2)若锚点和锚点链接在不同页面,链接形式为"<a href = "URL 地址♯锚点名称" target="窗口名称">链接标题</a>"。

专家点拨 不管是否在同一页面,锚点链接的 href 属性值中锚点名称前都要加上"♯"字符,按照上述步骤构建链接后,单击锚点链接就会跳转到指定锚点的内容了。

程序 3-8 是一个锚点链接的实例。

```
<!-- 程序 3-8-->
< html >
< head >
<title>锚点链接</title>
</head>
< body >
< a href = "♯topic">链接到页内标题</a>< br >
内容 1。< br >< br >< br >< br >< br >< br >
内容 2。< br >< br >< br >< br >< br >< br >
内容 3。< br >< br >< br >< br >< br >< br >
< H3 >< a name = "topic">标题</a></H3 >
内容 4。< br >< br >< br >< br >< br >< br >
</body>
</html>
```

程序在页面内部定义了一个锚点"topic"，在页面上部建立了一个锚点链接，网页显示效果如图 3-13 所示。

图 3-13　锚点链接

单击链接，跳转到锚点处显示的内容，网页显示效果如图 3-14 所示。

图 3-14　显示锚点处内容

3.4　图像映射

图像既可以作为超链接的源，也可以作为超链接的目标。图像映射是指在同一幅图中定义若干区域，不同区域对应不同的超链接，单击不同区域可跳转到相应页面。其实，图像映射就是将图像内的区域与一系列 URL 链接起来，从而单击特定区域就会把用户带到相应的内容。

这里所述的为客户端图像映射，和服务器端图像映射相比，运行速度更快。

建立客户端图像映射，包括定义映射图和使用映射图。

（1）定义映射图：使用＜map＞标记符和＜area＞标记符。

（2）使用映射图：＜img usemap＝♯映射图名称＞。

3.4.1　＜map＞标记

定义映射区域应使用＜map＞标记,在＜map＞＜/map＞之间添加映射区域信息。
语法格式:

< map name = " namemap " id = " namemap "></map>

name 和 id 属性规定了映射的名称和标识符。

＜img＞中的 usemap 属性可引用 ＜map＞ 中的 id 或 name 属性(取决于浏览器),所以应同时向 ＜map＞ 添加 id 和 name 属性。

3.4.2　＜area＞标记

图像映射指的是带有可单击区域的图像,可用＜area＞ 标签定义图像映射中的区域。
area 元素应嵌套在 ＜map＞ 标签中。
语法格式:

< area shape = "形状" coords = "坐标" href = "url" alt = "替换文本" />

属性及含义:

(1) alt 属性定义此区域的替换文本。

(2) coords 定义可单击区域(对鼠标敏感的区域)的坐标。

(3) href 定义此区域的目标 URL。

(4) shape 定义区域的形状,可选值有 default(全部区域)、rect(矩形)、circ(圆形)和 poly(多边形)。

下面详细解释属性 coords 和 shape 的用法。

＜area＞ 标签的 coords 属性用于定义客户端图像映射中对鼠标敏感的区域的坐标。坐标的数字及其含义取决于 shape 属性中决定的区域形状。可以将客户端图像映射中的超链接区域定义为矩形、圆形或多边形等。

下面列出了每种形状的取值参数。

(1) 圆形:shape="circle",coords="x,y,r"

这里的 x 和 y 表示定义的圆心的位置("0,0" 是图像左上角的坐标),r 是以像素为单位的圆形半径。

(2) 多边形:shape="polygon",coords="x1,y1,x2,y2,x3,y3,…"

每一对 "x,y" 坐标都表示定义的多边形的一个顶点("0,0" 是图像左上角的坐标)。定义三角形至少需要三组坐标;高纬多边形则需要更多数量的顶点。

多边形会自动封闭,因此在列表的结尾不需要重复第一个坐标来闭合整个区域。

(3) 矩形:shape="rectangle",coords="x1,y1,x2,y2"

第一个坐标是矩形的一个角的顶点坐标,另一对坐标是其对角的顶点坐标。"0,0" 是图像左上角的坐标。注意,定义矩形实际上是定义带有 4 个顶点的多边形的一种简化方法。

3.4.3　＜img＞标记的 usemap 属性

＜img＞标记的 usemap 属性用于将图像定义为客户端图像映射。usemap 属性与 map 元素的 name 属性相关联，它建立了图像与映射之间的关系。

usemap 属性提供了一种"客户端"的图像映射机制，有效地消除了服务器端对鼠标坐标的处理，以及由此带来的网络延迟问题。通过特殊的 ＜map＞ 和 ＜area＞ 标签，HTML 创作者可以提供一个描述 usemap 图像中超链接敏感区域坐标的映射，这个映射同时包含相应的超链接 URL。usemap 属性的值是一个 URL，它指向特殊的 ＜map＞ 区域。用户计算机上的浏览器将把鼠标在图像上单击时的坐标转换成特定的行为，包括加载和显示另外一个文档。

程序 3-9 是一个图像映射的实例。

```
<!-- 程序 3-9-->
< html >
< head >
< title >图像映射</title>
</head>
< body >
< p >图像映射实例</p>
< p >
< img src = "baidu.gif" alt = "百度" width = "270" height = "129" border = "0" usemap = "#Map">
< map name = "Map">
< area shape = "rect" coords = "164,51,230,92" href = "http://www.baidu.com" alt = "百度首页">
</map >
</p >
</body >
</html >
```

程序 3-9 定义了一个图像映射，热点区域为图像中包含"百度"两个字的矩形区域。显示效果如图 3-15 所示。

图 3-15　图像映射实例

在图像中"百度"两个字范围内单击,显示页面就会跳转到百度首页,在图像其他区域单击则不跳转。

3.5 上机练习与指导

3.5.1 锚点链接的应用

程序 3-10 描述了锚点链接的应用方法,这里综合了链接页面内部锚点和站点内其他页面内锚点的应用。

```
<!-- 程序 3-10-->
<html>
<head>
<title>锚点链接应用</title>
</head>
<body>
链接页面外部锚点:<br>
<a href="程序 3-10a.html#topic">程序 3-10a.htm 中的标题</a><br>
链接页面内部锚点:<br>
<a href="#topic1">页面内标题 1</a><br>
<a href="#topic2">页面内标题 2</a><br>
<a href="#topic3">页面内标题 3</a><br>
<a href="#topic4">页面内标题 4</a><br>

<H3><a name="topic1">标题 1</a></H3>
内容 1。<br><br><br><br><br><br>
<H3><a name="topic2">标题 2</a></H3>
内容 2。<br><br><br><br><br><br>
<H3><a name="topic3">标题 3</a></H3>
内容 3。<br><br><br><br><br><br>
<H3><a name="topic4">标题 4</a></H3>
内容 4。<br><br><br><br><br><br>
</body>
</html>
```

程序 3-10 在页面内部定义了 4 个锚点,在页面的上部创建了一个链接 3-10a. html 锚点"topic"的链接,以及 4 个页面内部锚点的链接。在程序 3-10a. html 中定义了一个锚点。

```
<!-- 程序 3-10a -->
<html>
<head>
<title>锚点链接应用</title>
</head>
<body>
其他内容
<br><br><br><br><br><br>
<br><br><br><br><br><br>
```

```
<H3>位于程序 3－10a 中。<br>
<a name="topic">标题</a></H3>
内容。
</body>
</html>
```

程序 3-10. html 页面显示效果如图 3-16 所示。

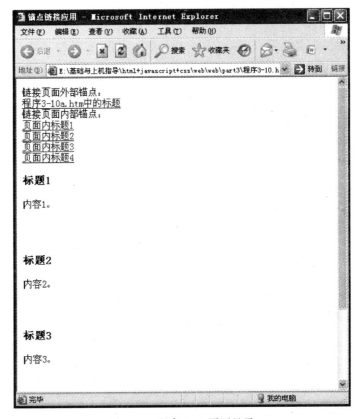

图 3-16　程序 3-10 页面显示

单击"页面内标题 1"链接，显示页面跳转到页面内锚点"topic1"处。页面显示效果如图 3-17 所示。

图 3-17　页面内锚点"topic1"处

单击图 3-16 中的"程序 3-10a. html 中的标题"链接,显示程序 3-10a 中锚点"topic"处的内容。页面显示效果如图 3-18 所示。

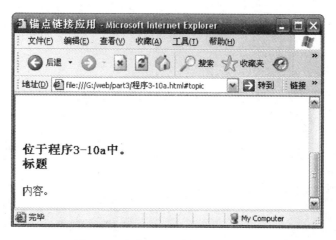

图 3-18 程序 3-10a 中锚点"topic"处

3.5.2 图像映射的应用

程序 3-11 是一个图像映射的综合实例,在图像中定义了 3 个热点区域,"太阳"所在区域为矩形,"金星"和"水星"所在区域为圆形。

```
<! -- 程序 3-11 -->
<html>
<body>
<p>图像映射例子</p>
<img src = "planets. jpg" border = "0" usemap = "#planetmap" alt = "太阳系" />
<map name = "planetmap" id = "planetmap">
<area shape = "circle" coords = "180,139,14" href = "venus. html" target = "_blank" alt = "金
星" />
<area shape = "circle" coords = "129,161,10" href = "mercur. html" target = "_blank" alt = "
水星" />
<area shape = "rect" coords = "0,0,110,260" href = "sun. html" target = "_blank" alt = "太
阳" />
</map>
<p><b>单击太阳或行星可以查看对应的图片。</b></p>
</body>
</html>
```

网页显示效果如图 3-19 所示。

如果在太阳所在区域单击,则显示 sun. html 页面;如果在金星所在区域单击,则显示 venus. html 页面;如果在水星所在区域单击,则显示 mercur. html 页面。在太阳所在区域单击的显示效果如图 3-20 所示。

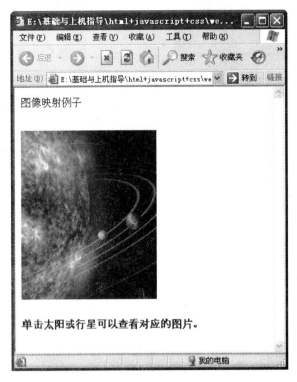

图 3-19   图像映射实例

图 3-20   sun.html 页面显示效果

3.6   本章习题

一、选择题

1. 超级链接的提示文字，应该设置＜a＞标记的哪个属性值？（   ）

    A. href   B. title   C. id   D. target

2. 通过＜a＞的哪个属性值，可以控制链接目标打开的窗口？（   ）

    A. href   B. title   C. id   D. target

3. 以下标记中，哪个是用于设置超级链接的标记？（   ）

    A. ＜title＞   B. ＜caption＞   C. ＜a＞   D. ＜link＞

二、填空题

1. 按照链接路径的不同，网页中超链接一般分为以下 3 种类型：内部链接、_____和外部链接。

2. 绝对路径是包含_____（对于网页来说通常是 http:// 或 ftp://）的完整路径，绝对路径包含的是精确地址而不用考虑源文件的位置。

3. 如果要链接上一级目录中的文件，则在设置＜a＞标记的 href 属性值时，应先输入_____，然后再输入文件名。

4. 默认情况下，未被访问的链接带有下划线而且是蓝色的，已被访问的链接带有下划线而且是_____色的。

5. 创建邮件链接时,href 属性值必须以_____开头,表示后面为电子邮件链接,具体的值为电子邮件地址。

6. 锚点也称为书签,用来标记文档中的_____,使用它可以跳转到当前文档或其他文档中的标记位置。

7. 图像映射指的是带有可单击区域的图像,_____标签用于定义图像映射中的区域。

第4章

用表格和框架布局网页

在进行网页设计时,要对网页进行布局,即决定网页包含哪些组成部分,以及每个组成部分显示的位置及尺寸。表格和框架可以精确地控制网页各个元素在网页中的位置,是网页制作中常见的网页布局工具。

本章主要内容:

- 创建表格;
- 表格属性设置;
- 使用表格布局网页;
- 创建框架;
- 框架控制;
- 使用框架布局网页。

4.1 创建表格

表格在网站设计中应用非常广泛,几乎所有的 HTML 页面中都或多或少地采用表格。表格可以方便灵活地实现对网页的排版,把相互关联的信息元素集中定位,使浏览页面的人一目了然,赏心悦目。要制作好网页,就要掌握用表格布局,熟练掌握和运用表格的各种属性。

4.1.1 表格标记

表格由 <table>标记来定义。每个表格均有若干行(由 <tr> 标记定义)。每个表格可以定义第一行的单元格为表头(由<th>标记定义),其余每行被分割为若干单元格(由 <td> 标记定义)。字母 td 指表格数据(table data),即数据单元格的内容。数据单元格可以包含文本、图片、列表、段落、表单、水平线、表格等。

基本语法:

```
<table>
  <tr>
    <th> head1 </th>
    <th> head2 </th>
    …
  </tr>
```

```
<tr>
  <td>row1,cell1</td>
  <td>row1,cell2</td>
  …
</tr>
<tr>
  <td>row2,cell1</td>
  <td>row2,cell2</td>
  …
</tr>
…
</table>
```

语法解释：

(1)<table>用于定义表格，</table>代表表格结束，一个表格中可以有多个<tr>。

(2)<tr>在表格标记范围内，代表行开始，</tr>代表行结束，一行中可以有多个<th>或<td>。

(3)<th>用于定义表头，即表格的第一行，文字样式默认为居中、加粗显示。</th>代表表头结束。

(4)<td>用于定义单元格，</td>代表单元格结束。

程序4-1是一个简单的表格定义。

```
<!-- 程序 4-1-->
<html>
<head>
  <title>一个简单的表格</title>
</head>
<body>
  <table border="1">
    <tr>
      <th>表头1</th>
      <th>表头2</th>
      <th>表头3</th>
    </tr>
    <tr>
      <td>内容11</td>
      <td>内容12</td>
      <td>内容13</td>
    </tr>
    <tr>
      <td>内容21</td>
      <td>内容22</td>
      <td>内容23</td>
    </tr>
  </table>
</body>
</html>
```

程序4-1定义了一个3行3列的表格。<table>标记中border属性值为1，表示表格边框宽度为一个像素；第一行为标题行。网页显示效果如图 4-1 所示。

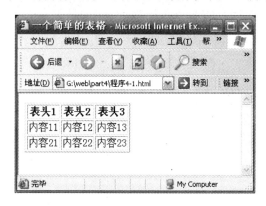

图 4-1　表格的网页效果

4.1.2　表格标题

表格标题,就是对表格内容的简单说明,用＜caption＞标记来定义。
基本语法：

＜caption＞表格标题</caption＞

语法解释：

＜caption＞标记用在表格标记范围内。表格标题一般显示在表格上方,是对表格内容的简略说明。

程序 4-2 是一个表格标题的实例。

```
<!-- 程序 4-2-->
<html>
<head>
 <title>表格标题</title>
</head>
<body>
<table border = "1">
  <caption>表格标题示例</caption>
  <tr>
    <td>内容 11</td><td>内容 12</td><td>内容 13</td>
  </tr>
  <tr>
    <td>内容 21</td><td>内容 22</td><td>内容 23</td>
  </tr>
</table>
</body>
</html>
```

程序 4-2 定义了表格的标题为"表格标题示例",文本显示在表格的上方,网页显示效果如图 4-2 所示。

图 4-2 表格标题的网页效果

4.1.3 划分表格结构

创建表格时,如果希望拥有一个表头行、一些带有数据的行,以及位于底部的一个总计行,那么可使用 thead 元素对 HTML 表格中的表头内容进行分组,使用 tfoot 元素对 HTML 表格中的总计行(页脚)内容进行分组,使用 tbody 元素对 HTML 表格中的数据主体内容进行分组。

基本语法:

```
<table>
  <thead>
  </thead>
  <tfoot>
  </tfoot>
  <tbody>
  </tbody>
</table>
```

语法解释:

(1) <thead>标记用于定义表格的表头,组合 HTML 表格的表头内容。

(2) <tfoot>标记用于定义表格的页脚(脚注或表注),组合 HTML 表格中的表注内容。

(3) <tbody>标记用于定义表格主体(正文),组合 HTML 表格的主体内容。

(4) 如果使用 <thead>、<tfoot> 以及 <tbody> 标记划分表格,就必须使用全部的元素。它们的出现次序是:<thead>、<tfoot>、<tbody>,这样浏览器就可以在收到所有数据前呈现页脚了。必须在 <table> 标记范围内部使用这些标签。

程序 4-3 是一个划分表格结构的实例。

```
<!-- 程序 4-3-->
<html>
<head>
<title>表格结构</title>
</head>
```

```
< body >
< table border = "1">
  < thead >
    < tr >
      < th>月份</th>
      < th>存款</th>
    </tr>
  </thead>
  < tfoot >
    < tr >
      < td>总计</td>
      < td>180 元</td>
    </tr>
  </tfoot>
  < tbody >
    < tr >
      < td>一月</td>
      < td>100 元</td>
    </tr>
    < tr >
      < td>二月</td>
      < td>80 元</td>
    </tr>
  </tbody>
</table>
</body>
</html>
```

虽然<tfoot>标记的内容定义在<tbody>标记的内容前面，但是显示时却位于表格最下方。网页显示效果如图 4-3 所示。

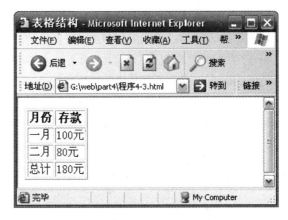

图 4-3　划分表格结构的网页效果

4.2 表格属性设置

本节介绍表格、行和单元格标记中常用属性的设置，以控制表格的显示效果。

4.2.1 ＜table＞标记属性

通过设置＜table＞标记属性值可以控制表格的显示效果。表格标记常用的属性及其含义如表 4-1 所示。

表 4-1　表格标记常用属性

属　　　性	描　　　述
align	规定表格相对周围元素的水平对齐方式
bgcolor	规定表格的背景颜色
border	规定表格边框的宽度
cellpadding	规定单元格边缘与其内容之间的空白间距
cellspacing	规定单元格之间的空白间距
frame	规定外侧边框的哪个部分是可见的
rules	规定内侧边框的哪个部分是可见的
summary	规定表格的摘要
width	规定表格的宽度

下面详细介绍表格标记中一些常用的属性设置。

1．设置表格水平对齐属性

在水平方向上，可以设置表格的对齐方式为：居左、居中或居右。如果没对此项进行设置，则默认为居左排列。

基本语法：

```
< table align = " ">
```

语法解释：

可选的属性值有 left、center 和 right，分别代表表格出现在窗口的左侧、中间和右侧位置。

程序 4-4 是一个设置表格水平对齐属性的实例。

```
<!-- 程序 4-4-->
< html >
< head >
< title >表格水平对齐方式</title>
</head >
< body >
< table border = "1" align = "left">
< tr >
  < td >表格水平居左</td>
```

```
</tr>
</table>
< br >
< table border = "1" align = "center">
< tr >
  < td>表格水平居中</td>
</tr>
</table>
< br >
< table border = "1" align = "right">
< tr >
  < td>表格水平居右</td>
</tr>
</table>
</body>
</html>
```

程序 4-4 通过设置 3 个表格的 align 属性值分别为 left、center 和 right 来控制表格所在的水平位置，网页显示效果如图 4-4 所示。

图 4-4　表格水平对齐显示效果

2. 设置表格背景色属性

表格背景默认为白色。根据网页设计要求，可以设置 bgcolor 属性，以设定表格背景颜色，增加视觉效果。

基本语法：

```
< table bgcolor = " ">
```

语法解释：

bgcolor 属性用于规定表格的背景颜色。颜色描述方式为 $rgb(x,x,x)$、$\#xxxxxx$ 或 colorname。

例如，如果设置表格背景为红色，可以使用的值为 $rgb(255,0,0)$、$\#FF0000$ 或 red。设置形式如下：

```
< table bgcolor = "rgb(255,0,0)">
```

3. 设置表格边框宽度属性

默认情况下表格边框宽度为 0。可以通过给表格添加 border 属性及属性值,实现为表格设置边框线宽度的目的。

基本语法:

```
< table border = " " >
```

语法解释:

border 的值为像素数,数值越大边框越宽。

例如,设置表格的边框宽度为 5 像素,设置形式如下:

```
< table border = "5 " >
```

4. 设置单元格间距和单元格边距属性

通过设置 cellspacing 属性可以调整表格的单元格之间的间距,使得表格布局不会显得过于紧凑。单元格边距是指单元格中的内容与单元格边框的距离,通过设置 cellpadding 属性来调整。

基本语法:

```
< table cellspacing = " " cellpadding = " ">
```

语法解释:

cellspacing 属性用于设置单元格之间的间距。cellpadding 属性用于设置文本与边框之间的距离,值为像素数,值越大间距越大。

例如,设置表格的单元格间距为 5,单元格边距为 10,设置形式如下:

```
< table cellspacing = "5" cellpadding = "10">
```

5. 设置表格宽度属性

默认情况下,表格的宽度会根据内容自动调整。

基本语法:

```
< table width = " " >
```

语法解释:

表格的宽度可以是像素数,也可以是百分比。

例如,设置表格的宽度为 600 像素,设置形式如下:

```
< table width = "600 " >
```

4.2.2 ＜tr＞标记属性

＜tr＞ 标记用于定义 HTML 表格中的行。通过设置＜tr＞标记属性值可以控制表格中行的显示效果。＜tr＞标记常用的属性及其含义如表 4-2 所示。

表 4-2　＜tr＞标记常用属性

属　　性	描　　述
align	定义表格行的内容对齐方式
bgcolor	规定表格行的背景颜色
valign	规定表格行中内容的垂直对齐方式

下面详细介绍＜tr＞标记属性的使用方法。

1. 设置行水平对齐方式属性

基本语法：

＜tr align＝" "＞

语法解释：

align 属性用于规定表格行中内容的水平对齐方式。属性可选的值及其含义如下所述；left，左对齐内容（默认值）；right，右对齐内容；center，居中对齐内容（th 元素的默认值）；justify，对行进行伸展，这样每行都可以有相等的长度；char，将内容对准指定字符。

程序 4-5 是一个设置表格行中内容水平对齐属性的实例。

```
<!-- 程序 4-5 -->
<html>
<head>
<title>&lt;tr&gt;标记水平对齐方式</title>
</head>
<body>
<table  border="1"  width="200">
  <tr align="center">
    <td>居中</td>
    <td>居中</td>
    <td>居中</td>
  </tr>
  <tr align="left">
    <td>居左</td>
    <td>居左</td>
    <td>居左</td>
  </tr>
  <tr align="right">
    <td>居右</td>
    <td>居右</td>
    <td>居右</td>
  </tr>
</table>
</body>
</html>
```

程序 4-5 通过设置表格 3 行的 align 属性值分别为 center、left 和 right 来控制内容所在的水平位置，网页显示效果如图 4-5 所示。

图 4-5　＜tr＞水平对齐方式

2. 设置行背景颜色属性

bgcolor 属性用来设置表格中该行单元格的背景颜色,默认为白色。
基本语法:

```
< tr bgcolor = " ">
```

语法解释:

bgcolor 属性用于规定表格行中单元格背景颜色。属性可选的值及其含义如下所述。
颜色描述方式为 rgb(x,x,x)、♯$xxxxxx$ 或 colorname。例如,如果设置行背景色为红色,
可以使用的值为 rgb(255,0,0)、♯FF0000 或 red。

程序 4-6 是一个设置表格行中单元格背景颜色的实例。

```
<!-- 程序 4-6 -->
< html >
< head >
< title >表格行背景颜色</title>
</head >
< body >
< table   border = "1" width = "200">
  < tr bgcolor = " #FF0000">
    < td >红色</td>
    < td >红色</td>
    < td >红色</td>
  </tr >
  < tr bgcolor = " #00FF00">
    < td >绿色</td>
    < td >绿色</td>
    < td >绿色</td>
  </tr >
  < tr bgcolor = " #0000FF">
    < td >蓝色</td>
    < td >蓝色</td>
    < td >蓝色</td>
  </tr >
```

```
</table>
</body>
</html>
```

程序 4-6 通过设置表格 3 行的 bgcolor 属性值分别为 #FF0000、#00FF00 和 #0000FF，来控制 3 行单元格的颜色分别是红色、绿色和蓝色，网页显示效果如图 4-6 所示。

图 4-6　行背景颜色属性设置

3. 设置行垂直对齐方式属性

本属性用于设置表格行中内容的垂直对齐方式。
基本语法：

```
< tr valign = " ">
```

语法解释：

valign 属性可以设置的值有 top(居上)、bottom(居下)和 middle(居中)，默认情况下是居中。

程序 4-7 是一个设置表格行中内容垂直对齐方式的实例。

```
<!-- 程序 4-7 -->
< html >
< head >
< title >表格行垂直对齐方式</title>
</head>
< body >
< table  border = "1" width = "200">
  < tr  valign = "top">
    < td >居上</td > < td > < br > < br > < br ></td >
  </tr>
  < tr valign = "bottom">
    < td >居下</td>
    < td > < br > < br > < br ></td >
  </tr>
  < tr valign = "middle">
    < td >居中</td>
```

```
        < td >< br >< br >< br ></td >
    </tr >
  </table >
  </body >
  </html >
```

程序 4-7 通过设置表格 3 行的 valign 属性值分别是 top、bottom 和 middle,来控制 3 行单元格的内容垂直对齐方式分别是居上、居下和居中,网页显示效果如图 4-7 所示。

图 4-7　表格行垂直对齐方式属性设置

4.2.3　<td>标记属性

<td> 标记中的属性用于设置表格中的标准单元格的一些特性。常用的属性设置如表 4-3 所示。

表 4-3　<td>标记常用属性

属　　性	描　　述
align	规定单元格内容的水平对齐方式
bgcolor	规定单元格的背景颜色
colspan	规定单元格可横跨的列数
height	规定表格单元格的高度
rowspan	规定单元格可横跨的行数
valign	规定单元格内容的垂直对齐方式
width	规定表格单元格的宽度

下面详细介绍单元格跨列和跨行属性设置的方法。

1. 设置单元格跨列

colspan 属性用于设置表格中某一单元格跨几个列进行合并(横向合并)。

基本语法:

```
< td colspan = " ">
```

语法解释：

colspan 的值就是单元格进行横向合并时所跨的列数。例如某一个单元格和它右面两个单元格合并，colspan 的值设为 3。

程序 4-8 是一个设置表格单元格跨列的实例。

```
<!-- 程序 4-8 -->
<html>
<head>
<title>表格跨列</title>
</head>
<body>
<table   border = "1" width = "200">
  <tr>
    <td> </td>
    <td> </td>
    <td> </td>
    <td> </td>
  </tr>
  <tr>
    <td colspan = "3" align = "center">跨 3 列</td>
    <td> </td>
  </tr>
  <tr>
    <td> </td>
    <td> </td>
    <td> </td>
    <td> </td>
  </tr>
</table>
</body>
</html>
```

程序 4-8 设置表格为 3 行 4 列，第 2 行第 1 个单元格的 colspan 的值为 3，说明该单元格跨 3 列，网页显示效果如图 4-8 所示。

图 4-8　单元格跨列

2．设置单元格跨行

rowspan 属性用于设置表格中某一单元格跨几个行进行合并（纵向合并）。

基本语法：

```
< td rowspan = " ">
```

语法解释：

rowspan 的值就是单元格进行纵向合并时所跨的行数。例如某一个单元格和它下面两个单元格合并，rowspan 的值设为 3。

程序 4-9 是一个设置表格单元格跨行的实例。

```
<! -- 程序 4-9-->
< html >
< head >
< title >表格跨行</title>
</head >
< body >
< table   border = "1" width = "200">
  < tr >
    < td >  </td>
    < td rowspan = "3" align = "center" valign = "middle">跨 3 行</td>
    < td >  </td>   < td >  </td>
  </tr>
  < tr >
    < td >  </td>     < td >  </td>     < td >  </td>
  </tr>
  < tr >
    < td >  </td>     < td >  </td>     < td >  </td>
  </tr>
</table >
</body >
</html >
```

程序 4-9 设置表格为 3 行 4 列，第 2 列第 1 个单元格的 rowspan 的值为 3，说明该单元格跨 3 行，网页显示效果如图 4-9 所示。

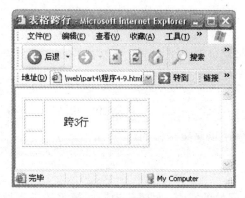

图 4-9　单元格跨行

4.3　使用表格布局网页

网页是网站构成的基本元素。在设计网页时，不但要考虑色彩的搭配、文字的变化和图片的处理等，而且还要考虑一个非常重要的设计环节——网页的布局。

4.3.1　网页布局类型

网页布局大致可分为"国"字型、拐角型、标题正文型、左右框架型、上下框架型、综合框架型及封面型等。

1."国"字型

也可以称为"同"字型，是一些大型网站常用的类型，即最上面是网站的标题以及横幅广告条，接下来就是网站的主要内容，左右分列两小条内容，中间是主要部分，与左右一起罗列到底，最下面是网站的一些基本信息、联系方式、版权声明等。这种结构是在网上最常见到的一种类型。

2.拐角型

这种结构与"国"字型其实只是形式上的区别，上面是标题及广告横幅，接下来的左侧是一窄列链接等，右列是很宽的正文，下面也是一些网站的辅助信息。这种类型通常最上面是标题及广告，左侧是导航链接。

3.标题正文型

这种类型通常最上面是标题之类的内容，下面是正文。比如一些文章页面或注册页面等就是这种类型。

4.左右框架型

这是一种左右分别为两页的框架结构，一般左面是导航链接，有时最上面会有一个小的标题或标志，右面是正文。这种类型结构非常清晰，一目了然。通常见到的大部分大型论坛都是这种结构，有一些企业网站也喜欢采用这种结构。

5.上下框架型

与左右框架型类似，区别仅仅在于上下框架型是一种上下分为两页的框架。

6.综合框架型

即左右框架型与上下框架型的结合，它是相对复杂的一种框架结构，较为常见的是类似于"拐角型"的结构，只是采用了框架结构而已。

7.封面型

这种类型通常出现在网站的首页，大部分为一些精美的平面设计结合一些小的动画，放上几个简单的链接或者仅有一个"进入"的链接,甚至直接在首页的图片上作链接而没有任何提示。这种类型的页面大部分出现在企业网站和个人主页,通常设计得比较精美,给人带来赏心悦目的感觉。

4.3.2 使用表格布局网页实例

程序 4-10 是一个利用表格嵌套进行网页布局的实例。

```
<! -- 程序 4 - 10 -->
< html >
< head >
< title >利用表格布局网页</title>
</head>
< body >
< table  border = "1" width = "772" align = "center">
  < tr >
    < td colspan = "2" height = "70"> banner 图片</td>
  </tr>
  < tr >
    < td width = "170" height = "300" valign = "top">
  < table width = "100 % " height = "100 % " border = "1" cellspacing = "0" cellpadding = "0">
      < tr >
        < td height = "25 % ">栏目 1 导航</td>
      </tr>
      < tr >
        < td height = "25 % ">栏目 2 导航</td>
      </tr>
      < tr >
        < td height = "25 % ">栏目 3 导航</td>
      </tr>
      < tr >
        < td height = "25 % ">栏目 4 导航</td>
      </tr>
    </table>
    </td>
  < td >内容区域</td>
  </tr>
  < tr >
    < td colspan = "2" height = "40" align = "center">版权信息</td>
  </tr>
</table>
</body>
</html>
```

程序 4-10 设置表格布局网页为一个拐角型页面,网页显示效果如图 4-10 所示。

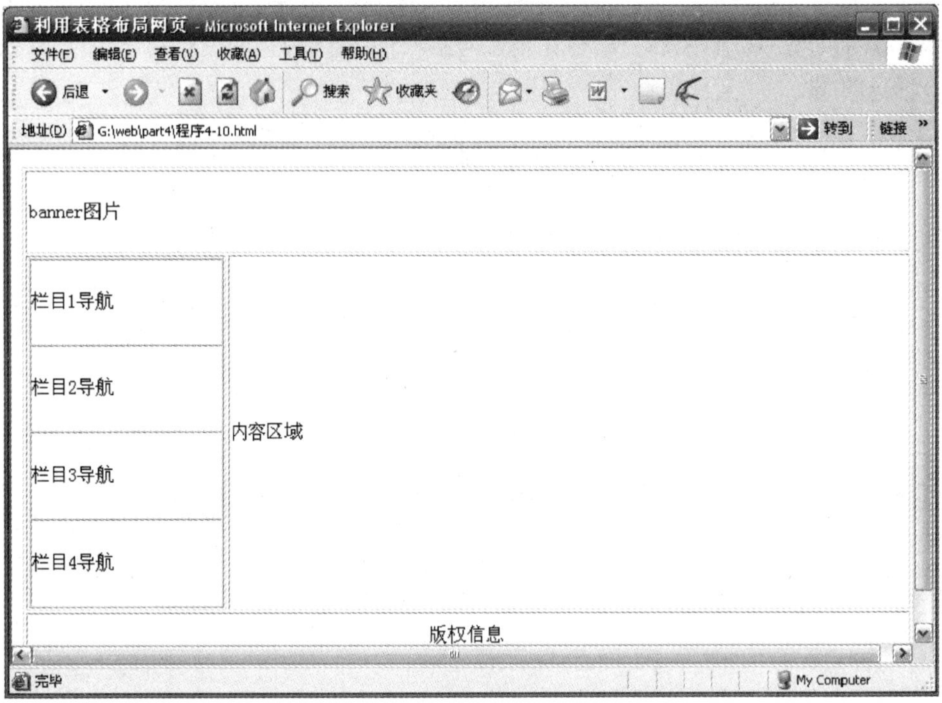

图 4-10　利用表格布局网页

4.4　创建框架

框架技术可以将浏览器分割成多个小窗口，在每个小窗口中，可以显示不同的网页，实现不同的功能。这样可以很方便地利用框架在浏览器中浏览不同的网页。

4.4.1　定义框架

框架的基本结构主要分为框架集和框架两个部分。它是利用＜frameset＞标记与＜frame＞标记来定义。其中＜frameset＞标记用于定义框架集，＜frame＞标记用于定义框架。

基本语法：

```
＜html＞
＜frameset…＞
  ＜frame… /＞
  ＜frame… /＞
  ＜frame… /＞
＜/frameset＞
＜noframe＞＜/noframe＞
＜/html＞
```

语法解释：

（1）＜frameset＞标记和＜frame＞标记中的省略号表示这两个标记中的具体属性，常用的属性本章将结合具体实例进行详细讲解。<frameset>标记不可以和<body>标记一起使用,否则将出现显示异常。<frameset>标记在使用时直接包含在<html>标记中即可。

(2) <frame>标记主要用来定义框架,以控制所代表的窗口框架。

(3) <noframe> </noframe>之间放置不支持 frame 功能的浏览器显示的文本提示。

4.4.2　利用框架分割窗口

常见的窗口分割方式包括:水平分割、垂直分割和嵌套分割。具体采用哪种分割方式,取决于实际需要,可用<frameset>标记中的 rows(水平分割)或 cols(垂直分割)属性来进行分割。

1. 水平分割窗口

rows 属性可以定义窗口的水平分割。

基本语法:

```
< frameset rows = "高度 1,高度 2, …, * ">
  < frame >
  < frame >
  …
</frameset >
```

语法解释:

(1) rows 属性的值代表各子窗口的高度,第一个子窗口高为高度 1,第二个子窗口高为高度 2,依次类推,而最后一个“ * ”代表最后一个子窗口的高度,值为其他子窗口高度分配后所剩余的高度。

(2) 设置高度数值的方式有以下两种。

① 采用整数设置,单位为像素(px),语法如下:

```
< frameset rows = "100,200, * ">
```

② 用百分比设置,语法如下:

```
< frameset rows = "20 % ,50 % , * ">
```

程序 4-11 是一个所创建的包含 3 个子窗口框架,并对窗口进行水平分割的实例。

```
<! -- 程序 4 - 11 -->
< html >
< frameset rows = "20,30, * ">
  < frame >
  < frame >
  < frame >
</frameset >
</html >
```

程序 4-11 创建了一个框架集,分为 3 个水平子窗口,第一个子窗口的高度为 20px,第二个子窗口的高度为 30px,第三个子窗口的高度为剩余高度,网页显示效果如图 4-11 所示。

图 4-11　水平分割窗口

2. 垂直分割窗口

cols 属性可以定义窗口的垂直分割。

基本语法：

```
< frameset cols = "宽度 1,宽度 2,…,＊ ">
  < frame >
  < frame >
  …
</frameset >
```

语法解释：

窗口垂直分割的宽度设置与水平分割时高度设置的方式相同,这里不再赘述。

程序 4-12 是一个所创建的包含 3 个子窗口框架,并对窗口进行垂直分割的实例。

```
<! -- 程序 4 - 12 -- >
< html >
< frameset cols = "20 % ,30 % ,＊ ">
  < frame >
  < frame >
  < frame >
</frameset >
</html >
```

程序 4-12 创建了一个框架集,分为 3 个垂直子窗口,第一个子窗口的宽度为总宽度的 20％,第二个子窗口的宽度为总宽度的 30％,第三个子窗口的宽度为剩余宽度,网页显示效果如图 4-12 所示。

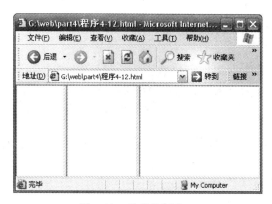

图 4-12 垂直分割窗口

4.4.3 框架的嵌套

如果进行网页布局时需要创建同时包含横向和纵向的框架,那么就需要利用框架的嵌套创建复杂的框架集。

框架嵌套就是在一个框架集中包含另外一个框架集,也就是在一个框架集中原来应该为<frame>标记的位置由框架集标记代替。

程序 4-13 是一个框架嵌套的实例。

```
<! -- 程序 4 - 13 -- >
< html >
< frameset rows = "40,300">
  < frame >
  < frameset cols = "70,702">
    < frame >
    < frame >
  </frameset >
</frameset >
</html >
```

程序 4-13 布局了一个"厂"字形网页。此网页是一个水平分割和垂直分割嵌套的综合实例,首先把窗口水平分割成两个子窗口,下面的子窗口又被垂直分割成两个子窗口,网页显示效果如图 4-13 所示。

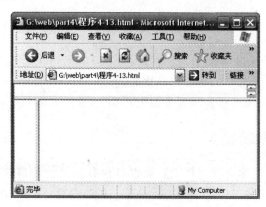

图 4-13 框架嵌套效果

4.4.4　框架的初始化

框架初始化是指为各个框架指定初始显示的页面,也就是在<frame>标记中使用 src 属性指定框架中最初显示的页面。指定页面可以使用相对路径,也可以使用绝对路径。

基本语法:

```
< frameset cols = "宽度 1,宽度 2,…, * ">
  < frame src = "url">
  < frame src = "url">
   …
</frameset >
```

语法解释:

<frame>的 src 属性值为初始显示页面的路径。

程序 4-14 是框架子窗口初始化的实例。程序 4-14a 是子窗口内的初始化页面。

```
<! -- 程序 4 - 14 -->
< html >
< frameset rows = "40,300">
  < frame src = "程序 4 - 14a. html">
  < frameset cols = "70,702">
        < frame src = "程序 4 - 14b. html">
        < frame src = "程序 4 - 14c. html">
  </frameset >
</frameset >
</html >


<! -- 程序 4 - 14a -->
< head >
< meta http - equiv = "Content - Type" content = "text/html; charset = gb2312" />
< title >标题</title>
</head >
< body >
标题栏
</body >
</html >
 …
```

程序 4-14 创建了一个嵌套框架,包含 3 个子窗口,第一个子窗口的初始化页面为"程序 4-14a. html",第二个子窗口的初始化页面为"程序 4-14b. html",第三个子窗口的初始化页面为"程序 4-14c. html",网页显示效果如图 4-14 所示。

4.4.5　创建浮动框架

在浏览网页的时候经常会看到在浏览器窗口含有孤立的子窗口,这就是浮动框架。插入浮动框架要使用成对的标记<iframe></iframe>,同样,用 src 属性来设置框架中显示文件的路径。

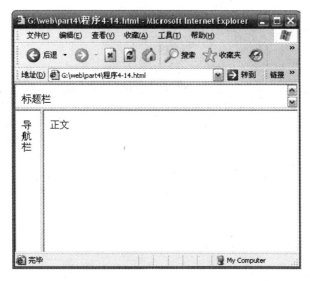

图 4-14　框架初始化

基本语法：

```
< iframe src = "url"></iframe>
```

语法解释：

在<iframe>中的 src 属性中设置显示页面的路径。与框架不同，浮动框架标记可以包含在<body>标记范围内。

<iframe> 标记中常用的属性如表 4-4 所示。

表 4-4　<iframe>标记常用属性

属　　性	描　　述
align	规定框架的水平对齐方式
width	规定浮动框架窗口的宽度
height	规定浮动框架窗口的高度
src	规定显示网页文件的路径
name	规定框架的名称
noresize	规定框架尺寸是否可以调整
scrolling	规定框架滚动条
frameborder	规定框架边框

程序 4-15 是一个浮动框架窗口的实例。程序 4-15a 是浮动框架内部显示的内容。

```
<! -- 程序 4 - 15 -->
< html >
< head >
< title >浮动框架</title>
</head >
< body >
< table　border = "1">
  < tr >
    < td >
```

```
          第一个浮动框架：
          < iframe height = "50" width = "300" frameborder = "1"
              scrolling = "no" src = "程序 4 - 15a. html">
      </iframe >
      </td >
        </tr >
        < tr >
          < td >
      第二个浮动框架：
      < iframe height = "50" width = "200" frameborder = "1"
          src = "程序 4 - 15a. html">
      </iframe >
      </td >
        </tr >
      </table >
      </body >
      </html >

      <! -- 程序 4 - 15a -- >
      < html >
      < head >
      < title >浮动框架内部显示内容</title >
      </head >
      < body >
      < table border = "0">
        < tr >
          < td height = "40" width = "300">
      框架中显示的内容。
      </td >
        </tr >
      </table >
      </body >
      </html >
```

　　程序 4-15 中设置了两个浮动框架，这两个框架窗口都显示"程序 4-15a. html"网页文件。在第一个框架中由于设置了 scrolling 属性值为"no"，所以没有滚动条，网页显示效果如图 4-15 所示。

图 4-15　浮动框架

4.5 框架控制

本节将详细介绍通过设置<frame>标记和<frameset>标记中的各种属性,来控制框架的显示效果。

4.5.1 控制框架边框

1. 框架边框的隐藏

基本语法:

< frame frameborder = " ">　或　< frameset frameborder = " ">

语法解释:

(1) 利用<frame>标记中的 frameborder 属性可以控制框架的边框。属性可选的值为 0 或 1,值为 0 时没有边框,值为 1 时生成 3D 边框(此为默认值)。只有将所有相邻的框架的边框都设置为 0 时,才能隐藏边框。

(2) 利用<frameset>标记中的 frameborder 属性可以控制框架集中所有子窗口的边框。

程序 4-16 是一个隐藏边框的实例。

```
<! -- 程序 4 - 16 -->
< html >
< frameset rows = "40,300">
  < frame src = "程序 4 - 14a. html" frameborder = "0">
  < frameset cols = "70,702">
      < frame src = "程序 4 - 14b. html" frameborder = "0">
      < frame src = "程序 4 - 14c. html" frameborder = "0">
  </frameset >
</frameset >
</html >
```

程序 4-16 将所有的框架边框都设置为 0,所以显示时不显示边框,网页显示效果如图 4-16 所示。

图 4-16　隐藏边框

2．设置框架的边框宽度

基本语法：

```
< frameset border = " ">
```

语法解释：

利用＜frameset＞标记中的 border 属性可以控制框架边框的宽度，单位为像素。

程序 4-17 是一个设置框架边框宽度的实例。

```
<! -- 程序 4 - 17 -->
< html >
< frameset rows = "40,300" border = "10">
 < frame src = "程序 4 - 14a. html">
 < frameset cols = "70,702">
      < frame src = "程序 4 - 14b. html" >
      < frame src = "程序 4 - 14c. html" >
 </frameset >
</frameset >
</html >
```

程序 4-17 中设置框架边框宽度为 10 像素，所以框架边框的宽度相对比较宽，网页显示效果如图 4-17 所示。

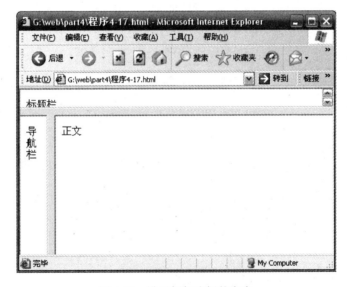

图 4-17　设置框架边框的宽度

3．设置框架滚动条和不可移动性

基本语法：

```
< frame scrolling = " " noresize >
```

语法解释：

<frame>标记中的 scrolling 属性值可为 yes,no 或 auto。当值为 yes 时,强制为框架添加滚动条。当值为 no 时,框架内不加滚动条。当值为 auto 时,根据内容的多少,需要时自动添加滚动条(默认值)。

当把鼠标滑动到框架边框时,可以通过拖动调整框架大小。利用 noresize 属性可以固定框架的位置和大小。

程序 4-18 是一个设置框架滚动条和不可移动性的实例。

```
<! -- 程序 4-18 -->
<html>
<frameset rows = "40,300">
 <frame src = "程序 4-14a.html" scrolling = "no" noresize>
 <frameset cols = "70,702">
    <frame src = "程序 4-14b.html" scrolling = "yes">
    <frame src = "程序 4-14c.html">
 </frameset>
</frameset>
</html>
```

程序 4-18 中设置第一行子窗口的 scrolling = "no" noresize,所以不能调整第一行子窗口和第二行子窗口之间的大小,并且没有滚动条。第二行左边子窗口由于设置 scrolling = "yes",所以强制加上了滚动条,并且第二行的两个子窗口间可以调整大小。网页显示效果如图 4-18 所示。

图 4-18　设置框架滚动条和不可移动性

4.5.2　控制框架子窗口

1. 定义子窗口名称

基本语法:

< frame name = " " >

语法解释:

<frame>标记中的 name 属性用来指定框架的名称。指定框架名称后,可以指定超链

接的 target 属性值为框架名称,当单击超链接时,在指定框架内显示超链接目标。

程序 4-19 是一个设置框架名称的实例。

```
<! -- 程序 4 - 19 -->
<html>
<frameset rows = "40,300">
  <frame src = "程序 4 - 14a.html" name = "top">
  <frame src = "程序 4 - 14c.html" name = "bottom">
</frameset>
</html>
```

程序 4-19 中设置第一行子窗口的名称为 top,第二行子窗口的名称为 bottom。设置框架名称对网页显示没有影响。网页显示效果如图 4-19 所示。

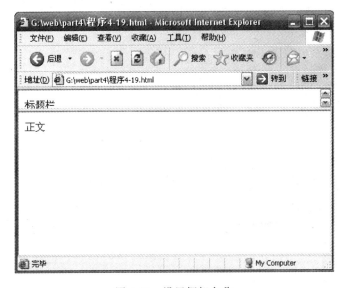

图 4-19　设置框架名称

2. 设置子窗口边距

基本语法:

```
<frame marginwidth = " " marginheight = " ">
```

语法解释:

利用 marginwidth 属性可以控制框架内容和框架左右边框之间的距离,利用 marginheight 属性则可以控制框架内容和框架上下边框之间的距离。这两个属性的取值单位都是像素。

程序 4-20 是一个设置框架子窗口边距的实例。

```
<! -- 程序 4 - 20 -->
<html>
<frameset rows = "40,300">
  <frame src = "程序 4 - 14a.html">
```

```
< frame src = "程序 4 - 14c. html" marginwidth = "50" marginheight = "50">
</frameset >
</html>
```

程序 4-20 中设置第一行子窗口的边距保持默认值，第二行子窗口的左右和上下边距均
设置为 50 像素。网页中下面窗口的边距明显大于上面窗口的边距，网页显示效果如图 4-20
所示。

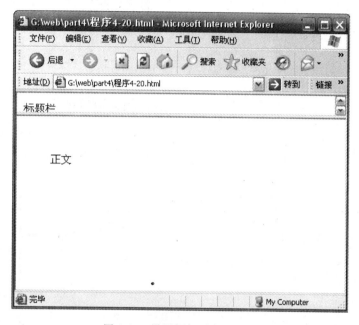

图 4-20　设置框架子窗口边距

4.6　使用框架布局网页实例

程序 4-21 是一个利用框架布局网页的实例，这个程序运用框架嵌套实现了一个类似于
程序 4-10 的网页布局。

```
<! -- 程序 4 - 21 -->
< html >
< frameset rows = "70,300,40">
 < frame src = "程序 4 - 21top. html">
 < frameset cols = "172,600">
    < frame src = "程序 4 - 21left. html" marginheight = "0" marginwidth = "0">
    < frame src = "程序 4 - 21right. html" name = "right">
 </frameset >
 < frame src = "程序 4 - 21bottom. html">
</frameset >
</html >
```

　　程序 4-21 在外层框架设置了三个水平分割的子窗口。三个子窗口的高度分别是 70 像素、300 像素和 40 像素。第二个子窗口又被垂直分割成两个子窗口，宽度分别为 172 像素和 600 像素。顶部初始化网页为程序 4-21top. html，程序 4-21bottom. html 和程序 4-21right. html。

```html
<!-- 程序 4-21top -->
<html>
<head>
<meta http-equiv="Content-Type" content="text/html; charset=gb2312" />
<title>banner 图片</title>
</head>
<body>
<p align="center">banner 图片</p>
</body>
</html>
```

　　左侧导航栏初始化页面为程序 4-21left. html，注意程序中用于链接的 target 属性值为右侧框架名称"right"。

```html
<!-- 程序 4-21left -->
<html>
<head>
<meta http-equiv="Content-Type" content="text/html; charset=gb2312" />
<title>导航栏目</title>
</head>
<body>
    <table width="100%" height="100%" border="1" cellspacing="0" cellpadding="0">
      <tr>
        <td height="25%"><a href="#" target="right">栏目 1 导航</a></td>
      </tr>
      <tr>
        <td height="25%"><a href="#" target="right">栏目 2 导航</a></td>
      </tr>
    <tr>
        <td height="25%"><a href="#" target="right">栏目 3 导航</a></td>
      </tr>
    <tr>
        <td height="25%"><a href="#" target="right">栏目 4 导航</a></td>
      </tr>
    </table>
</body>
</html>
```

　　网页显示效果如图 4-21 所示。

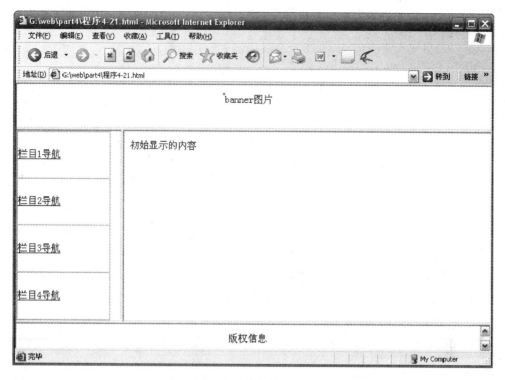

图 4-21 框架网页布局

4.7 上机练习与指导

4.7.1 用表格布局网页的应用

程序 4-22 是一个利用表格布局网页的应用,网页布局为"国"字形。

```
<!-- 程序 4-22 -->
<html>
<head>
<title>表格布局网页应用</title>
</head>
<body>
<table border="0" width="772" align="center">
  <tr>
    <td colspan="2" height="40" bgcolor="#0033FF" align="center">
<font size="5" color="#FFFFFF">表格布局网页应用</font>
</td>
  </tr>
  <tr>
    <td width="172" height="300" valign="top">
<a href="程序4-22a.html" target="content">孟浩然简介</a><br>
<a href="程序4-22b.html" target="content">宿桐庐江寄广陵旧游</a>
```

```
</td>
<td width="600">
<iframe src="程序4－22a.html" frameborder="0" width="590" height="280" name=
"content">
</iframe>
</td>
  </tr>
  <tr>
    <td colspan="2" height="40" align="center"  bgcolor="#0033FF">
<font color="#FFFFFF">版权信息</font>
</td>
  </tr>
</table>
</body>
</html>
```

程序 4-22 综合利用表格和浮动框架对网页进行布局。浮动框架的名称为"content"，左侧的导航链接的 target 属性值为"content"，所以单击链接时，网页在浮动框架内显示。网页显示效果如图 4-22 所示。

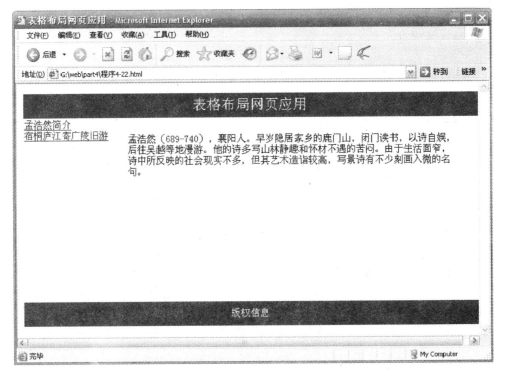

图 4-22   表格布局网页

4.7.2   用框架布局网页的应用

程序 4-23 是一个利用框架布局网页的应用，与程序 4-22 运行效果相同，程序 4-23nav 是导航链接网页显示的内容。

```
<! -- 程序 4 - 23 -->
< html >
< frameset rows = "40,300,40" frameborder = "0">
 < frame src = "程序 4 - 23top. html" noresize scrolling = "no">
 < frameset cols = "172,600">
        < frame src = "程序 4 - 23nav. html" scrolling = "no" noresize >
        < frame src = "程序 4 - 22a. html" name = "content" >
 </frameset >
 < frame src = "程序 4 - 23bottom. html" scrolling = "no" noresize >
</frameset >
</html >


<! -- 程序 4 - 23nav -->
< html >
< head >
< meta http - equiv = "Content - Type" content = "text/html; charset = gb2312" />
< title >导航链接网页</title >
</head >
< body >
 < a href = "程序 4 - 22a. html" target = "content">孟浩然简介</a >< br >
 < a href = "程序 4 - 22b. html" target = "content">宿桐庐江寄广陵旧游</a >
</body >
</html >
```

　　程序 4-23 使用框架嵌套进行网页布局,中间靠右的子窗口名称为"content",链接的目标设置为"content",所以单击链接后对应的网页内容在这个子窗口内显示。

4.8　本章习题

一、选择题

1. 如果想获得单元格跨行效果,应设置<td>标记的哪个属性?(　　)

　　A. colspan　　　　　B. rowspan　　　　　C. cellspacing　　　　D. cellspadding

2. 创建浮动框架的标记是什么?(　　)

　　A. <frame>　　　　B. <frameset>　　　　C. <iframe>　　　　D. <table>

3. 设置水平分割框架,应设置<frameset>的哪个属性?(　　)

　　A. cols　　　　　B. rows　　　　　C. colspan　　　　D. rowspan

4. 以下哪个标记不能放在<body></body>标记范围内?(　　)

　　A. <table>　　　　B. <iframe>　　　　C. <td>　　　　D. <frameset>

二、填空题

1. 表格标题,就是对表格内容的简单说明,用_____标记来定义。

2. 通过<table>标记的_____属性可以调整表格的单元格之间的间距,使得表格布局不会显得过于紧凑。

3. 框架的基本结构主要分为_____和框架两个部分。它是利用<frameset>标记与

<frame>标记来定义。

4. 框架初始化就是在< frame> 标记中使用_____属性指定框架中最初显示的页面。

5. <frame>标记中的 frameborder 属性可以控制框架的边框,其值为_____时表示隐藏边框。

6. <frame>标记中的 scrolling 属性值为_____时,框架内不加滚动条。

7. <frame>标记中的_____属性用来指定框架的名称。

第5章

表单的应用

表单作为客户与服务器交互的重要媒介,在网络应用中发挥的作用无可替代。表单作为网页的一部分可以采集客户端输入的信息,然后发给服务器端特定的处理程序,这样可以完成服务器端和客户端之间的交互,从而实现用户注册、用户登录、网络投票、在线考试等网络应用。

本章主要内容:

- 表单应用基础;
- <input>标记;
- 多行文本框;
- 下拉列表框;
- 表单应用实例。

5.1 表单应用基础

表单的主要功能是收集信息,接收浏览者在网页中的操作,并传递给 CGI 或 ASP 等服务器端的表单处理程序。有了表单使服务器端不仅可以向客户端发送网页数据,而且可以收集来自客户端上传的信息。表单通常用作注册登录、网络问卷调查、在线考试等需要向服务器上传的工作界面,这些来自客户端的数据存储于数据库中,从而为网络其他应用提供必要的支持。

5.1.1 什么是表单

表单实质上就是用于实现网页浏览者和服务器端之间信息交换的一种页面元素,在 WWW 上被广泛用于各种信息的搜集和反馈。

在 Web 应用中,表单有两个重要组成部分:一是描述表单的 HTML 源代码;二是用于处理用户在表单域中输入信息的服务器端应用程序,如 ASP、JSP 等。

例如,图 5-1 所示是一个典型的表单应用。用户通过在网页中的表单输入账号和密码,单击"登录",就会把表单收集的数据上传到服务器,由服务器端程序判断用户的合法性。

图 5-1　表单示例

5.1.2　表单控件的类型

表单中通常包含两类元素，一种是普通的页面元素如文本、图像、表格等，另一种是用于收集信息的特定页面元素，即表单控件如按钮、文本框、复选框等。

表单像一个容器一样包含各种类型的控件。表单内的控件用于接收用户的输入数据，典型的控件有文本框、按钮等。表单中的每个控件都有特定的名称，这个名称的有效范围是其所在表单。每个控件都有初始值和当前值，初始值是由网页设计者预先指定的，当前值是由用户与表单控件交互操作决定的，当提交表单时，会把控件中的当前值提交到服务器端。

表单控件对于客户端用户和服务器端处理程序交互起着中间数据载体的作用，HTML中定义了以下类型的表单控件。

1．文本框

接收任何类型的字母、数字、文本输入内容。文本可以单行或多行显示，也可以以密码域的方式显示，在这种情况下，输入文本将被替换为星号或项目符号，以避免旁观者看到这些文本。使用密码文本框的密码及其他信息在发送到服务器时并未进行加密处理，所传输的数据可能会以字母、数字文本形式被截获并被读取。因此，应对始终要确保安全的数据进行加密。

2．按钮

在单击时执行操作。可以为按钮添加自定义名称或标签，或者可以使用预定义的"提交"或"重置"标签。使用按钮可将表单数据提交到服务器，或者重置表单。还可以指定其他已在脚本中定义的处理任务。

3．单选框

代表互相排斥的选择。在某单选框组（由两个或多个共享同一名称的单选框组成）中选择一个单选框时,就会取消选择该组中的其他单选框。

4.复选框

允许在一组选项中选择多个选项。用户可以选择任意多个适用的选项。

5.下拉列表框

在一个滚动列表中显示选项值,用户可以从该滚动列表中选择多个选项。在下列情况下可以使用下拉列表框:只有有限的空间但必须显示多个内容项,或者要控制返回给服务器的值。下拉列表框与文本框不同,在文本框中用户可以随心所欲地输入任何信息,甚至包括无效的数据;对于下拉列表框而言,只能具体设置某个列表返回的确定值。

6.文件选择输入框

使用户可以浏览到其计算机上的某个文件并将该文件作为表单数据上传。

7.隐藏框

存储用户输入的信息,如姓名、电子邮件地址或偏爱的查看方式,并在该用户下次访问此站点时使用这些数据。

5.1.3　＜form＞标记

表单是一个包含表单控件的区域,如果要在网页中添加表单,就要在文档中添加＜form＞标记。

1.＜form＞标记的用法

基本语法:

```
< form name = " " method = " " action = " ">
表单控件
…
</form>
```

语法解释:

(1) name 属性用于定义表单的名称。

(2) action 属性用于指定表单处理程序(CGI 或 ASP 等服务器端的表单处理程序)的位置。

(3) method 属性用于定义表单结果从浏览器传送到服务器的方式,属性的参数值一般有两种:get 和 post。

2.post 方法和 get 方法

浏览器使用 method 属性设置的方法将表单中的数据传送给服务器进行处理。共有两种方法:post 方法和 get 方法,默认采用 get 方法。

如果采用 post 方法,浏览器将会按照下面的步骤来发送数据。首先,浏览器将与

action 属性中指定的表单处理服务器建立联系,一旦建立连接之后,浏览器就会按分段传输的方法将数据发送给服务器。在服务器端,一旦 post 样式的应用程序开始执行时,就应该从一个标志位置读取参数,而一旦读到参数,在应用程序能够使用这些表单值以前,必须对这些参数进行解码。用户特定的服务器会明确指定应用程序应该如何接收这些参数。

另一种情况是采用 get 方法,这时浏览器会与表单处理服务器建立连接,然后直接在一个传输步骤中发送所有的表单数据。浏览器会将数据直接附在表单的处理程序 URL 之后,它们两者之间用“?”进行分隔,各个参数之间用“&”分隔。下面是一个采用 get 方法的 url 实例:

```
http://www.somesite.com/program?parm1 = x1 & param2 = x2…
```

一般浏览器通过上述任何一种方法都可以传输表单信息,而有些服务器只接收其中一种方法提供的数据。可以在 <form> 标记的 method 属性中指明表单处理服务器要用哪种方法来处理数据,是 post 还是 get。

5.2   <input>标记

<input> 标记用于收集用户输入的数据。根据<input>标记 type 属性值的不同,输入框有多种类型。输入字段可以是文本框、复选框、单选框或按钮等。

基本语法:

```
< form >
< input name = " " type = " ">
</form >
```

语法解释:

(1)<input>标记主要有 6 个属性: type,name,size,value,maxlength 和 check。其中 name 和 type 是必选的两个属性。

(2)name 为属性的值,在服务器端处理相应程序中获得该表单控件的值所采用变量名和它相同。例如属性值为“x1”,那么服务器端通过在 request 对象中 x1 变量的值来获得这个表单控件的值。

(3)在不同的输入字段类型情况下,<input>标记的格式略有不同,其他 5 种属性因 type 类型的不同,其含义也不同。

(4) type 主要有 9 种类型: text, password, hidden, submit, reset, image, radio, checkbox 和 file。

5.2.1   单行文本框

当<input>标记的 type 属性值为“text”时,表示该输入项的输入信息是字符串。此时,浏览器会在相应的位置显示一个文本框供用户输入信息。

基本语法:

```
< form >
< input name = " " type = "text" maxlength = " " size = " " value = " ">
</form>
```

语法解释：

（1）当 type＝text 时，标记表示为用户可输入文本的单行文本框。单行文本框有 3 个可选属性：maxlength，size 和 value。

（2）maxlength 属性用于设置单行文本框可以输入的最大字符数，例如限制用户名为 10 个字符、电话号码最多为 11 个数字等。

（3）size 属性用于设置单行文本框可显示的最大字符数，该值应小于等于 maxlength 属性的值。当输入的字符数超过文本框的长度时，用户可以通过移动光标来查看超出的内容。

（4）value 属性为文本框的值，可以通过设置 value 属性的值来指定当表单首次被载入时显示在文本框中的值。

（5）如果需要一个随表单传到客户端浏览器的文本框，希望能随表单把值提交回来，并且用户能够看到但不能修改，只需要添加一个"readonly"属性即可。

程序 5-1 是一个通过表单中单行文本框输入用户名的实例。

```
<!-- 程序 5-1 -->
< html >
< head >
< title >单行文本框</title >
</head >
< body >
< form name = "form1" method = "post" action = "program.asp">
  用户名：< input type = "text" name = "username">
</form >
</body >
</html >
```

页面效果如图 5-2 所示。

图 5-2　单行文本框网页效果

5.2.2　密码输入框

密码输入框的 type 属性值为"password"，与单行文本输入框看起来非常相似，所不同的只是当用户在输入内容时，用"＊"来显示代替每个输入的字符，以保证密码的安全性。

基本语法：

```
< form >
< input name = " " type = "password " maxlength = " " size = " ">
</form >
```

语法解释：

如果要在表单中插入密码框，只要将＜input＞标记中的 type 属性值设为"password"即可，maxlength 和 size 属性同文本输入框 text 的属性一样，此外不再赘述。

程序 5-2 是一个包含用户名和密码框的实例。

```
<!-- 程序 5-2 -->
< html >
< head >
< title >密码框</title>
</head >
< body >
< form name = "form1" method = "post" action = "program.asp">
    用户名： < input type = "text" name = "username"><br>
    密   码： < input type = "password" name = "pwd">
</form >
</body >
</html >
```

页面效果如图 5-3 所示。

图 5-3　密码框网页效果

5.2.3　隐藏框

隐藏框是用来收集或发送信息的不可见元素，对于网页的访问者来说，隐藏框是看不见的。当表单被提交时，隐藏框就会将信息用设置时所定义的名称和值发送到服务器上。

基本语法：

```
< form >
< input name = " " type = "hidden" value = " " >
</ form >
```

语法解释：

（1）当<input>标记的 type 属性值为"hidden"时，表示输入项为隐藏框，将不在浏览器中显示。

（2）隐藏框由于不在页面中显示，所以在表单中出现的位置没有先后顺序要求，只要包含在<form>标记范围内即可。

5.2.4 提交按钮和重置按钮

当 type 属性值为"submit"时，将产生一个提交按钮。当用户单击该按钮时，浏览器就会将所属表单内的输入信息传送给服务器。当 type 属性值为"reset"时，将产生一个重置按钮。当用户单击该按钮时，浏览器就会清除表单中所有的输入信息而恢复到初始状态。一般情况下，提交与重置按钮经常同时出现。

基本语法：

（1）< form >< input name = "submit" type = "submit" value = "提交"></ form >

（2）< form >< input name = "reset" type = "reset" value = "重置"></ form >

语法解释：

（1）提交按钮的 name 属性是可以默认的。除 name 属性外，它还有一个可选的属性 value，用于指定显示在提交按钮上的文字，value 属性的默认值是"提交"。在一个表单中必须有提交按钮，否则将无法向服务器传送信息。

（2）重置按钮的 name 属性也是可以默认的。value 属性与 submit 类似，用于指定显示在重置按钮上的文字，value 的默认值为"重置"。

程序 5-3 是一个常见的登录页面实例。

```
<!-- 程序 5-3 -->
< html >
< head >
< title >提交按钮和重置按钮</title>
</ head >
< body >
< form name = "form1" method = "post" action = "program. asp">
  用户名: < input type = "text" name = "username">< br >
  密   码: < input type = "password" name = "pwd">< br >
  < input type = "submit" name = "Submit" value = "提交">
    
  < input type = "reset" name = "Reset" value = "重置">< br >
</ form >
</ body >
</ html >
```

表单内包含一个用户名文本框、一个密码框、一个提交按钮和一个重置按钮，页面效果如图 5-4 所示。

图 5-4　登录页面效果

5.2.5　图像按钮

有时候为了达到比较好的视觉效果，可以使用图片代替按钮来提交或者重置表单数据。类型为图片（type＝"image"）的按钮，其默认操作是提交表单。

基本语法：

```
<form>
<input name = " " type = "image" src = " ">
</form>
```

语法解释：

单击该按钮时，浏览器会将表单的输入信息传送给服务器。image 类型中的 src 属性是必需的，它用于设置图像文件的路径。

程序 5-4 是一个使用图像按钮的实例。

```
<!-- 程序 5-4 -->
<html>
<head>
<title>图像按钮</title>
</head>
<body>
<form name = "form1" method = "post" action = "program.asp">
  用户名：<input type = "text" name = "username"><br>
  <input name = "submit" type = "image" src = "submit.gif">
</form>
</body>
</html>
```

页面效果如图 5-5 所示。

图 5-5 图像按钮网页效果

5.2.6 单选框和复选框

当<input>标记的 type 属性值为"radio"时,表示输入项为一个单选框。当<input>标记的 type 属性值为"checkbox"时,表示输入项为一个复选框。

基本语法:

(1)<form><input name = " "type = " radio " value = " "></form>

(2)<form><input name = " "type = " checkbox" value = " "></form>

语法解释:

(1)当为单选框时,单选项必须是唯一的,即用户只能选中表单中所有单选项中的一项作为输入信息。因此,所有单选框的 name 属性都应取相同的值;不同的选项其属性 value 的值应是不同的;checked 属性用于指定该选项在初始时是被选中的。

(2)当为复选框时,用户可以同时选中表单中的一个或多个复选项作为输入信息。由于选项可以有多个,属性 name 应取不同的值;属性 value 的参数值就是在该选项被选中并提交后,浏览器要传送给服务器的数据。因此,value 属性的参数值必须与选项内容相同或基本相同,该属性是必选项;checked 属性用于指定该选项在初始时是否被选中。

程序 5-5 是一个包含单选框和复选框的实例。

```
<!-- 程序 5-5 -->
< html >
< head >
<title>单选框和复选框</title>
</head >
< body >
< form name = "form1" method = "post" action = "program.asp">
  性别:
  男< input name = "xb" type = "radio" value = "0" checked >   
  女< input name = "xb" type = "radio" value = "1" ><br >
  爱好:
  音乐< input name = "ah" type = "checkbox" value = "0" >   
  体育< input name = "ah" type = "checkbox" value = "1" checked >< br >   
```

```
    美术< input name = "ah" type = "checkbox" value = "2" >
  计算机< input name = "ah" type = "checkbox" value = "3" >
</form >
</body >
</html >
```

页面效果如图 5-6 所示。

图 5-6　单选框和复选框网页效果

5.2.7　文件选择输入框

文件选择输入框可以让用户在表单的内部填写自己硬盘中的文件路径,然后通过表单上传,这是文件选择输入框的基本功能。如利用 Web 发送 E-mail 时常见的附件功能。文件选择输入框的外观是一个文本框加一个浏览按钮,用户既可以直接将要上传给网站的文件的路径写在文本框内,也可以单击浏览按钮,在自己的计算机中找到要上传的文件。

基本语法:

```
< form method = "post" enctype = "multipart/form - data">
< input name = " " type = "file" >
</form >
```

语法解释:

(1) 在表单中插入文件选择输入框,只要将<input>标记中的 type 属性值设为"file"就可以实现。

(2) <form>标记中 method 属性值只能是"post",不能采用 get 方法进行上传。

(3) <form>标记中 enctype 属性值的设定,确保文件能够采用正确的格式上传。

程序 5-6 是一个文件上传的实例。

```
<!-- 程序 5-6 -->
< html >
```

```
< head >
< title >文件选择框</title>
</head>
< body >
< form name = "form1" method = "post" action = "program.asp" enctype = "multipart/form-data">
  选择上传文件：
  < input name = "wj" type = "file">
</form>
</body>
</html>
```

带有文件选择输入框的页面效果如图 5-7 所示。

图 5-7　文件选择输入框网页效果

当单击页面中的浏览按钮时，会弹出一个文件选择对话框，如图 5-8 所示。

图 5-8　文件选择对话框

5.3　多行文本框

用<textarea>标记可以定义高度超过一行的文本输入框。<textarea>标记是成对标记，首标记<textarea>和尾标记</textarea>之间的内容就是显示在文本输入框中的初始信息。<textarea>标记有 4 个属性：name,rows,cols 和 wrap。

基本语法：

```
< form >
< textarea name = "textarea" cols = "" rows = "" wrap = "">
</textarea >
</form >
```

语法解释：

(1) name 属性用于指定文本输入框的名字。

(2) rows 属性用于设置多行文本输入框的行数，此属性的值是数字，浏览器会自动为高度超过一行的文本输入框添加垂直滚动条。但是，当输入文本的行数小于或等于 rows 属性的值时，滚动条将不起作用。

(3) cols 属性用于设置多行文本输入框的列数。

(4) wrap 默认值是文本自动换行，当输入内容超过文本域的右边界时会自动转到下一行，而数据在被提交处理时自动换行的地方不会有换行符出现。

如果希望启动自动换行功能（word wrapping），就要将 wrap 属性设置为 virtual 或 physical。当用户输入的一行文本长于文本区的宽度时，浏览器会自动将多余的文字挪到下一行。设置 wrap＝"virtual" 将实现文本区内的自动换行，以改善对用户的显示，但在传输给服务器时，文本只在用户按下 Enter 键的地方进行换行，其他地方没有换行的效果。设置 wrap＝"physical" 将实现文本区内的自动换行，并以这种形式传送给服务器，就像用户真是那样输入的。由于文本要以用户在文本区内看到的效果传输给服务器，因此使用自动换行是非常有用的方法。如果把 wrap 设置为 off，将会按照默认值处理。

程序 5-7 是一个多行文本框的实例。

```
<!-- 程序 5-7 -->
< html >
< head >
< title >多行文本框</title >
</head >
< body >
< form name = "form1" method = "post" action = "program.asp">
　简介：< br >
　< textarea name = "jj" cols = "20" rows = "15">
　张九龄(673－740)，字子寿，韶州曲江人。开元时期有名的宰相，玄宗开元二十二年(734)迁中书令。因李林甫排挤，开元二十五年(737)贬为荆州长史。他的诗早年词采清丽，情致深婉，为诗坛前辈张说所激赏。被贬后风格转趋朴素遒劲。
　</textarea >
</form >
</body >
</html >
```

页面效果如图 5-9 所示。

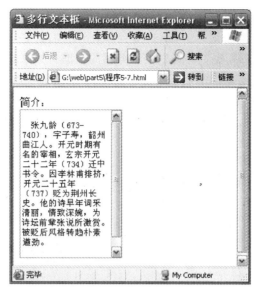

图 5-9 多行文本框网页效果

5.4 下拉列表框

在表单中,通过<select>和<option>标记可以在浏览器中设计一个下拉式的列表或带有滚动条的列表,用户可以在列表中选中一个或多个选项。这一点与<input>标记中的单选框和多选框的使用方法相似,只是形式不同。

基本语法:

```
< form >
< select name = " " size = " ">
< option value = " ">
…
< option value = " ">
</select >
</form >
```

语法解释:

(1)<select>标记是成对标记,首标记<select>和尾标记</select>之间的内容就是一个下拉式菜单的内容。<select>标记必须与<option>标记配套使用。<option>标记用于定义列表中的各个选项。<select>标记有 name,size 和 multiple 三个属性。①name:设定下拉列表名字。②size:可选项,用于改变下拉框的大小。size 属性的值是数字,表示显示在列表中选项的数目,当 size 属性的值小于列表框中的列表项数目时,浏览器会为该下拉框添加滚动条,用户可以使用滚动条来查看所有的选项,size 默认值为 1。③multiple:如果加上该属性,表示允许用户从列表中选择多项。

(2)<option>标记用来定义列表中的选项,即设置列表中显示的文字和列表条目的值,列表中每个选项有一个显示的文本和一个 value 值(当选项被选择时传送给处理程序的信息)。<option>标记是单标记,它必须嵌套在<select>标记中使用。一个列表中有多少个选项,就要有多少个＜option＞标记与之相对应,选项的具体内容写在每个＜option＞之后。＜option＞标记有两个属性：value 和 selected,它们都是可选项。①value：用于设置当该选项被选中并提交后,浏览器传送给服务器的数据。如果是默认状态,浏览器将传送选项的内容。②selected 用来指定选项的初始状态,表示该选项在初始时被选中。

程序 5-8 是一个下拉列表框的实例。

```
<!-- 程序 5-8 -->
<html>
<head>
<title>下拉列表框</title>
</head>
<body>
<form name = "form1" method = "post" action = "program.asp">
喜欢的蔬菜: <br>
<select name = "sc" size = "1" >
  <option value = "0">白菜</option>
  <option value = "1">黄瓜</option>
  <option value = "2">甘蓝</option>
  <option value = "3">番茄</option>
  <option value = "4">西葫芦</option>
</select>
</form>
</body>
</html>
```

页面效果如图 5-10 所示。

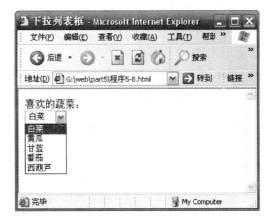

图 5-10　下拉列表框效果

5.5　上机练习与指导

5.5.1　用表单实现用户注册的应用

在构建用户注册页面时,首先根据应用的要求确定需要收集用户哪些信息,然后根据需要排列表单控件的顺序,程序 5-9 是一个用户注册的应用实例。

```
<!-- 程序 5-9 -->
<html>
<head>
<meta http-equiv="Content-Type" content="text/html; charset=gb2312">
<title>用户注册</title>
<style type="text/css">
<!--
.STYLE1 {color: #FF0000}
-->
</style>
</head>
<body>
<h3 align="center">用户注册</h3>
<form name="userregister"    action="program.asp" method="post">
    <table border="1" align="center" cellpadding="3" cellspacing="0" bordercolor
="#999999" style="border-collapse:collapse">
    <tr><td  width="616" colspan="2" align="left">注: 标<span class="STYLE1">*
</span>的为必填项</td></tr>
      <tr>
        <td width="170" align="right">用 户 名: </td>
        <td width="446" align="left"><input name="yhm" type="text" onKeyUp=
"appendemail()"/>
            <span class="STYLE1">* 请使用您常用的电子邮箱作为用户名</span></td>
      </tr>
      <tr>
        <td width="170" align="right">密    码: </td>
        <td align="left"><input name="mm" type="password"  />
        <span class="STYLE1">*</span></td>
      </tr>
      <tr>
        <td width="170" align="right">确认密码: </td>
        <td align="left"><input name="qrmm" type="password" />
        <span class="STYLE1">*</span></td>
      </tr>
      <tr>
        <td width="170" align="right">工作单位: </td>
        <td align="left"><input name="gzdw" type="text" class="inputtext" /></td>
      </tr>
      <tr>
        <td width="170" align="right">职务职称: </td>
        <td align="left">
        <select name="zc" size="1" >
            <option value="0">助教</option>
            <option value="1">讲师</option>
            <option value="2">副教授</option>
            <option value="3">教授</option>
        </select>
        </td>
      </tr>
      <tr>
        <td width="170" align="right">国    家: </td>
        <td align="left"><input name="gj" type="text" class="inputtext" />
        <span class="STYLE1">*</span></td>
```

```
      </tr>
      <tr>
        <td width = "170" align = "right">姓     名：</td>
        <td align = "left"><input name = "xm" type = "text" class = "inputtext" />
        <span class = "STYLE1"> * </span></td>
      </tr>
      <tr>
        <td width = "170" align = "right">性     别：</td>
        <td align = "left">  男<input type = "radio" name = "xb" value = "0" checked />
    
  女<input type = "radio" name = "xb" value = "1" /></td>
      </tr>
<tr>
        <td width = "170" align = "right">电子邮件：</td>
        <td align = "left"><input name = "email" type = "text" class = "inputtext" />
        <span class = "STYLE1"> * </span></td>
      </tr>
      <tr>
        <td width = "170" align = "right">电     话：</td>
        <td align = "left"><input name = "dh" type = "text" class = "inputtext" /></td>
      </tr>
    </table>
    <center><input name = "submit" type = "submit"  value = "提交" />
        
    <input name = "reset" type = "reset" value = "重置">
    </center>
</form>
</body>
</html>
```

程序 5-9 中表单需要收集用户的用户名、密码、确认密码、工作单位、职务职称、国家、姓名、性别、电子邮件、电话等信息。其中密码和确认密码为密码输入框，职务职称为下拉列表框，性别为单选框，页面效果如图 5-11 所示。

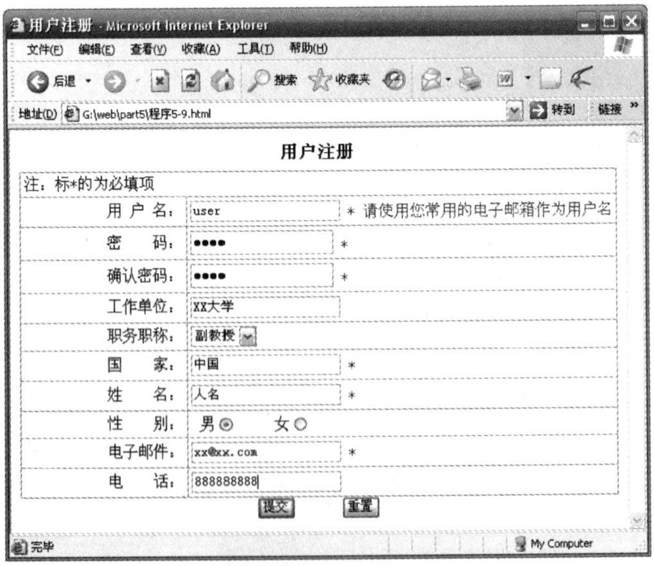

图 5-11　用户注册页面

5.5.2 用表单实现文件上传的应用

表单不仅能收集文本信息也能够实现文件的上传功能,程序 5-10 是一个缴费凭证上传的实例,它实现了用户向网站传输缴费凭证照片图像的功能。

```html
<!-- 程序 5-10 -->
<html>
<head>
<meta http-equiv="Content-Type" content="text/html; charset=gb2312">
<title>缴费凭证上传</title>
<style type="text/css">
<!--
body{
    font-family: 宋体;
    font-size:12px;
}
form {
    margin: 20px 10px;
    padding: 15px 25px 25px 20px;
    border: 1px solid #EEE8E1;
}
.inputtext {
    width:150px;
    height:15px;
}
-->
</style>
</head>
<body>
<h3 align="center">缴费凭证上传</h3>
<form name="form1"  enctype="multipart/form-data" action="program.asp" method=
"post">
  <br>  姓　名:  <input name="xm" type="text" class=
"inputtext" />
  <br>  汇出行:  <input name="hch" type="text" class=
"inputtext" />
  <br>  汇出日期:<input name="hcrq" type="text" class="inputtext" />
  <br>  图片文件:<input name="tp" type="file" class="inputtext" />
  <br>  说　明:  <textarea name="sm" rows="10"></textarea><br>
    <center><input name="submit" type="submit"  value="提交" />
        
      <input name="reset" type="reset" value="重置">
    </center>
</form>
</body>
</html>
```

程序 5-10 中表单需要收集的表单控件中,图片文件所在控件为文件选择输入框,说明所在控件为多行文本框,页面效果如图 5-12 所示。

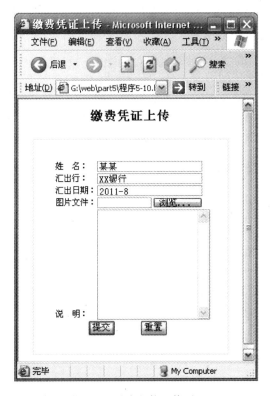

图 5-12   图片文件上传页面

5.6   本章习题

一、选择题

1. 网页中定义表单的标记是什么？（   ）

　　A．＜select＞　　　　B．＜table＞　　　　C．＜form＞　　　　D．＜div＞

2. 用＜input＞标记定义一个单选框时，type 属性的值是什么？（   ）

　　A．checkbox　　　　B．radio　　　　　C．text　　　　　D．hidden

3. 以下哪个属性用于设置单行文本框可显示的最大字符数？（   ）

　　A．size　　　　　　B．maxlength　　　C．name　　　　　D．type

4. 以下标记中，哪个是定义下拉列表框中选项的标记？（   ）

　　A．＜select＞　　　　B．＜caption＞　　　C．＜input＞　　　D．＜option＞

二、填空题

1. 表单实质上就是用于实现网页浏览者和服务器端之间_____的一种页面元素，在 WWW 上被广泛用于各种信息的搜集和反馈。

2. 表单中的每个控件都有特定的名称，这个名称的有效范围是控件所在_____。

3. ＜form＞标记的 method 属性用于定义表单结果从浏览器传送到服务器的方式，属性的参数值一般有两种：get 和_____。

4. 如果需要一个随表单传到客户端浏览器的单行文本框，希望能随表单把值提交回来,并且用户能够看到但不能修改,只需要添加一个_____属性即可。

5.＜input＞标记类型为图片(type＝"image")的按钮,单击此按钮默认操作是_____。

6.当为单选框时,单选项必须是唯一的,即用户只能选中表单中所有单选项中的一项作为输入信息,因此,所有单选框的_____属性都应取相同的值。

7.当表单中包含文件选择输入框时,＜form＞标记的 method 属性值只能是_____。

8.＜option＞标记如果设置了_____属性,表示该选项在初始时被选中。

第6章

CSS样式表基础

CSS 即层叠样式表,它和 HTML 一样,也是一种标识语言,代码很简单,需要通过浏览器解释执行,可以用任何文本编辑器来编写。CSS 的出现弥补了 HTML 对标记控制的不足,并可将网页内容和样式分离,使得修改网页的设计趋于明了、简洁,提高了设计网页的效率。正是由于 CSS 使用起来简单灵活,很快得到了很多公司的青睐和支持。

本章主要内容:

- Web 标准的基本组成;
- XHTML 的基本知识;
- CSS 编写基本模式;
- CSS 的基本语法。

6.1 Web 标准介绍

Web 标准不是某一个独立的标准,而是一系列标准的集合,用户只有在了解了其概念之后,网页制作才能做到有的放矢,在全局上把握各种技术。

6.1.1 Web 标准的基本组成

Web 标准是很多网站表现层技术标准的集合,由著名的 W3C 组织制定。所谓表现层技术,即网页前台技术,包括 HTML、XHTML、CSS、JavaScript 等。有了统一的标准,才能保持技术的稳定发展,使网页表现技术层在任何设备中能被正常浏览。

网页主要由三部分组成,即结构(structure)、表现(presentation)和行为(behavior),因此对应的语言标准分为以下三方面。

(1) 结构标准语言:主要包括 XHTML 和 XML。

(2) 表现标准语言:主要包括 CSS。

(3) 行为标准:主要包括对象模型及 ECMAScript。

1. 结构化标准语言

结构标准语言包括两个部分:XHTML 和 XML。XML 是 The Extensible Markup Language(可扩展标识语言)的缩写,是一种扩展式标识语言。XML 设计的目的是对 HTML 的补充,它具有强大的扩展性,可以用于网络数据的转换和描述。由于 XML 还不适合于传统网页的制作,所以 XML 目前多用于各种程序之间的数据转换工具。同时它具有简洁有效、易学易用、开放的国际化标准、高效可扩充等特点。

XHTML 是 The Extensible HyperText Markup Language(可扩展的超文本标识语言)的缩写,它是基于 XML 的标识语言,是在 HTML 4.0 的基础上,用 XML 的规则对其进行扩展建立起来的,作为今后向 XML 过渡的网页制作语言。

2. 表现标准语言

CSS 是 Cascading Style Sheets(层叠样式表)的缩写。目前推荐常用的是 CSS 2.0。CSS 标准建立的目的是以 CSS 进行网页布局,控制网页的表现。CSS 标准布局与 XHTML 结构语言相结合,可以实现表现与结构分离,提高网站的使用性和可维护性。

3. 行为标准

行为标准包括两个部分:DOM 和 ECMAScript。DOM 是 Document Object Model(文档对象模型)的简写,是一种与浏览器、平台及语言的接口,使用户可以访问页面其他标准组件。简单地理解,DOM 解决了 Netscape 的 JavaScript 和 Microsoft 的 JScript 之间的冲突,给予 Web 设计师和开发者一个标准的方法,使制作者可以更方便地访问页面的数据、表现层对象等。W3C 建立的 W3C DOM 是建立网页与 Script 或程序语言沟通的桥梁。它实现了访问页面中标准组件的一种标准方法。

ECMAScript 是 ECMA(European Computer Manufactures Association)制定的标准脚本语言,主要为 JavaScript 技术。

这些标准大部分由 W3C 起草和发布,也有一些是其他标准组织制定的标准,如 ECMAScript 标准。符合 Web 标准的页面尽量将 Web 内容的结构、表现和行为进行分离,也可看做是表现与内容的分离。

专家点拨 W3C 是英文 World Wide Web Consortium 的缩写,中文意思是 W3C 理事会或万维网联盟。W3C 组织是对网络标准进行制定的一个非营利组织,像 HTML、XHTML、CSS、XML 的标准就是由 W3C 来定制的。

6.1.2 建立 Web 标准的目的与好处

传统的网页布局(使用 table 进行布局)已经有很长的历史和比较成熟的技术规范了,但是仍然存在一些缺点。由于页面的内容和修饰没有分离,导致修改的困难,由于页面代码的语义不明确,导致数据利用的困难。而使用 CSS 进行网页布局,分离了结构和表现,上述的问题也就迎刃而解了。

1. 建立 Web 标准的目的

建立 Web 标准的目的是解决网站中由于浏览器升级、网站代码冗余及臃肿等带来的问题。Web 标准是在 W3C 的组织下建立的,主要有以下几个目的。

(1)简化代码,从而降低成本。

(2)实现结构和表现分离,所以确保了所有网站文档的长期有效性。

(3)可以简单地调用不同的样式文件,所以使得网站更易使用,适合更多的用户和网络设备。

（4）实现向后兼容，即使当浏览器版本更新，或者出现新的网络交互设备的时候，所有应用能够继续正确执行。

2．使用 Web 标准的好处

使用 Web 标准最大的好处就是大大缩减了页面代码，提高了浏览速度，缩减了宽带成本。由于结构清晰，使网页更容易被搜索引擎搜索到。具体的好处体现在以下两方面。

1）对网站拥有者的好处

（1）代码更简洁，组件用得更少，所以维护也更加便捷。

（2）页面结构更清晰，使搜索引擎的搜索更加容易。

（3）对宽带要求降低，从而节约了成本。

（4）实现了结构和表现分离，使得修改页面外观更容易操作，而且不必改变页面内容。

（5）页面结构清晰合理，也提高了网站的易用性。

2）对浏览者的好处

（1）清晰的语义结构，使得内容能够被更多的用户浏览、访问。

（2）页面冗余代码减少，下载文件速度更快，同时页面显示的速度也更快。

（3）由于结构和表现分离，所以内容能够被更多的设备访问，如打印机、手机等。

（4）独立的样式文件，可以使用户更加容易地选择自己喜欢的界面。

6.1.3　Web 标准与浏览器的兼容性

W3C 对标准的推进，促使 Firefox，Chrome，Safari，Opera 出现，结束了 IE 雄霸天下的日子。然而这对开发者来说，是好事，也是坏事。说它是好事，是因为浏览器厂商为了取得更多的市场份额，会促使各浏览器更符合 W3C 标准，而得到更好的兼容性，并且不同浏览器的扩展功能对 W3C 标准也起到推进作用；说它是坏事，是因为多个浏览器同时存在，这些浏览器在处理一个相同的页面时，表现有时会有差异。这种差异可能很小，甚至不会被注意到；也可能很大，甚至造成在某个浏览器下无法正常浏览。一般把引起这些差异的问题统称为"浏览器兼容性问题"。从浏览器内核的角度来看，浏览器兼容性问题可分为以下 3 类。

（1）渲染相关：和样式相关的问题，即体现在布局效果上的问题。

（2）脚本相关：和脚本相关的问题，包括 JavaScript 和 DOM 等方面的问题。对于某些浏览器的功能方面的特性，也属于这一类。

（3）其他类别：除以上两类问题外的功能性问题，一般是浏览器自身提供的功能，它是在内核层之上的。

而正是这些"浏览器兼容性问题"，无形中给网站的开发增加了不少难度。虽然 Web 标准很强大，但还未得到全面的推广，业界相差的软件兼容性还在完善之中。特别是和浏览者息息相关的浏览器，目前还没有一款浏览器能完全支持 Web 标准，所以在编写符合 Web 标准的页面时，要充分考虑浏览器的兼容性，在兼容性与 Web 标准之间做好平衡。

6.2 XHTML 与 CSS 介绍

在本书的前面介绍了 HTML 技术,作为符合 Web 标准的网页制作技术,XHTML 是今后页面结构编写的主流技术,而在页面表现方面,通常首选 CSS 技术。

6.2.1 XHTML 的基本知识

2000 年底,国际 W3C 组织公布发行了 XHTML 1.0 版本,这是一种在 HTML 4.0 基础上优化和改进的新语言,目的是基于 XML 应用。XHTML 是一种增强的 HTML,它的可扩展性和灵活性将适应未来网络应用更多的需求。由于 HTML 结构混乱,条理不清晰,样式与结构没有分离,所以设计符合 Web 标准的网页结构推荐使用 XHTML。

XHTML 是 HTML 的升级版,侧重点在于对网页的结构设计,其语法严谨,有语义,而且页面的样式部分即表现部分由 CSS 负责。

与 HTML 相比 XHTML 主要有以下特点。

(1) XHTML 解决了 HTML 语言所存在的严重制约其发展的问题。HTML 发展到今天存在三个主要缺点。第一,不能适应现在越来越多的网络设备和应用的需要,如手机、PDA、信息家电等都不能直接显示 HTML;第二,由于 HTML 代码不规范、臃肿,浏览器需要足够智能和庞大才能够正确显示 HTML;第三,数据与表现混杂,这样的页面要改变显示,就必须重新制作 HTML。因此 HTML 需要发展才能解决这个问题,于是 W3C 制定了 XHTML,XHTML 是 HTML 向 XML 过渡的一个桥梁。

(2) XML 是 Web 发展的趋势,所以人们急切希望加入 XML 的潮流中。XHTML 是当前替代 HTML 4.0 标记语言的标准,使用 XHTML 1.0,只要遵守一些简单规则,就可以设计出既适合于 XML 系统,又适合于当前大部分 HTML 浏览器的页面。

(3) 使用 XHTML 的另一个优势是它非常严密。当前网络上的 HTML 的不兼容情况让人震惊,早期的浏览器接受私有的 HTML 标签,所以人们在页面设计完毕后必须使用各种浏览器来检测页面,看是否兼容,往往会有许多莫名其妙的差异,人们不得不修改设计以便适应不同的浏览器。

(4) XHTML 能与其他基于 XML 的标记语言、应用程序及协议进行良好的交互工作。

(5) XHTML 是 Web 标准家族的一部分,能很好用在无线设备等其他用户代理上。

(6) 在网站设计方面,XHTML 可帮助设计者去掉用编号表现层代码的恶习,帮助设计者养成用标记校验来测试页面工作的习惯。

专家点拨 XHTML 是一种为适应 XML 而重新改造的 HTML。当 XML 成为一种趋势,就出现了这样一个问题:如果有了 XML,是否依然需要 HTML? 答案是:需要。因为大多数人已经习惯使用 HTML 来作为他们的设计语言,而且已经有数百万计的页面是采用 HTML 编写的。

6.2.2　XHTML 中的元素

XHTML 和 HTML 的差别并不大,不过标签编写要求更严格,更有语义。在代码方面,HTML 文件的声明代码为＜html＞＜/html＞,所有的 HTML 元素包含其中,XHTML 的相应代码为:

```
<! DOCTYPE html PUBLIC " - //W3C//DTD XHTML 1.0 Transitional//EN" "http://www.w3.org/TR/
xhtml1/DTD/xhtml1 - transitional.dtd">
< html xmlns = "http://www.w3.org/1999/xhtml">
```

这段代码也叫 DOCTYPE 声明,即文档类型声明。其中的 transitional 代表使用过渡型的 XHTML 规则,以达到和 HTML 相兼容,允许使用 HTML 标签,这样便于制作者向严格的 XHTML 规则过渡。如果把 transitional 更换为 strict,则代表使用严格的 XHTML 规则,当使用框架页面时,需把 transitional 更换为 frameset。

专家点拨　这段代码比较长,很难记,推荐使用 Dreamweaver 创建新文档,文档类型选择 XHTML 1.0 transitional,这样 XHTML 的 DOCTYPE 声明将自动编写。

XHTML 里面的元素和 HTML 的元素很相近,关于 HTML 的元素,之前做过详细的讲解,下面将 XHTML 中经常用到的元素进行简单介绍。

1. 文档结构

XHTML 的文档结构和 HTML 是一样的,定义文档开始和结束时仍使用 HTML 元素。页面同样分为 head 和 body 两部分,其中 head 部分的内容是不显示在页面上的,head 部分还包括 meta 和 title 等元素,这些在以后的学习中会详细地讲解。

2. 文本基础元素

文本基础元素包括 div、p、strong、b、span、br、标题等元素。

- div:块元素,可以将文档分成不同的部分,可以使用 class 和 id 属性进一步控制页面表现。div 元素是 CSS 布局中使用最多的元素。
- p:块元素,表示段落。
- strong:内联元素,使文本以粗体显示。
- b:内联元素,使文本以粗体显示。
- span:内联元素,用来区分文本中的一个部分。
- br:使文本换行显示。
- 标题:块元素,用来定义文本中的各种标题。包括列元素 h1,h2,h3,h4,h5,h6,其中每个元素对应默认的字体,如下面一段代码可用于显示标题元素。

```
< h1 > h1 文本</h1 >
< h2 > h2 文本</h2 >
< h3 > h3 文本</h3 >
< h4 > h4 文本</h4 >
< h5 > h5 文本</h5 >
< h6 > h6 文本</h6 >
```

其默认的显示效果如图 6-1 所示。

3. 列表元素

- ul：块元素，定义一个无序列表。
- li：块元素，定义列表中具体的条目。

4. 分隔线、图像等修饰元素

- bgsound：用来添加背景音乐。
- hr：块元素，用来分隔页面的各个部分。
- img：内联元素，用来插入图像文件。

5. 链接元素

a：内联元素，用来定义页面中的超级链接。

6. 表格元素

- table：定义一个表格。
- tr：定义表格中的行。
- td：定义表格中的单元格。

7. 表单元素

- form：定义一个表单，同时定义处理表单的服务器等。
- input：用来定义表单控件，例如输入文本。

与 HTML 不一样，XHTML 对大小写是敏感的，<title>和<TITLE>是不同的标签。XHTML 要求所有的标签和属性的名字都必须使用小写。例如：<BODY>必须写成<body>，<table WIDTH="100%">必须写成<table width="100%">。

以前在 HTML 中，标签即使没有被关闭也可以在某些浏览器中正确运行，例如对于<p>而不一定写对应的</p>来关闭它们。但在 XHTML 中这是不合法的。XHTML 要求有严谨的结构，所有标签必须关闭。如果是单独不成对的标签，在标签最后加一个"/"来关闭它。例如：

```
< img height = "80" alt = "网页设计师" src = "logo001.gif" width = "200"/>
```

XHTML 要求有严谨的结构，因此所有的嵌套都必须按一定顺序，以前用 HTML 这样写的代码：

```
<p><b>欢迎大家访问</p></b>
```

必须修改为：

```
<p><b>欢迎大家访问</b></p>
```

就是说，一层一层的嵌套必须是严格对称的。

图 6-1 标题元素的显示效果

6.2.3　什么是 CSS

在页面显示的过程中，有很多的样式作用在页面元素上，这些样式可以来自不同的地方。浏览器自己有默认的样式，网页制作者有自己写的样式，用户也可能有自己的样式，但是最终显示的样式只能是其中之一，它们之间会产生冲突，CSS 可通过一个称为"层叠"的过程处理这种冲突。CSS 语言是一种标记语言，它不需要编译，可以直接由浏览器解释执行，属于浏览器解释型语言，在标准网页设计中 CSS 负责网页内容的表现。

层叠给每个规则分配一个重要度，制作者的样式表被认为是最重要的，其次是用户的样式表，最后是浏览器或用户代理使用的默认样式表。为了让用户有更多的控制能力，可以通过将规则指定为!important 来提高它的重要度，让它优先于其他规则，甚至优先于制作者加上!important 标志的规则。因此，层叠采用以下重要度次序：

标为!important 的用户样式＞标为!important 的制作者样式＞制作者样式＞用户样式＞浏览器/用户代理应用的样式。

然后，根据选择器的特殊性决定规则的次序。具有更特殊选择器的规则优先于具有比较一般的选择器的规则。如果两个规则的特殊性相同，那么后定义的规则优先。由此可见，层叠是指不同的优先级构成的层的叠加。

6.2.4　XHTML 与 CSS 实现样式与结构分离

使用"XHTML＋CSS"制作网页通常符合 Web 标准的内容与表现分离，而"XHTML＋CSS"常被外界称为"DIV＋CSS"，实际上是不严谨的，使用"XHTML＋CSS"制作的网页，其各要素关系如图 6-2 所示。

从图 6-2 中可以看出，把页面所需的数据通过 XHTML 结构化，然后用 CSS 对 XHTML 的样式表现进行控制，这样来实现页面的内容与表现的分离。

图 6-2　使用"XHTML＋CSS"制作网页关系图

6.2.5　CSS 布局与表格布局的分析

在传统的网页中，常用表格对页面整体进行布局，在本书前面的 HTML 技术部分也进行了详细的介绍，先看一个简单表格布局的例子，创建一个网页文件，其代码如下。

```html
<!-- 程序 6-1.html -->
<html>
<head>
  <title>简单表格布局</title>
</head>
<body topmargin="0">
  <table width="400" border="0" align="center" cellpadding="0" cellspacing="0">
    <tr>
      <td height="20" valign="top" bgcolor="#cccccc">
        <font color="#0000ff"><strong>顶部</strong></font>
```

```
      </td>
    </tr>
   <tr>
   <td>
    <table width = "100%" border = "0" cellpadding = "0" cellspacing = "0">
    <tr>
    <td width = "25%" height = "120" valign = "top" bgcolor = "#eeeeee">
      <font color = "#ff0000">列表</font>
    </td>
    <td width = "75%" height = "120" valign = "top" bgcolor = "#f7f7f7">
      <font color = "#ff0000">内容</font>
    </td>
    </tr>
    </table>
   </td>
  </tr>
  <tr>
   <td height = "20" valign = "top" bgcolor = "#cccccc">
     <font color = "#0000ff"><strong>底部</strong></font>
   </td>
  </tr>
  </table>
 </body>
</html>
```

该代码的浏览效果如图 6-3 所示。

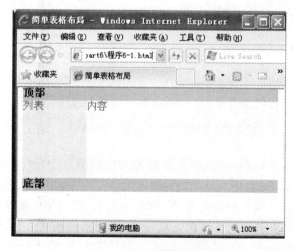

图 6-3 简单表格布局

将程序 6-1 改编成 CSS+XHTML 格式的代码如下。

```
<!-- 程序 6-2.html -->
<html>
  <head>
    <meta http-equiv = "Content-Type" content = "text/html; charset = gb2312" />
```

```
            <title>XHTML＋CSS简单布局</title>
            <style type = "text/css">
                * {margin:0px;
                  padding:0px;}
                #all{width:400px;
                    margin:0px auto;
                    color:#f00;        }
                #top,#bt{height:20px;
                        background－color:#ccc;
                        color:#00f;
                        font－weight:bold;}
                #list{width:25％;
                    height:120px;
                    float:left;
                    background－color:#eee;}
                #content{width:75％;
                    height:120px;
                    background－color:#f7f7f7;}
            </style>
        </head>
    <body>
        <div id = "all">
            <div id = "top">顶部</div>
            <div id = "mid">
                <div id = "list">列表</div>
                <div id = "content">内容</div>
            </div>
            <div id = "bt">底部</div>
        </div>
    </body>
    </html>
```

　　通过分析以上两例的代码可见,在布局效果一样的情况下,表格布局导致结构与样式杂糅在一起,条理混乱,不易维护,而 XHTML＋CSS 布局将内容与样式分离,代码的重用性较高,很利于维护与修改。

　　正是因为代码的重用性高,所以在大多数网页代码编写中,使用 XHTML＋CSS 布局比单纯使用传统的 HTML 表格布局要简洁得多。

　　专家点拨　表格虽然不提倡用作布局,但并不代表 XHTML 排斥表格的使用,只是在需要显示表格数据的时候使用表格标签,即把表格用于合适的地方,不滥用,以保持结构的清晰。

6.3　CSS 编写基本模式

　　由于 CSS 在布局、样式控制方面有着巨大的优势,所以 CSS 成了美化页面的最佳利器。本节所要介绍的 CSS 的编写模式,虽然是简单的 CSS 基础,但对于页面的样式控制来说非常关键。

6.3.1 CSS 的插入形式

在网页中插入 CSS 样式表后,要想在浏览器中显示出效果,就要让浏览器能识别并调用。当浏览器读取样式表时,要依照文本格式来读取,下面介绍 4 种在页面中插入样式表的方法:链入外部样式表、内部样式表、导入外部样式表和内嵌样式。

1. 链入外部样式表

链入外部样式表是先把样式表保存为一个单独的文件,然后在页面中用<link>标记链接到这个文件,注意这个<link>标记必须放到页面的<head>区域内,其语法格式如下:

```
< head >
    …
    < link href = "mystyle.css"  rel = "stylesheet"  type = "text/css"  media = "all">
    …
</ head >
```

语法解释:

(1) href:用于指定样式表文件所在的地址,可以是绝对地址或相对地址。如上面代码中的"mystyle.css",表示浏览器从 mystyle.css 文件中以文档格式读出定义的样式表。

样式表文件可以用任何文本编辑器(如记事本)打开并编辑,扩展名为.css。内容是定义的样式表,注意不能包含任何 HTML 标记。如在 mystyle.css 文件中定义水平线的颜色为土黄;段落左边的空白边距为 20 像素;页面的背景图片为 images 目录下的 back40.gif 文件,具体代码如下:

```
hr {color: sienna}
p {margin - left: 20px}
body {background - image: url("images/back40.gif")}
```

(2) rel="stylesheet":指在 HTML 页面文件中使用的是外部样式表。

(3) type="text/css":指明该文件的类型是样式表文件。

(4) media:表示选择的媒体类型,包括屏幕、纸张、语音合成设备、盲文阅读设备等。

注意要将 CSS 文件和 HTML 页面文件一起发布到服务器上,这样在用浏览器打开网页时,浏览器会按照该 HTML 网页所链接的外部样式表来显示其风格。

一个外部样式表文件可以应用于多个页面,当改变这个样式表文件时,所有页面的样式都会随之改变。在制作大量相同样式页面的网站时这种方法非常有用,不仅减少了重复的工作量,而且有利于以后的修改和编辑,以及站点的维护。而且在浏览网页时一次性将样式表文件下载,减少了代码的重复下载。

2. 内部样式表

内部样式表是通过<style>标记把样式表的内容直接放到 HTML 页面的<head>区域里,这些定义的样式就应用到页面中了,样式表是用<style>标记插入的,其语法格式如下:

```
< head >
    < style type = "text/css">
        <!--
            选择符{样式属性:取值;样式属性:取值;…}
            选择符{样式属性:取值;样式属性:取值;…}
            …
        -->
    </style>
</head>
```

语法解释：

（1）<style>标记：用来说明所要定义的样式。

（2）type="text/css"：说明这是一段 CSS 样式表代码。

（3）<!-- 与 -->标记：有些低版本的浏览器不能识别 style 标记，这意味着低版本的浏览器会忽略 style 标记里的内容，并把 style 标记里的内容以文本直接显示到页面上。该标记的加入就是为了防止一些不支持 CSS 的浏览器，将<style>与</style>之间的 CSS 代码当成普通的字符串显示在网页中。

（4）选择符：即样式的名称，可以选用 HTML 标记的所有名称。

如将上面的 mystyle.css 文件直接定义在页面中的代码如下：

```
< head >
    …
    < style type = "text/css">
    <!--
        hr {color: sienna}
        p {margin-left: 20px}
        body {background-image: url("images/back40.gif")}
    -->
    </style>
    …
</head>
```

内部样式表方法就是将所有的样式表信息都列于 HTML 文件的头部，因此这些样式可以在整个 HTML 文件中调用。如果想对网页一次性加入样式表，可选用该方法。

3．导入外部样式表

导入外部样式表是指在内部样式表的<style>区域内导入一个外部样式表，导入时需要用@import 作声明，该声明可放在<head>标记外，也可以放在<head>标记内，但根据语法规则，一般都是放在<head>标记内，其语法格式如下：

```
< head >
    < style type = "text/css">
    @import  url(外部样式表文件地址);
    …
    </stytle>
        …
</head>
```

语法解释：

（1）import 语句后面的";"是不可省略的。样式表地址可以是绝对地址，也可以是相对地址。

（2）外部样式表文件的文件扩展名必须为.css。如导入 mystyle.css 样式表的代码如下：

```
< head >
   …
   < style type = "text/css">
    <!--
        @import "mystyle.css"
        其他样式表的声明
    -->
   </style>
   …
</head>
```

导入外部样式表的方法和链入样式表的方法很相似，但导入外部样式表输入方式更有优势。实质上它相当于存在内部样式表中的。但在使用中，某些浏览器可能会不支持导入外部样式表的@import 声明，所以此方法不经常用到。

专家点拨　导入外部样式表必须在样式表的开始部分，在其他内部样式表上面。

4．内嵌样式

内嵌样式是混合在 HTML 标记里使用的，即在＜HTML＞标记里加入 style 参数，而 style 参数的内容就是 CSS 的属性和值。用这种方法，可以很简单地对某个元素单独定义样式。其语法格式如下：

```
< head >
    …
</head>
< body >
    …
    <HTML 标记 style = "样式属性:取值;样式属性:取值; …">
    …
</body>
```

语法解释：

（1）HTML 标记就是页面中标记 HTML 元素的标记，如 body、p 等。

（2）style 参数后面引号中的内容就相当于样式表大括号里的内容。需要指出的是，style 参数可以应用于 HTML 文件中任意的 body 标记（包括 body 本身），以及除了 basefont、param 和 script 之外的任意元素。

综合以上各 CSS 的插入方法，在使用中各有各的特殊之处，推荐使用第一种链入外部样式表的方法，使表现（CSS）和内容（XHTML）真正分离。对于多个页面共同调用同一个 CSS 文档时，每个页面独立的样式部分还是使用内部样式表，内部样式表的优先性高于外部样式表；遇到特殊情况时也会需要使用内嵌样式表，内嵌样式表的优先性又高于内部样式表。总之当 4 种方法同时使用时,浏览器会选择优先级最高的内嵌样式方法,其余 3 种方法的优先级顺序相同,若同时出现,浏览器会遵守"最近优先"原则,即使用与内容最靠近的那个样式表插入法。

6.3.2 CSS 的媒介控制

CSS 的一个特性是对媒介的控制,可设置不同的媒介表现方式,媒介有显示屏幕、纸面、盲文设备、语音合成器等。虽然作为电脑上浏览的网页而言,使用最多的是显示屏幕媒介,但为其他媒介设置特定的 CSS 有时是很有用的,如公司要打印多份网页的内容,网页上某些部分不需要(如广告元素等),字体尺寸需要更大、排版也需要更紧凑,这时就需要设置一个纸面媒介的 CSS。如下面的一行代码:

```
< link href = "mystyle.css"  rel = "stylesheet"  type = "text/css"  media = "print">
```

这行代码说明 mystyle.css 文档只有在网页打印到纸张时才会生效,而默认情况下使用显示屏幕媒介的 CSS 样式。

CSS 支持的设备非常多,只需修改<link>标签的 media 属性即可,media 属性对应的媒介值如表 6-1 所示。

表 6-1 CSS 支持的媒介列表

media 值	说　　明
all	应用于所有的设备
screen	应用于计算机屏幕
print	应用于页面的打印及打印预览的状态
handheld	应用于手持设备(小屏幕、单色及带宽有限制的设备)
projection	应用于投影演示
braille	应用于盲文触摸式的反馈设备
aural	应用于语音合成设备

6.4 CSS 的基本语法

CSS 是用来进行网页风格设计的,它简化并扩展了 HTML 中的各种标记,大大提高了 HTML 开发的效率。在制作网页时采用 CSS 技术,可以有效地对页面的布局、字体、颜色、背景和其他效果实现更加精确的控制,只要对相应的代码做一些简单的修改,就可改变同一页面的相应部分,或其他网页的外观和格式,本节主要介绍 CSS 的基本语法。

6.4.1 CSS 的基本格式

CSS 语法的核心包括三部分:选择符、样式属性及属性值。其基本语法格式如下:

```
选择符{
    属性 1: 属性值 1;
    属性 2: 属性值 2;
```

```
    ...
    属性 n: 属性值 n;
    }
```

选择符包括多种形式，所有的 HTML 标记都可以作为选择符，如 body，p，table 等都是选择符。但在利用 CSS 的语法给它们定义属性和值时，其中的属性和值要用冒号隔开，如果要对一个选择符指定多个属性时，需要使用分号将所有的属性和属性值分开。例如：

```
h4{
    font - size:15px;
    height:24px;
    padding - top:5px;
    margin - top:2px;
    }
```

这段代码中，h4 是选择符，是需要 CSS 定义的元素，font-size：15px 则是属性及属性值。

有时多个选择符需要设置相同的属性，为了简化代码，可以一次性为它们设置样式，只需在各选择符之间加上“,”来分隔即可，其格式为：

```
选择符 1,选择符 2,选择符 3 {
    属性 1: 值 1;
    属性 2: 值 2;
    ...
    }
```

例如：

```
p,table {
    font - size: 14px;
    color: #66FF66;
    font - weight: bold;
    font - family: Arial, Helvetica;
    }
```

这段代码表示段落和表格中的文字属性相同。

另外还有一种特殊格式：

```
选择符 1   选择符 2{
    属性 1: 值 1;
    属性 2: 值 2;
    ...
    属性 n: 值 n
}
```

这种格式和第二种格式很相似，只是在“选择符 1”和“选择符 2”之间缺少了逗号。这种格式表示如果选择符 2 包含的内容同时也包含在选择符 1 中的时候，所设置的样式规则才起作用。例如：

```
table  b {
        font - size: 14px;
        color: #66FF66;
        font - weight: bold;
        font - family: Arial, Helvetica;
    }
```

这段代码说明以上这些属性只对表格内的 b 元素有效，对表格外的 b 元素无影响。

6.4.2　CSS 的注释语句

开发人员可以在 CSS 中插入注释来说明代码的含义。添加注释有利于自己或别人以后编辑和更改代码时理解代码的含义。在浏览器中，注释是不显示的。CSS 注释以"/ ＊"开头，以"＊/"结尾。例如：

```
/＊ 定义段落样式表 ＊/
 p  {
    text - align: center;          /＊ 文本居中排列 ＊/
    color: black;                  /＊ 文字为黑色 ＊/
    font - family: Arial           /＊ 字体为 Arial ＊/
    }
```

6.4.3　CSS 的选择符

CSS 中的选择符分为 5 种，分别是：标签选择符、类选择符、id 选择符、伪类及伪元素选择符、通配选择符。

1. HTML 标签选择符

标签选择符即使用 XHTML 中已有的标签作为选择符。如：

< p style = "color:red">

其中"p"是 HTML 标签选择符。

2. 类选择符

一个选择符能有不同的类，因而允许同一元素有不同样式，用类选择符可以把相同的元素分类定义成不同的样式。在定义类选择符时，需在自定义类名称的前面加一个句点标记（.），其格式为：

```
选择符.类别名 {
    属性: 值
    }
```

若要让两个不同文字颜色的段落，一个为红色，一个为蓝色，可以先定义两个类：

```
p.red{color: red}
p.blue {color: blue}
```

以上的代码中定义了段落选择符 p 的 red 和 blue 两个类,即 red 和 blue 称为类选择符,其中类的名称可以是任意的英文字母或是以字母开头的数字组合。这里的 p 是可以省略的,在实际应用中,这种省略 HTML 标记的类选择符是最常用的 CSS 方法,因为使用这种方法定义的类选择符没用适用范围的限制,而不省略 HTML 标记的类选择符,其适用范围仅限于该标记所包含的内容。

省略了 HTML 标记的类选择符格式如下:

```
.red{color: red}
.blue {color: blue}
```

要在不同的段落中应用这些样式,只需在 HTML 标记中加入已经定义的 class 参数即可,如:

```
<p class = red>
<p class = blue>
```

3. id 选择符

在 HTML 文档中,需要唯一标识一个元素时,可以赋予它一个 id 标识,以便在对整个文档进行处理时能够很快地找到这个元素。而 id 选择符就是用来对这个单一元素定义单独的样式,它可以单独地定义每个元素的成分,但这种选择符应该尽量少用,因为它具有一定的局限性。

id 选择符的定义方法与类选择符大同小异,一个 id 选择符以"＃"开头,只需要把句点改为"＃"即可,其语法格式如下:

```
# idstyle {
    font - family: Arial, Helvetica, sans - serif;
    color: blue;
}
```

调用时需要把 class 改为 id,可以按照如下方式应用于 HTML 标记中。

```
<p id = "idstyle">文本缩进 3em </p>
```

专家点拨　id 选择符和类选择符没有本质的区别,很多时候可以混用(XHTML 不允许,但也不会报错)。但符合 Web 标准的页面必须结构良好,有语义,有可读性,所以为了形成良好的代码编写习惯,建议读者严格区分。同样的 id 名称在页面中只能使用一次,可用于页面的布局等应用,同样的类名称可在页面中多次使用,作用于多个对象,以达到统一样式设置的目的,可用于文本颜色等的应用。

4. 伪类和伪元素选择符

伪类和伪元素选择符是一组 CSS 预定义好的类和对象,不需要进行 id 和 class 属性的声明,能自动被支持 CSS 的浏览器所识别。

1) 伪类

伪类的基本格式为:

选择符:伪类 { 属性: 值 }

使用伪类可以区别开不同种类的元素,CSS 预定义的伪类如表 6-2 所示。

表 6-2   CSS 预定义的伪类

伪　　类	用　　法
:link	超级链接未被访问时
:hover	对象(一般为超级链接)在鼠标滑过时
:active	对象(一般为超级链接)被用户单击时(注意鼠标按下未释放)
:visited	超级链接被访问后
:focus	对象成为输入焦点时
:first-child	对象的第一个子对象
:first	页面的第一页

若要使当前或可激活链接以不同颜色、更大的字体显示,然后,当网页的已访问链接被再次选中时,又以不同颜色、更小字体显示,这个样式表的示例如下:

```
a:link { color: red }
a:active { color: blue; font-size: 125% }
a:visited { color: green; font-size: 85% }
```

在实际应用中,使用最多的是超级链接的 4 种状态,即:link、:hover、:active 和:visited。

2) 伪元素

伪元素指元素的一部分,如段落的第一个字母。

伪元素的基本格式为:

选择符.类:伪元素 { 属性: 值 }

CSS 中预定义的伪元素如表 6-3 所示。

表 6-3   CSS 中预定义的伪元素

伪　元　素	用　　法
:after	设置某个对象之后的内容
:first-letter	对象内容的第一个字母
:first-line	对象内第一行
:before	设置某一个对象之前的内容

若要使文章的文本首行以粗体且全部大写展示,可将其作为一个伪元素处理,即首行伪元素,它可以用于任何块级元素,这样的首行伪元素代码如下:

```
p:first-line{
    font-variant: small-caps;
    font-weight: bold;
}
```

另外,CSS 还有一个经常用到的伪元素就是首个字母伪元素。它用于首个字母的加大(drop caps)或其他效果,含有已指定值选择符的文本的首个字母会按照指定的值展示。一个首字母伪元素可以用于任何块级元素。如使文本的首字母比普通字体大三倍,可写为:

```
p:first - letter {
    font - size: 300 % ;
    float: left;
}
```

专家点拨 严格意义上说,伪类和伪对象不属于选择符,它只是让页面呈现丰富表现力的特殊属性,之所以称之为"伪",是因为它指定的对象在文档中并不存在,它们指定的是对象的某种状态。

6.5 上机练习与指导

6.5.1 编写头部 CSS

根据在 HTML 文件中定义 CSS 样式表的位置特征,可将 CSS 文件分为头部 CSS、主体 CSS 和外部 CSS,本节练习应用内部样式表方法在 HTML 文件的头部编写 CSS。

(1) 打开记事本,在记事本中输入如下一段普通的 HTML 代码,然后将代码以 .html 的扩展名保存。

```
<!-- 上机练习 6 - 1. html -->
< html >
  < head >
    < title > CSS 头部文件</title >
  </head >
  < body >
    < h3 align = "center"> CSS 头部文件</h3 >
    < hr >
    < p>在 HTML 文件的头部应用内部样式表方法添加 CSS。</p>
  </body >
</html >
```

(2) 在上面代码中的<head>与</head>之间插入如下代码。

```
< style   type = "text/css">
    <!--
        h3 {color: red;font - size:30px;font - family:华文隶书}
        p{color: blue;font - family:楷体}
    -->
</style>
```

（3）保存后在浏览器中打开文件，网页效果如图 6-4 所示。

图 6-4　头部 CSS 文件浏览效果

6.5.2　编写主体 CSS

用嵌入样式表方法将 CSS 文件定义在 HTML 文件主体，在记事本中输入如下代码，保存为.html 格式。

```
<!-- 上机练习 6 - 2.html -->
<html>
  <head>
    <title>编写主体 CSS 文件</title>
  </head>
  <body>
    <center>
      <h1 style = "color:green;font - size:45px;font - family:黑体">
        编写主体 CSS 文件
      </h1>
    </center>
    <hr>
    <p style = font - size:35;font - family:宋体">
        在 HTML 文件的主体应用嵌入样式表方法添加 CSS。
    </p>
  </body>
</html>
```

保存后在浏览器中打开的网页效果如图 6-5 所示。

图 6-5　主体 CSS 文件浏览效果

6.5.3 编写外部 CSS

1. 使用链入外部样式表方法在 HTML 文件内调用外部定义的 CSS 文件

（1）打开记事本，输入如下一段代码，并以扩展名为 .css 的格式保存。

```
<!-- 上机练习 6-3-1.css -->
<style  type = "text/css">
    <!--
        h3 {color: black;font-size:40px;font-family:华文行楷}
        p{background:orange;color: blue; font-size:25;font-family:隶书}
    -->
</style>
```

（2）再次打开一个新的记事本文件，输入如下 HTML 代码，保存为 .html 格式的文件，并在其中链入上面定义的 CSS 文件。

```
<!-- 上机练习 6-3-1.html -->
<html>
  <head>
    <title>外部 CSS 文件</title>
    <link  rel = stylesheet type = "text/css" href = "6-3-1.css">
  </head>
  <body>
    <h3 align = "center">编写外部 CSS 文件</h3>
    <hr>
    <p>在 HTML 文件应用链入外部样式表方法调用外部 CSS。</p>
  </body>
</html>
```

（3）在浏览器中打开 html 文件，网页的显示效果如图 6-6 所示。

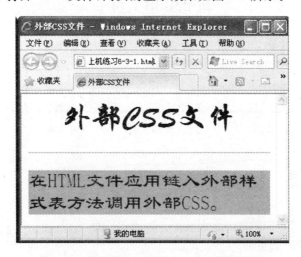

图 6-6　使用链入外部样式表方法浏览效果

2. 应用导入外部样式表方法在 HTML 文件内调用外部定义的 CSS 文件

（1）建立 HTML 文件，代码如下。

```
<!-- 上机练习 6 - 3 - 2.html -->
<html>
    <head>
      <title>外部 CSS 文件</title>
      <style  style = "text/css">
        @import url(6 - 3 - 2.css);
      </style>
    </head>
    <body>
      <h1 align = "center">外部 CSS 文件</h1>
      <hr>
      <p>在 HTML 文件中应用导入外部样式表方法调用外部 CSS。</p>
    </body>
</html>
```

（2）再建立一个单独的 CSS 文件，代码如下。

```
<!-- 上机练习 6 - 3 - 2.css -->
h1{color:blue;font - size:30px;font - family:黑体}
p{background:pink;color:black;font - size:20;font - family:宋体}
```

（3）在浏览器中打开上面建立的 HTML 文件，网页的显示效果如图 6-7 所示。

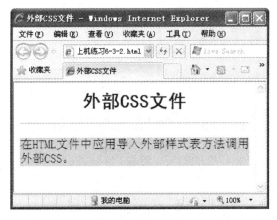

图 6-7   使用导入外部样式表方法浏览效果

6.6   本章习题

一、选择题

1. CSS 的全称是什么？（   ）

    A. Cascading Sheet Style   B. Cascading System Sheet

    C. Cascading Style Sheet   D. Cascading Style System

2. 下面哪项不属于 CSS 的插入形式？（ ）

    A. 索引样式   B. 行内样式   C. 内嵌样式表   D. 链接外部样式表

3. 使用内嵌样式表方法引用样式表应该使用的引用标记是哪个？（ ）

    A. \<link\>   B. \<object\>   C. \<style\>   D. \<head\>

4. 链接到外部样式表应该使用的标记是哪个？（ ）

    A. \<link\>   B. \<object\>   C. \<style\>   D. \<head\>

5. 不同的选择符定义相同的元素时，优先级别的关系是哪项？（ ）

    A. 类选择符最高，id 选择符其次，HTML 标记选择符最低

    B. 类选择符最高，HTML 标记选择符其次，id 选择符最低

    C. id 选择符最高，HTML 标记选择符其次，类选择符最低

    D. id 选择符最高，类选择符其次，HTML 标记选择符最低

二、填空题

1. CSS 的中文全名为_____。

2. CSS 的注释语句标记为_____。

3. _____选择符是一组 CSS 预定义好的类和对象，不需要进行 id 和 class 属性的声明，能自动被支持 CSS 的浏览器所识别。

4. XHTML 是 HTML 的升级版，侧重点在于对_____设计，其语法严谨，有语义。

5. _____是指在 HTML 文件中使用的是外部样式表。

6. 在外部样式表文件中，不能含有任何如同_____或者_____这样的 HTML 标记。

第7章

CSS布局

通过第 6 章的学习,读者已经了解了 CSS 强大的表现控制功能,特别是在布局方面有很大的优势,相对于代码层次混乱、样式杂糅在结构中的表格布局,CSS 带来了全新的布局理念,使网页设计更轻松、更自由。

本章主要内容:

- DIV 的概念;
- DIV 的布局;
- CSS 盒模型;
- CSS 元素的定位。

7.1 DIV + CSS 的概念及布局

DIV+CSS 是网站标准(或称"Web 标准")中常用术语之一,DIV+CSS 是一种网页的布局方法,这种网页布局方法有别于传统的 HTML 网页设计语言中的表格定位方式,它真正地达到了内容与表现相分离。HTML 语言自 HTML 4.01 问世以来,不再发布新版本,原因在于 HTML 语言正变得越来越复杂化、专用化。XHTML 语言可以将 HTML 语言标准化,用 XHTML 语言重写后的 HTML 页面可以应用许多 XML 技术,使得网页更加容易扩展,适合自动数据交换,并且更加规范。在 XHTML 网站设计标准中,不再使用表格定位技术,而是采用 DIV+CSS 的方式实现各种元素的定位。

7.1.1 初识 DIV

div 标签在 Web 标准的网页中使用非常频繁,其原因并不是因为 div 有什么特别之处,div 标签只是一种块状元素。正因为 div 没有任何特性,所以更容易被 CSS 代码控制样式。

div 标签是双标签,即以<div></div>的形式存在,中间可以放置任何内容,包括其他 div 标签。也就是说,div 标签只是一个没有任何特性的容器而已。

程序 7-1 是一个 div 标签应用的小实例。

```
<!-- 程序 7-1.html -->
<html>
<head>
    <meta http - equiv = "Content - Type" content = "text/html; charset = gb2312" />
```

```
    <title>初识 div 标签</title>
</head>
<body>
    <div>第 1 个 div 标签中的内容</div>
    <div>第 2 个 div 标签中的内容</div>
    <div>第 3 个 div 标签中的内容</div>
</body>
</html>
```

该代码的浏览效果如图 7-1 所示，从浏览效果中可以看出，在没有 CSS 的情况下，div 标签没有任何特别之处，无论如何调整浏览器窗口，每个 div 标签均占据一行。即默认情况下，一行只能容纳一个 div 标签。

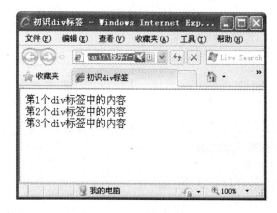

图 7-1 默认的 div 标签

为了再次证明一行只能容纳一个 div 标签，下面对 div 通过设置 id 选择符加入 CSS 代码，使 div 具有背景色以及宽度，修改后的代码如程序 7-2 所示。

```
<!-- 程序 7-2.html -->
<html>
<head>
    <meta http-equiv = "Content-Type" content = "text/html; charset = gb2312" />
    <title>初识 div 标签</title>
    <style type = "text/css">
        #top, #bt{background-color: #eee;}
        #mid{background-color: #999;
            width:250px;
            }
        #bt{width:120px;}
    </style>
</head>
<body>
    <div id = "top">第 1 个 div 标签中的内容</div>
    <div id = "mid">第 2 个 div 标签中的内容</div>
    <div id = "bt">第 3 个 div 标签中的内容</div>
</body>
</html>
```

该代码的浏览效果如图 7-2 所示，可以看出，通过背景色的设置，div 标签默认占据一行，宽度也为一行的宽度。通过宽度的设置可以发现，并不是因为 div 的宽度为一行而导致无法容纳后面的 div 标签，无论宽度多小，一行始终只有一个 div 标签。

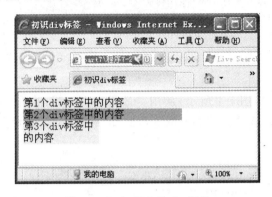

图 7-2　加入 CSS 的 div 标签

div 标签作为网页 CSS 布局的主要元素，其优势已经非常明显。相对于表格布局，div 更加灵活，因为 div 只是一个没有任何特性的容器，CSS 可以非常灵活地对其进行控制，组成网页的每一块区域。在大多数情况下，仅仅通过 div 标签和 CSS 的配合即可完成页面的布局，故很多人称 Web 标准页为"DIV＋CSS"网页。

7.1.2　DIV 元素的样式设置

7.1.1 节提到了 XHTML 的布局核心标签是 div，并且 div 属于 XHTML 中的块级元素。XHTML 的标签默认有两种元素，即块状元素（block element）和内联元素（inline element），这两种元素都是 HTML 规范中的概念。

1. 块状元素

块状元素是其他元素的容器，一般是矩形的，可容纳内联元素和其他块状元素，它有自己的高度和宽度。默认情况下，在父容器中占据一行，同一行无法容纳其他元素及文本。其他元素将显示在其下一行，这可以看做被块级元素"挤"下去的。块状元素就是一个矩形容器，在 CSS 设置了高度和宽度后，形状无法被改变。

2. 内联元素

和块级元素相反，内联元素没有固定形状，也无法设置宽度和高度。内联元素形状由其内容决定，所以在宽度足够的情况下，一行能容纳多个内联元素。如果说块状元素是一个硬盒子，内联元素相对就是一个软软的布袋子（形状由内容决定）。

块状元素和内联元素的基本差异是块状元素一般都从新行开始，而当加入了 CSS 控制以后，块状元素和内联元素的这种属性差异就不存在了，因为完全可以把内联元素加上 display：block 这样的属性，让它也有每次都从新行开始的属性。相对来说，块状元素适合于大块的区域排版，所以常用于布局页面。而内联元素适合于局部元素的样式设置，所以常用于局部的文字样式设置。

要使用 div 元素进行网页布局,首先要学会使用 CSS 灵活地设置 div 元素的样式。作为单个 div 元素,width 属性用于设置其宽度,height 属性用于设置其高度。由于网页大多数用计算机显示屏幕作媒介,所以常用像素作为固定尺寸的单位,即 px。当单位为百分比时,div 元素的宽度和高度为自适应状态,即宽度和高度适应浏览器窗口尺寸而变化。

程序 7-3 为设置 div 样式的实例。为了更方便地看到 div 的表现效果,在程序中给出的两个 div 都设置了浅灰背景色和黑色边框。

```html
<!-- 程序 7-3.html -->
<html>
<head>
    <meta http-equiv="Content-Type" content="text/html; charset=gb2312" />
    <title>设置 div 样式</title>
    <style type="text/css">
        #fst {
            background-color: #eee;
            border:1px solid #000;
            width:300px;
            height:200px;
        }
        #sec {
            background-color: #eee;
            border:1px solid #000;
            width:50%;
            height:25%;
        }
    </style>
</head>
<body>
    <div id="fst">固定尺寸的宽度和高度</div>
    <hr />
    <div id="sec">自适应尺寸的宽度和高度</div>
</body>
</html>
```

该代码的浏览效果如图 7-3 所示。

很明显,第 1 个 div 宽度和高度固定,形成了一个"坚硬"的盒子。而第 2 个 div 由于设置其宽度为 50%,故该 div 的宽度会随着浏览器的宽度变化而变化。但第 2 个 div 的高度设置为 25%,按理说其高度也应该随着浏览器的高度变化而变化,可在本例中 div 高度和文本高度相当,因此看起来好像高度设置没有起作用。

设置 div 的高度自适应问题有一个前提,即 div 的高度自适应是相对于父容器的高度,本例中 div 父容器为 body 或者 html(不同浏览器解析方式不同)。body 或者 html 在本例中没有设置高度,div 的高度自适应没有参照物,也就无法生效。要解决这个问题需在 CSS 中设置 body 和 html 的高度,即将 body 和 html 的高度直接设置为 100%。为了考虑多种

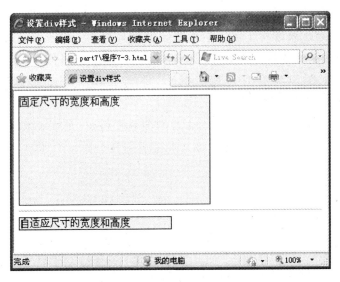

图 7-3　设置 div 标签高度自适应

浏览器的兼容性,可将 html 和 body 同时设置为 100％宽度。在上面代码的 CSS 部分加入如下代码即可,且不会对页面有任何影响。

```
html,body{
    width:100％;
    height:100％;
}
```

更改后的浏览效果如图 7-4 所示。

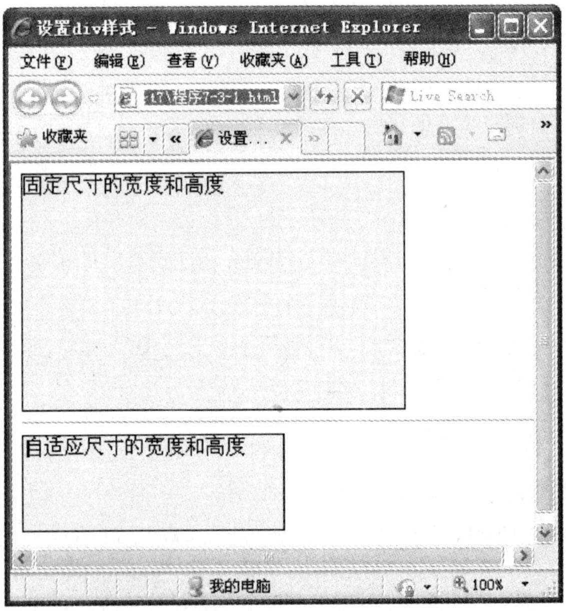

图 7-4　更改后的 div 标签高度自适应

调整浏览器高度后,第 2 个 div 的高度随之变化。

专家点拨　　各种浏览器对 XHTML 和 CSS 的解析方式有差异,在后面将详细讨论解决办法,以解决浏览器的兼容性问题。

7.1.3　DIV 的页面布局

由于浏览者的显示器分辨率不同,在布局页面时,要充分考虑页面内容的布局宽度,并保证页面整体内容在页面居中。一旦内容宽度超过显示宽度,页面将出现水平滚动条。

1. 布局页面的宽度

在布局页面宽度时一般要考虑最小显示分辨率的浏览用户,过去浏览用户的显示分辨率最小为 800×600 像素(15 寸 CRT 显示器),其最小宽度为 800 像素。浏览器的边框及滚动条部分约占 24 像素,故布局宽度应为分辨率的水平像素减去 24 像素,即过去网页布局宽度一般为 776 像素,再宽就会使页面产生水平滚动条。

由于计算机设备的飞速发展,现在使用 800×600 像素显示分辨率的用户已很少了,现在页面布局宽度最大不超过 1003 像素(考虑到最小宽度为 1024 像素,即 1024×768 像素的显示分辨率)。

专家点拨　　应尽量保证网页只有垂直滚动条,这样才符合浏览者的习惯,所以高度不需要考虑,由页面内容决定网页高度。

2. 布局页面水平居中

为了适应不同浏览用户的分辨率,网页设计师要始终保证页面整体内容在页面居中。在使用 HTML 表格布局页面时,只需要设置布局表格的 align 属性为 center 即可,而使 div 居中没有属性可以设置,只能通过 CSS 控制其位置。

在布局页面前,网页制作者一定要把页面的默认边距清除。为了方便操作,常用的方法是使用通配选择符" ＊ ",将所有对象的边距清除,即设置 margin 属性和 padding 属性。margin 属性代表对象的外边距(上、下、左、右),padding 属性代表对象的内边距,也叫填充属性(上、下、左、右)。

专家点拨　　margin 属性和 padding 属性类似于表格单元格的 cellspacing 属性和 cellpadding 属性,不过 margin 属性和 padding 属性可作用于所有块状元素。

使 div 元素水平居中的方法有多种,常用的方法是用 CSS 设置 div 的左右边距,即设置 margin-left 属性和 margin-right 属性。当设置 div 左外边距和右外边距的值为 auto,即自动时,左外边距和右外边距将相等,即达到了 div 水平居中的效果。

程序 7-4 为设置 div 水平居中的实例。

```
<!-- 程序 7-4.html -->
< html >
< head >
    < meta http - equiv = "Content - Type" content = "text/html; charset = gb2312" />
    < title >设置 div 水平居中</title>
    < style type = "text/css">
```

```
            *{margin:0px;
            padding:0px;
            }
            #all{width:75%;
                height:200px;
                background-color:#eee;
                border:1px solid #000;
                margin-left:auto;
                margin-right:auto;
                }
        </style>
    </head>
    <body>
        <div id="all">布局页面内容</div>
    </body>
</html>
```

为了更方便地看到 div 的表现效果,本例给 div 设置了浅灰背景色和黑色边框,浏览效果如图 7-5 所示。

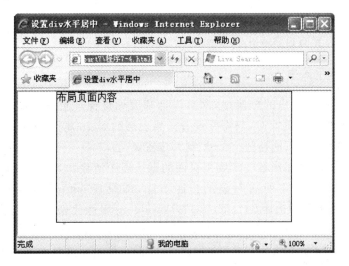

图 7-5　设置 div 水平居中

另外,CSS 代码中设置外边距的 margin 属性还可以进一步简化,其编写方法为:

```
margin:0px auto;
```

margin 属性值前面的 0 代表上边距和下边距为 0 像素,auto 代表左边距和右边距为自动设置。注意 0px 和 auto 之间使用空格分隔,而不是逗号。

还有一种方法是使用 html 或 body 的 text-align 属性,设置其值为 center,即所有对象将居中。这样将导致页面文本居中,所以不作推荐,其编写方法为:

```
html,body{text-align:center;}
```

7.1.4 DIV 元素的布局技巧

很多介绍网站如何推广的文章中称,搜索引擎一般不抓取三层以上的表格嵌套,这一点一直没有得到搜索引擎官方的证实。但根据目前掌握的情况来看,当 spider 访问 Table 布局的页面,遇到多层表格嵌套时,会跳过嵌套的内容或直接放弃整个页面。

使用表格布局,为了达到一定的视觉效果,不得不套用多个表格。如果嵌套的表格中是核心内容,spider 访问时跳过了这一段而没有抓取到页面的核心,这个页面就成了相似页面。网站中过多的相似页面会影响排名及域名信任度。

而 DIV+CSS 布局基本上不会存在这样的问题,从技术角度来说,XHTML 在控制样式时也不需要过多的嵌套。DIV+CSS 起到的作用是将设计部分剥离出来而将表现放在一个独立样式文件中,HTML 文件中只存放文本信息。

1. DIV 元素的嵌套

类似于用表格布局页面,为了实现复杂的布局结构,div 元素也需要互相嵌套。但在布局页面时应尽量少嵌套,因为 XHTML 元素多重嵌套将影响浏览器对代码的解析速度。

程序 7-5 为 dive 嵌套的实例。

```html
<!-- 程序 7-5.html -->
<html>
<head>
    <meta http-equiv="Content-Type" content="text/html; charset=gb2312" />
    <title>div 嵌套</title>
    <style type="text/css">
            *{margin:0px;
             padding:0px;
             }
            #all{width:400px;
                height:300px;
                background-color:#600;
                margin:0px auto;
                }
            #one{width:300px;
                height:120px;
                background-color:#eee;
                border:1px solid #000;
                margin:0px auto;
                }
            #two{width:300px;
                height:120px;
                background-color:#eee;
                border:1px solid #000;
                margin:0px auto;
                }
    </style>
</head>
```

```
< body >
    < div id = "all">
      < div id = "one">顶部</div >
      < div id = "two">底部</div >
    </div >
</body >
</html >
```

该例中"all"为父容器(外部 div),而"one"和"two"这两个 div 则嵌套在"all"这个父容器中。为了更方便地看到 div 的表现效果,本例给内部 div 设置了浅灰背景色和黑色边框,而外部的 div 为深灰色背景。本例综合了 div 居中的知识,内部的两个 div 水平居中在其父容器中。浏览效果如图 7-6 所示。

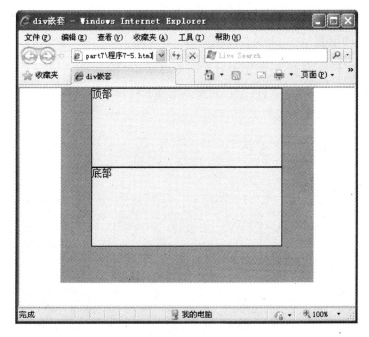

图 7-6　div 嵌套

2. DIV 元素的浮动

作为块状元素,通过 div 布局网页,再用 CSS 设置其属性,可完全符合内容与表现分离。由于一个 div 标签只占据一行,要实现布局中并列的两块区域,在块状元素有一个很重要的"float"属性,可以使多个块状元素并列于一行。

float 属性也被称为浮动属性,对前一个 div 元素设置浮动属性后,当该 div 元素留有足够的空白宽度时,后面的 div 元素将自动浮上来,和前面的 div 元素并列于一行。

float 属性的值有 left,right,none 和 inherit。很多对象都有 inherit 属性,这是继承属性,代表继承容器的属性。float 属性值为 none 时,块状元素不会浮动,这也是块状元素的默认值。float 属性值为 left 时,块状元素将向左浮动；float 属性值为 right 时,块状元素将向右浮动。

专家点拨 使两个 div 并列于一行的前提是这一行有足够的宽度容纳两个 div 的宽度。

程序 7-6 为设置 div 浮动的实例。

```html
<!-- 程序 7-6.html -->
<html>
<head>
    <meta http-equiv="Content-Type" content="text/html; charset=gb2312" />
    <title>设置 div 浮动</title>
    <style type="text/css">
        *{margin:0px;
         padding:0px;
         }
        #one{width:125px;
            height:120px;
            background-color:#eee;
            border:1px solid #000;
            float:left;
            }
        #two{width:200px;
            height:120px;
            background-color:#eee;
            border:1px solid #000;
            }
    </style>
</head>
<body>
    <div id="one">第 1 个 div</div>
    <div id="two">第 2 个 div</div>
</body>
</html>
```

本例给 div 设置了浅灰背景色和黑色边框，浏览效果如图 7-7 所示。

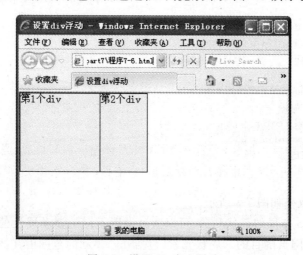

图 7-7 设置 div 向左浮动

本例只设置了第 1 个 div 元素向左浮动,第 2 个 div 元素"流"上来了,并紧挨着第 1 个 div 元素。若要设置第 2 个 div 向右浮动,可将上面 CSS 元素中的"two"做如下修改:

```
#two{width:200px;
    height:120px;
    background-color:#eee;
    border:1px solid #000;
    float:right;
    }
```

更改后的浏览效果如图 7-8 所示。

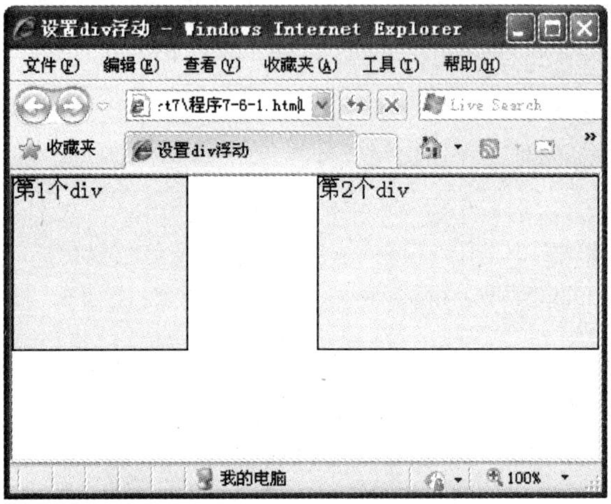

图 7-8　div 左浮动和右浮动

修改后的第 2 个 div 紧挨着其父容器(浏览器)的右边框,当然,这两个 div 元素也可以换个位置,将上面的代码做如下修改:

```
#one{width:125px;
    height:120px;
    background-color:#eee;
    border:1px solid #000;
    float:right;
    }
#two{width:200px;
    height:120px;
    background-color:#eee;
    border:1px solid #000;
    float:left;
    }
```

修改后的浏览效果如图 7-9 所示。

浮动属性是 CSS 布局的最佳利器,可以通过设置不同的浮动属性值灵活地定位 div 元素,以达到灵活布局网页的目的。块状元素(包括 div)浮动的范围由其被包含的父容器所决定,以上实例 div 元素的父容器就是 body 或 html。

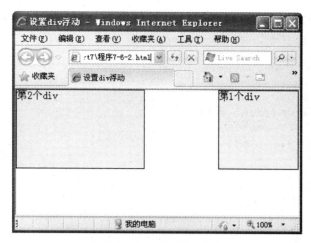

图 7-9　交换 div 浮动方向

　　为了更加灵活地定位 div 元素,CSS 提供了 clear 属性,即为"清除"。clear 属性的值有 none,left,right 和 both,默认值为 none。当多个块状元素由于第 1 个设置浮动属性而并列时,如果某个元素不需要被"流"上去,即可设置相应的 clear 属性。

　　程序 7-7 为 div 的清除属性实例。

```html
<!-- 程序 7-7.html -->
<html>
<head>
    <meta http-equiv="Content-Type" content="text/html; charset=gb2312" />
    <title>div 的清除属性</title>
    <style type="text/css">
        *{margin:0px;
          padding:0px;
          }
        .all{width:400px;
            height:170px;
            background-color:#CCCCCC;
            margin:0px auto;
            }
        .one,.two,#three_1,#three_2,#three_3,#three_4{width:120px;
            height:50px;
            background-color:#eee;
            border:1px solid #000;
            }
        .one{float:left;}
        .two{float:right;}
        #three_1{clear:none;}
        #three_2{clear:both;}
        #three_3{clear:right;}
        #three_4{clear:left;}
    </style>
</head>
<body>
```

```
    <div class = "all">
       <div class = "one">第 1 个 div</div>
       <div class = "two">第 2 个 div</div>
       <div id = "three_1">第 3 个 div(clear:none;)</div>
    </div>
    <div class = "all">
       <div class = "one">第 1 个 div</div>
       <div class = "two">第 2 个 div</div>
       <div id = "three_2">第 3 个 div(clear:both;)</div>
    </div>
    <div class = "all">
       <div class = "one">第 1 个 div</div>
       <div id = "three_3">第 2 个 div(clear:right;)</div>
       <div class = "two">第 3 个 div</div>
    </div>
    <div class = "all">
       <div class = "one">第 1 个 div</div>
       <div id = "three_4">第 2 个 div(clear:left;)</div>
       <div class = "two">第 3 个 div</div>
    </div>
  </body>
  </html>
```

本例的浏览效果如图 7-10 所示。

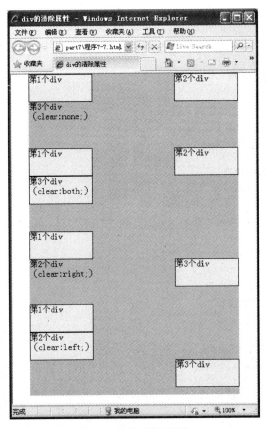

图 7-10　div 清除属性

从图 7-10 中各 div 的分配效果可以看出：

（1）第 1 种情况为默认情况，即 clear 属性值为 none，由于前面的 div 都设置了浮动属性（1 个向左浮动，1 个向右浮动），所以第 3 个 div 元素自动"流"上去，处于两个 div 之间的空白处。

（2）第 2 种情况 clear 属性值为 both，即不管前面的 div 设置向左浮动还是向右浮动，此 div 元素不自动"流"上去。其不受浮动影响，保持在底部不动。

（3）第 3 种情况 clear 属性值为 right，第 2 个 div 两边都有浮动的 div，但不允许向右浮动的 div 处于同一行，所以第 3 个 div 元素自动换行。

（4）第 4 种情况 clear 属性值为 left，第 2 个 div 两边都有浮动的 div，但不允许向右浮动的 div 处于同一行，所以第 2 个 div 元素自动换行。

通过设置 clear 属性，div 元素的定位更加方便自如，希望读者多加练习。

为了满足更多布局的要求，div 的使用还可采用以下一些技巧。

3. 右边 div 元素宽度自适应

所谓自适应宽度，是指两个并排的 div，其中左边的 div 为固定宽度，右边 div 则根据浏览器的宽度自动调整，这种用法常用于对文章列表和文章内容的页面布局。

程序 7-8 为设置右边 div 元素宽度自适应实例。

```html
<!-- 程序 7-8.html -->
<html>
<head>
    <meta http-equiv="Content-Type" content="text/html; charset=gb2312" />
    <title>右边 div 元素宽度自适应</title>
        <style type="text/css">
        *{margin:0px;
          padding:0px;
          }
        #one{width:70%;
            height:200px;
            background-color:#eee;
            border:1px solid #000;
            float:right;
            }
        #two{width:50px;
            height:200px;
            background-color:#eee;
            border:1px solid #000;
            float:right;
            }
    </style>
</head>
<body>
    <div id="one">第 1 个 div</div>
    <div id="two">第 2 个 div</div>
</body>
</html>
```

浏览效果如图 7-11 所示。

图 7-11　右边 div 元素宽度自适应

本例特意把两个 div 设置为向右浮动,第 1 个 div 元素为自适应宽度,而第 2 个 div 元素为固定宽度。主要是为了防止读者产生一个错觉,即前面的 div 浮动后一定在左边,实际上浮动后的方向取决于 div 元素浮动属性的值。

4. div 内容居中

div 内容居中即保持 div 所包含内容的水平和垂直居中,这是很多网站经常需要用到的。程序 7-9 为 div 内容居中的实例。

```html
<!-- 程序 7-9.html -->
<html>
<head>
    <meta http-equiv="Content-Type" content="text/html; charset=gb2312" />
    <title>div 内容居中</title>
    <style type="text/css">
        *{margin:0px;  padding:0px; }
        body,html{height:100% ;}
        .center{width:300px;  height:250px;
            text-align:center;
            line-height:250px;
            background-color: #eee;
            border:1px solid #000;
            float:left;
            }
    </style>
</head>
<body>
    <div class="center"> 内容在中间</div>
</body>
</html>
```

本例使用了 text-align 属性,即设置内含内容水平居中,也使用了 line-height 属性,这是行距属性,当设置为 div 的高度时,其所含内容就垂直居中了。浏览效果如图 7-12 所示。

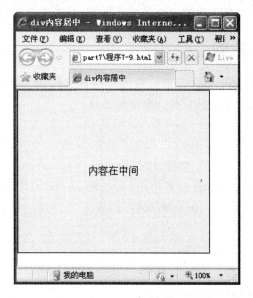

图 7-12　div 内容居中

7.2　CSS 盒模型

盒模型是 CSS 定位布局的核心内容。在 7.1 节中读者学习了布局网页的基本方法,利用 div 元素可完成页面大部分的布局工作。而了解盒模型的知识以后,读者将拥有较完善的布局观,基本可做到在代码编写前就"胸有成竹"。

7.2.1　什么是 CSS 盒模型

XHTML 中大部分的元素(特别是块状元素)都可以看做是一个盒子,W3C 组织建议把所有网页上的对象都放在一个盒(box)中,设计师可以通过创建定义来控制这个盒子的属性,这些对象包括段落、列表、标题、图片以及层。如图 7-13 所示,盒模型主要定义 4 个区域:内容(content)、内边距(padding)、边框(border)和外边距(margin)。它们之间相互影响,层层嵌套,设计师在布局网页和定位 XHTML 元素时要充分地考虑到这些要素,才可以更自如地控制这些盒子。而网页元素的定位实际就是将这些大大小小的盒子在页面中定

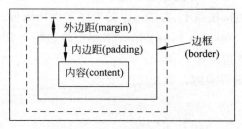

图 7-13　盒模型示意图

位,这些盒子在页面中是"浮动"的,当某个块状元素被 CSS 设置了浮动属性,这个盒子就会"流"到上一行。所谓的网页布局就是关注这些盒子在页面中如何摆放、如何嵌套的问题,而这么多盒子摆在一起,最需要关注的是盒子尺寸计算、是否流动等要素。

7.2.2　边距的控制

边距就是用来设置网页中某个元素的四边和网页中其他元素之间的空白距离,在 CSS 盒模型中有外边距(margin)和内边距(padding)之分。

1. 外边距的控制

外边距属性即 CSS 的 margin 属性,CSS 中可拆分为 margin-top(顶部外边距)、margin-bottom(底部外边距)、margin-left(左外边距)和 margin-right(右外边距)。而 margin 是一个复合的外边距属性,在 CSS 中,外边距属性 margin 可以统一设置,也可以上下左右分开设置,其语法格式如下:

- margin-top:长度|百分比|auto
- margin-bottom:长度|百分比|auto
- margin-left:长度|百分比|auto
- margin-right:长度|百分比|auto
- margin:长度|百分比|auto

语法说明:

(1) 长度包括长度值和长度单位,长度单位可以使用前面多次提到的绝对单位或相对单位。

(2) 百分比是相对于上级元素宽度的百分比,允许使用负数。

(3) auto 为自动提取边距值,是默认值。

(4) margin 复合属性可以取 1 到 4 个值来同时设置边框周围的四个边距。

- 取一个值:四条边框均使用这一个值。如 margin:10px;表示所有 4 个外边距都是 10px。
- 取两个值:上下边框使用第一个值,左右边框使用第二个值,两个值之间一定要用空格隔开。如:margin:10px 5px;表示上外边距和下外边距是 10px,右外边距和左外边距是 5px。
- 取三个值:上边框使用第一个值,左右边框使用第二个值,下边框使用第三个值,取值之间要用空格隔开。如:margin:10px 5px 15px;表示上外边距是 10px,右外边距和左外边距是 5px,下外边距是 15px。
- 取四个值:四条边框按照上、右、下、左的顺序来调用取值。取值之间也要用空格隔开。如:margin:10px 5px 15px 20px;表示上外边距是 10px,右外边距是 5px,下外边距是 15px,左外边距是 20px。

程序 7-10 为外边距设置实例。

```
<!-- 程序 7-10.html -->
<html>
```

```
< head >
    < meta http - equiv = "Content - Type" content = "text/html; charset = gb2312" />
    < title >外边距设置</title>
    < style type = "text/css">
        * {margin: 0px;}
        #all{width:400px;
            height:300px;
            margin:0px auto;
            background - color: #CCCCCC;
            }
        #a, #b, #c, #d, #e{width:150px;
                        height:50px;
                        text - align:center;
                        background - color: #999999;
                        }
        #a{margin - left:5px;
          margin - bottom:20px;
          }
        #b{margin - left:5px;
          margin - right:5px;
          margin - top:6px;
          float:right;
          }
        #c{margin - bottom:5px;}
        #e{margin - left:5px;
          margin - top:15px;
          }
    </style>
</head>
< body >
    < div id = "all">
            < div id = "a">a 盒子</div>
            < div id = "b">b 盒子</div>
            < div id = "c">c 盒子</div>
            < div id = "d">d 盒子</div>
            < div id = "e">e 盒子</div>
    </div>
</body>
</html>
```

本例中共设置了 5 个盒子,由于 b 盒子设置了向右浮动,所以紧随其后的 c 盒子自然
"流"上来,和 b 盒子并列同一行,a 盒子设置了 margin-bottom:20px;而 c 盒子没有设置
margin-top,故 a 盒子与 c 盒子之间的距离为 20 像素,b 盒子设置了 margin-top:6px;所以
a 盒子与 b 盒子之间的距离为 20+6=26 像素。其浏览效果及各盒子的关系如图 7-14 所示。

2. 边框样式设置

元素外边距内就是元素的边框(border)。元素的边框就是围绕元素内容和内边距的
一条或多条线。在 HTML 中是用表格来创建文本周围的边框,而通过使用 CSS 边框属性,

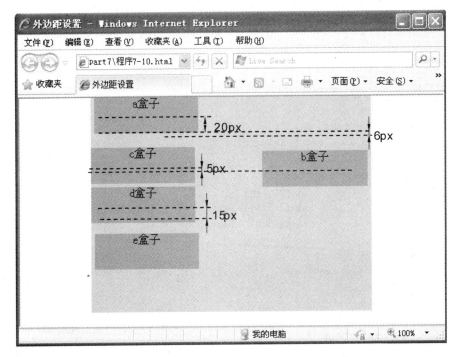

图 7-14　外边距关系图

可以创建出效果更加出色的边框，并且可以应用于任何元素。作为盒模型的组成部分之一，边框的 CSS 样式设置不但影响到盒子的尺寸，还影响到盒子的外观。边框的属性有三种：宽度（border-width）、样式（border-style）以及颜色（border-color）。

1）边框的样式

样式是边框最重要的一个属性，主要不是因为样式控制着边框的显示（虽然样式确实控制着边框的显示），而是因为如果没有样式，将根本没有边框。

CSS 的 border-style 属性定义了 11 个不同的样式，包括 none 在内。具体取值如表 7-1 所示。

表 7-1　border-style 属性取值

取　值	说　明
none	定义无边框
hidden	与 none 相同，但应用于表时除外，对于表，hidden 用于解决边框冲突
dotted	定义点状边框。在大多数浏览器中呈现为实线
dashed	定义虚线。在大多数浏览器中呈现为实线
solid	定义实线
double	定义双线。双线的宽度等于 border-width 的值
groove	定义 3D 凹型线边框。其效果取决于 border-color 的值
ridge	定义 3D 凸型线状边框。其效果取决于 border-color 的值
inset	定义 3D 嵌入式边框。其效果取决于 border-color 的值
outset	定义 3D 嵌出式边框。其效果取决于 border-color 的值
inherit	规定应该从父元素继承边框样式

border-style 是一个复合属性，可以同时取 1 到 4 个值。取值方法与其 margin 一样。如果希望为元素框的某一个边设置边框样式，可以使用的单边边框样式属性包括 border-top-style，border-right-style，border-bottom-style 及 border-left-style。

程序 7-11 为设置边框样式的实例。

```
<!-- 程序 7-11.html -->
<html>
<head>
    <meta http-equiv = "Content-Type" content = "text/html; charset = gb2312" />
    <title>设置边框样式</title>
      <style type = "text/css">
          h2{font-family:黑体; font-size:18px;
              border-style:double
              }
          .p1{font-family:隶书;font-size:16px;
              border-top-style:dotted;
              border-bottom-style:dashed;
              border-left-style:solid;
              border-right-style:double;
              }
          </style>
</head>
<body>
  <center><h2>设置边框样式</h2></center>
  <hr>
  这段文字没有应用边框样式。
  <p class = p1>这段文字应用了边框样式属性，设置上边框为点线，下边框为虚线，左边框为实
  线，右边框为双实线。</p>
</body>
</html>
```

本例定义标题 h2 的边框样式应用了复合属性，将四条边均定义为双直线，段落 p1 则应用了边框的单边属性，分别设置了不同样式的四边，浏览效果如图 7-15 所示。

图 7-15　设置边框样式

2）边框的宽度

在 CSS 中，可利用边框宽度属性（border-width）来控制边框的粗细。为边框指定宽度有两种方法，一种是直接指定长度值，如 2px 或 0.1em，另一种方法是使用 thin（细边框）、medium（中等边框，默认值）和 thick（粗边框）三个关键字之一。

和 border-style 属性相同，border-width 也是一个复合属性，若要设置其单边属性，同样可以使用 4 个单边属性设置各边框的宽度，即 border-top-width、border-right-width、border-bottom-width 和 border-left-width。

程序 7-12 为设置边框宽度实例。

```
<!-- 程序 7-12.html -->
<html>
<head>
    <meta http-equiv="Content-Type" content="text/html; charset=gb2312" />
    <title>设置边框宽度</title>
    <style type="text/css">
            h2{font-family:黑体; font-size:18px;
                border-bottom-style:dotted;
                border-bottom-width:thick
            }
            .p1{font-family:隶书; font-size:15px;
                border-style:dotted solid double
            }
            .p2{border-style:dotted solid double;
                border-width:5px 10px 15px 20px;
            }
            .p3{border-style:none;
                border-width: 50px;
            }
    </style>
</head>
<body>
    <center><h2>设置边框宽度</h2></center>
    <hr>
    <p class=p1>这段文字的上边框为点线，左右边框为实线，下边框为双直线。</p>
    <p class=p2>边框样式和上一段文字的一样，只是该段文字应用边框宽度属性设置了上、
右、下、左边框的宽度分别为 5 像素、10 像素、15 像素和 20 像素。</p>
    <p class=p3>边框样式为无，边框的宽度是 50px。</p>
</body>
</html>
```

本例中定义了 3 个段落，浏览效果如图 7-16 所示，p1 的边框宽度都按默认值显示，p2 的边框宽度则按指定值显示，但 p3 段落则出现了问题，尽管边框的宽度是 50px，但是边框样式设置为 none。在这种情况下，不仅边框的样式没有了，边框也消失了，为什么呢？这是因为如果边框样式为 none，即边框根本不存在，那么边框就不可能有宽度，因此边框宽度自动设置为 0，而不论原先定义的是什么。

图 7-16　设置边框宽度

专家点拨　由于 border-style 的默认值是 none，如果没有声明样式，就相当于 border-style：none。因此，如果希望边框出现，就必须声明一个边框样式。

3）边框的颜色

设置边框颜色非常简单。CSS 使用一个简单的 border-color 属性设置边框颜色，该属性同样可以选择单条边框设置或者统一设置四条边的颜色。可使用任何类型的颜色值，可以命名颜色，也可以使用十六进制或 RGB 值，如：

```
p {
    border - style: solid;
    border - color: blue rgb(25 % ,35 % ,45 % ) #909090 red;
    }
```

程序 7-13 为设置边框颜色实例。

```
<!-- 程序 7-13. html -->
< html >
< head >
    < meta http - equiv = "Content - Type" content = "text/html; charset = gb2312" />
    < title >边框颜色设置</title>
    < style type = "text/css">
        * {margin: 0px;}
        #all{width:400px;height:270px;
            margin:0px auto;
            background - color:#ccc;
        }
        #a,#b,#c,#d,#e,#f,#g{width:160px;height:50px;
                            text - align:center;
                            line - height:50px;
                            background - color:#eee;
        }
        #a{width:380px;margin:5px;
```

```
                border - width:5px 10px;
                border - style:outset;
                border - color:＃FF00FF;
                }
        ＃b{border:20px solid ＃333;
            float:right;
        }
        ＃c{margin - left:5px;
            border:20px groove ＃f00;
        }
        ＃d{margin - left:5px;
            border:2px dotted blue;
            float:left;
        }
        ＃e{margin - top:5px;
            border - width:5px;
            border - style: groove;
            border - color:aqua red blue yellow;
            float:left;
        }
    </style>
</head>
< body >
< div id = "all">
    < div id = "a"> a 盒子</div>
        < div id = "b"> b 盒子(solid 类型)</div>
        < div id = "c"> c 盒子(groove 类型)</div>
        < div id = "d"> d 盒子(dotted 类型)</div>
    < div id = "e"> e 盒子</div>
</div>
</body>
</html>
```

本例浏览效果如图 7-17 所示。

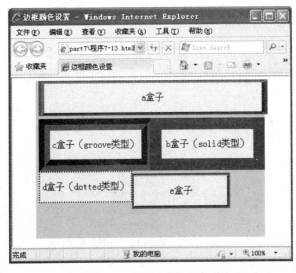

图 7-17　设置边框颜色

3. 内边距的设置

元素的内边距用来控制边框和内容区之间的空白距离,控制该区域最简单的方法是利用 padding 属性,它类似于 HTML 中表格单元格的填充属性。内边距(padding)和外边距(margin)很相似,都是不可见的盒子组成部分,但是内边距(padding)和外边距(margin)之间夹着边框。从语法和用法上来说,内边距的属性与外边距的属性也是类似的,既可以使用复合属性,也可以使用单边属性。padding 属性接受长度值或百分比值,但不允许使用负值。百分比值是相对于其父元素的 width 计算的,这一点与外边距一样。所以,如果父元素的 width 改变,它们也会随之改变。

程序 7-14 为内边距的设置实例。

```
<!-- 程序 7-14.html -->
<html>
<head>
    <meta http-equiv = "Content-Type" content = "text/html; charset = gb2312" />
    <title>内边距的设置</title>
    <style type = "text/css">
        * {margin: 0px;}
        #all{width:360px;height:300px;
        margin:0px auto;
        padding:25px;
        background-color:#CCCCCC;
        }
        #a, #b, #c, #d, #e, #f, #g{width:160px;height:50px;
        border:1px solid #000;
        background-color:#FFFFFF;
        }
        p{width:80px;height:30px;
        padding-top:15px;
        background-color:#999999;
        }
        #a{padding-left:50px;}
        #b{padding-top:50px;}
        #c{padding-right:50px;}
        #d{padding-bottom:50px;}
    </style>
</head>
<body>
    <div id = "all">
        <div id = "a"><p>a 盒子</p></div>
        <div id = "b"><p>b 盒子</p></div>
        <div id = "c"><p>c 盒子</p></div>
        <div id = "d"><p>d 盒子</p></div>
    </div>
</body>
</html>
```

本例的浏览效果如图 7-18 所示。

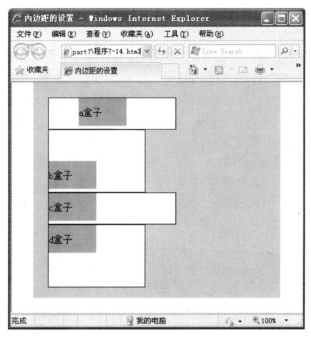

图 7-18　内边距的设置

7.3　CSS 元素的定位

由于盒模型的限制,导致元素无法在页面中随心所欲地摆放。但是网页内容经常需要一些能随意摆放的元素,为此,CSS 提供了绝对定位模式和相对定位模式来解决这个问题,这两种定位模式需要设置 CSS 的 position 属性。

在 CSS 布局中,position 属性非常重要,很多特殊容器的定位必须用 position 来完成。position 属性有 4 个值,分别是 static,absolute,fixed 和 relative,其中 static 是默认值,代表无定位(一般用于取消特殊定位的继承,恢复默认)。

但定位有一个缺点,不会自适应内部元素的高度,所以平时在布局页面的时候,如果某个或者某些模块高度永远不变,就可以用定位。但建议大家布局页面的时候,还是要以 float 为主,position 为辅,这样才能做出高质量的页面。

7.3.1　CSS 绝对定位

绝对定位在几种定位方法中使用最广泛,这种方法能够很精确地将元素移动到想要的位置。当容器的 position 属性值为 absolute 时,说明这个容器即被绝对定位了,此时该容器前面或后面的容器都会认为该容器不存在,即这个容器浮于其他容器上,它是独立出来的,类似于 Photoshop 软件中的图层。

Photoshop 的图层有上下关系,绝对定位的容器也有上下关系,在同一个位置只显示最上面的容器。在计算机显示中把垂直于显示屏幕的方向称为 z 方向,CSS 绝对定位的容器的 z-index 属性就对应这个方向,z-index 属性的值越大,容器越靠上。即同一个位置上的两个绝对定位的容器只会显示 z-index 属性值较大的容器。而当容器都没有设置 z-index 属性值时，默认后面的靠后的容器 z 值大于前面的绝对定位的容器。

如果容器设置了绝对定位，默认情况下，容器将紧挨着其父容器对象的左边和顶边，即父容器对象左上角。定位的方法为在 CSS 中设置容器的 top(顶部)、bottom(底部)、left(左边)和 right(右边)的值，这 4 个值的参照对象是浏览器的 4 条边。

程序 7-15 为绝对定位实例。

```html
<!-- 程序 7-15.html -->
< html >
< head >
    < meta http - equiv = "Content - Type" content = "text/html; charset = gb2312" />
    < title > CSS 绝对定位</title >
    < style type = "text/css" >
        * {margin: 0px; padding:0px;}
        #all{height:1200px;width:500px;
            margin - left:20px;
            background - color: #eee;
            }
        #fixed1, #fixed2, #fixed3, #fixed4, #fixed5{width:180px;height:50px;
                                                    border:5px double #000000;
                                                        position:absolute;
                                                        }
        #fixed1{top:10px;left:10px;
            background - color:#99CC99;
            }
        #fixed2{top:50px;left:50px;
            background - color: #FFFFFF;
            }
        #fixed3{bottom:10px;left:50px;
            background - color: #FFFFFF;
            }
        #fixed4{top:40px;right:50px;
            z - index:10;
            background - color: #FFFFFF;
            }
        #fixed5{top:20px;right:90px;
            z - index:9;
            background - color: #999999;
            }
        #a, #b, #c{width:300px;height:100px;
            border:1px solid #000000;
            background - color: #CCCCCC;
            }
    </style >
</head >
< body >
< div id = "all">
    < div id = "fixed1">第 1 个绝对定位的 div 容器</div >
```

```
            < div id = "fixed2">第 2 个绝对定位的 div 容器</div>
            < div id = "fixed3">第 3 个绝对定位的 div 容器</div>
            < div id = "fixed4">第 4 个绝对定位的 div 容器</div>
            < div id = "fixed5">第 5 个绝对定位的 div 容器</div>
            < div id = "a">第 1 个无定位的 div 容器</div>
            < div id = "b">第 2 个无定位的 div 容器</div>
            < div id = "c">第 3 个无定位的 div 容器</div>
        </div>
    </body>
    </html>
```

本例的浏览效果如图 7-19 所示。

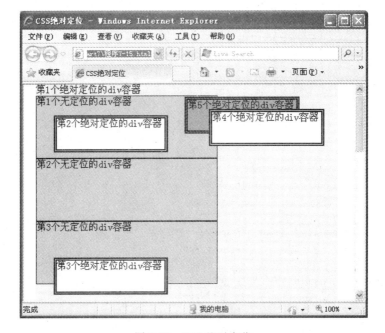

图 7-19　CSS 绝对定位

从本例可看到,设置 top,bottom,left 和 right 其中至少一种属性后,5 个绝对定位的 div 容器彻底摆脱了其父容器(id 名称为 all)的束缚,独立地漂浮在上面。而在未设置 z-index 属性值时,第 2 个绝对定位的容器显示在第 1 个绝对定位的容器上方(即后面的容器 z-index 属性值较大)。相应地,第 5 个绝对定位的容器虽然在第 4 个绝对定位的容器后面,但由于第 4 个绝对定位的容器的 z-index 值为 10,第 5 个绝对定位的容器的 z-index 值为 9,所以第 4 个绝对定位的容器显示在第 5 个绝对定位的容器的上方。

专家点拨　读者可以随意拖动浏览器的窗口大小,观察绝对定位的 div 容器位置的变化。

7.3.2　CSS 固定定位

固定定位和绝对定位非常类似,但被定位的容器不会随着滚动条的拖动而变化位置,即在视野中,固定定位的容器的位置是不会改变的。当容器的 position 属性值为 fixed 时,这个容器即被固定定位了。

程序 7-16 为设置 CSS 固定定位的实例。

```
<!-- 程序 7-16.html -->
<html>
<head>
    <meta http-equiv="Content-Type" content="text/html; charset=gb2312" />
    <title>CSS 固定定位</title>
    <style type="text/css">
        *{margin:0px;padding:0px;}
        #all{width:400px;height:800px;
            background-color:#CCCCCC;
            }
        #fixed{width:150px;height:80px;
            border:15px outset #f00;
            background-color:#CCCCFF;
            position:fixed;
            top:80px;left:50px;
            }
        #a{width:200px;height:300px;
          margin-left:20px;
          background-color:#FFFFCC;
          border:5px solid #000000;
          }
    </style>
</head>
<body>
    <div id="all">
        <div id="fixed">固定定位的容器</div>
        <div id="a">无定位的 div 容器</div>
    </div>
</body>
</html>
```

本例的浏览效果如图 7-20 所示。

图 7-20　CSS 固定定位

读者可以尝试拖动浏览器的垂直滚动条,固定容器不会有任何位置的改变。但需注意一点,IE 6.0 版本的浏览器不支持 position 的 fixed 属性,所以网上类似的效果通常都是采用 JavaScript 脚本编程完成的。

7.3.3　CSS 相对定位

相对定位和其他定位相似,也是独立出来浮在上面。不过相对定位容器的 top(顶部)、bottom(底部)、left(左边)和 right(右边)属性的参照对象是其父容器的 4 条边,而不是浏览器窗口,并且相对定位的容器浮上来后,其所占的位置仍然留有空位,后面的无定位容器不会"挤"上来。

当容器的 position 属性值为 relative 时,这个容器即被相对定位了。相对定位是一个非常容易掌握的概念。如果对一个元素进行相对定位,它将出现在一个位置上。然后可以通过设置垂直或水平位置,让这个元素"相对于"它的起点进行移动。如将 top 设置为 20px,则容器将移在原位置顶部下面 20 像素的地方。如果 left 设置为 30 像素,则容器会在元素左边创建 30 像素的空间,也就是将元素向右移动,如图 7-21 所示。

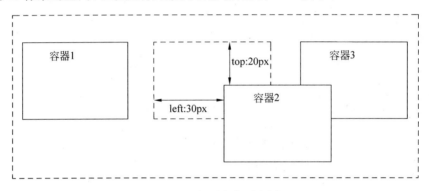

图 7-21　相对定位示意图

程序 7-17 为 CSS 相对定位实例。

```
<!-- 程序 7-17.html -->
< html >
    < head >
        < meta http - equiv = "Content - Type" content = "text/html; charset = gb2312" />
        < title > CSS 相对定位</title>
        < style type = "text/css">
            * {margin: 0px;padding:0px;}
            #all{width:400px;height:400px;
                background - color: # ccc;
                }
            # fixed{width:120px;height:80px;
                border:15px ridge # f00;
                background - color: # 999999;
                position:relative;
                top:20px;left:30px;
```

```
                    }
            #a, #b{width:250px;height:120px;
                background-color: #eee;
                border:2px outset #000;
                }
            #b{
                float: right;
                }
        </style>
    </head>
    <body>
        <div id = "all">
            <div id = "a">第1个无定位的div容器
                    <div id = "fixed">相对定位的容器</div>
            </div>
            <div id = "b">第2个无定位的div容器</div>
        </div>
    </body>
</html>
```

本例浏览效果如图7-22所示。

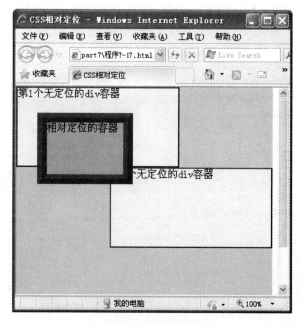

图7-22 CSS相对定位

从本例的效果图可以看出,相对定位的容器其实并未完全独立,浮动范围仍然在父容器内,并且其所占的空白位置仍然有效地存在于前后两个容器之间。也就是说,在使用相对定位时,无论是否进行移动,元素仍然占据原来的空间。因此,移动元素会导致它覆盖其他框。

7.4 上机练习与指导

7.4.1 编写典型的网页布局

本节综合前面学习的布局知识，练习制作比较典型的网页布局。其布局要求如下。

页面要求有上下 4 行区域，分别用作广告区、导航区、主体区和版权信息区。而主体区又分为左右两个大区，左区域用于文章列表，右区域用于 3 个主体内容区。网页布局结构如图 7-23 所示。

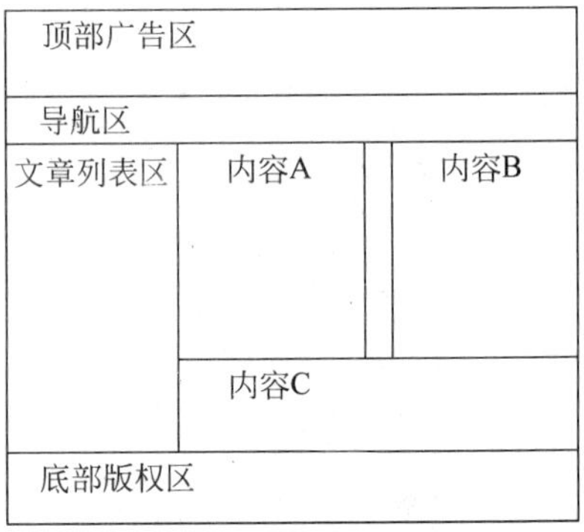

从图 7-23 可以看出整个页面的结构，可用 ♯top 代表广告区、♯nav 代表导航区、♯mid 代表主体区、♯left 代表 ♯mid 所包含的左区域、♯right 代表 ♯mid 所包含的右边区域、♯footer 代表版权信息区。参考代码如下。

顶部广告区		
导航区		
文章列表区	内容A	内容B
	内容C	
底部版权区		

图 7-23 网页布局结构图

```
<!-- 上机练习 7－1.html -->
< html xmlns = "http://www.w3.org/1999/xhtml">
< head >
    < meta http - equiv = "Content - Type" content = "text/html; charset = gb2312" />
    < title >典型的网页布局</title >
    < style type = "text/css" >
        *  {margin:0px;padding:0px;}
        ♯top, ♯nav, ♯mid, ♯footer{width:500px;margin:0px auto;}
        ♯top{height:80px;
            background - color: ♯DFDFDF;
            }
        ♯nav{height:25px;
            background - color: ♯FFFFCC;
            }
        ♯mid{height:300px;}
        ♯left{width:98px;height:298px;
            border:1px solid ♯999;
            float:left;
            background - color: ♯CCCCCC;
            }
        ♯right{height:298px;
            background - color: ♯CCCCCC;
            }
        .content{width:190px;height:198px;
            background - color: ♯FF0000;
            border:1px solid ♯999;
            float:left;
            }
```

```
        #a{background-color:#f60;
            float:left;
            }
        #b{background-color:#FFCC99;
            float:right;
            }
        #c{width:398px;height:98px;
            background-color:#FFCCCC;
            }
        #footer{height:80px;
              background-color:#E4E4E4;
                  }
        </style>
    </head>
    <body>
        <div id="top">顶部广告区</div>
        <div id="nav">导航区</div>
        <div id="mid"><div id="left">文章列表区</div>
        <div id="right">
            <div class="content" id="a">内容 A</div>
            <div class="content" id="b">内容 B</div>
            <div class="content" id="c">内容 C</div>
        </div>
        </div>
        <div id="footer">底部版权区</div>
    </body>
</html>
```

浏览效果如图 7-24 所示。

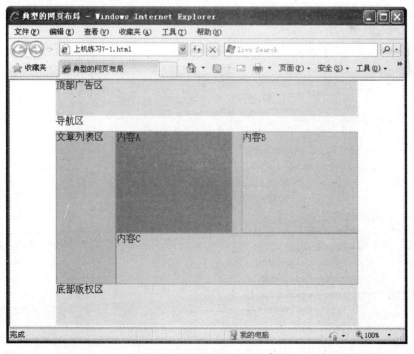

图 7-24 典型网页布局效果图

7.4.2　利用 CSS 定位制作导航条

用 position 布局页面时,父级元素的 position 属性必须为 relative,而定位于父级内部某个位置的元素,最好用 absolute,因为它不受父级元素的 padding 的属性影响,当然也可以用 position,但计算的时候不要忘记 padding 的值。

本节练习将页面的头部 blog 区域用定位 (position)来布局制作一个导航条,其效果如图 7-25 所示。

相关 CSS 的参考代码如下,DIV 布局代码请读者自行完成。

图 7-25　导航条效果图

```css
<!-- 上机练习 7-2.css -->
/* 公共部分 */
body,div,a,img,p,form,h1,h2,h3,h4,h5,h6,input,textarea,ul,li,dt,dd,dl{margin:0;
padding:0;}
#Logo,#Nav,#Banner,#Content,#Footer{width:900px; margin:0 auto;}  /* 头部 logo 区域 */
#Logo{  height:110px;
        position:relative;       /* 相对定位 */
    }
#logoLink{ display:block;
          width:320px;
          height:81px;
          background:url(../img/7-2.gif) no-repeat;
          position:absolute;
          top:20px;  left:0;
        }
/* 导航条 */
#Nav{height:42px;}
#Nav ul{height:42px;
        list-style:none;
        background:#56990c;
}
#Nav ul li{height:42px; float:left;}
#Nav ul li a{display:block;
                         /* 转化成块状元素,因链接是内链元素,若想给它定义下面的属性,必
                            须将它转化成块状元素 */
            height:42px;
            color:#FFF;
            padding:0 10px;
                line-height:42px;
                font-size:14px;
                font-weight:bold;
                font-family:Arial;
                text-decoration:none;
```

```
            /*去除链接样式,默认是有下划线的,加上这句就没有任何样式,下
            划线也没有了*/
        float:left;
      }
#Nav ul li a:hover{background:#68acd3;}
```

7.5　本章习题

一、选择题

1. CSS 是利用什么 XHTML 标记构建网页布局的?（　　　）

    A. <dir>　　　　　B. <div>　　　　　C. <dis>　　　　　D. <dif>

2. 下列哪个属性能够设置盒模型的左侧外边距?（　　　）

    A. margin　　　　B. indent　　　　C. margin-left　　　D. text-indent

3. CSS 中,下列哪项是盒模型的属性?（　　　）

    A. font　　　　　B. border　　　　C. padding　　　　D. visible

4. 下列哪个 CSS 属性能够设置盒模型的内边距为 10,20,30,40(顺时针方向)?（　　　）

    A. padding:10px 20px 30px 40px　　　　B. padding:10px 1px

    C. padding:5px 20px 10px　　　　　　　D. padding:10px

5. 边框的样式可以不包括下列哪项?（　　　）

    A. 粗细　　　　　B. 颜色　　　　　C. 样式　　　　　D. 长短

6. 如何显示这样一个边框：上边框 10px、下边框 5px、左边框 20px、右边框 1px?（　　　）

    A. border-width:10px 5px 20px 1px　　　B. border-width:10px 20px 5px 1px

    C. border-width:5px 20px 10px 1px　　　D. border-width:10px 1px 5px 20px

二、填空题

1. 为 div 设置类 a 与 b,应编写 HTML 代码_____。

2. 设置 CSS 属性 clear 的值为_____时可清除左右两边浮动。

3. CSS 属性_____可为元素设置外边距。

4. 设置 CSS 属性 float 的值为_____时可取消元素的浮动。

5. XHTML 标签默认的两种标签为_____和_____。

第8章 CSS网页元素设计

CSS 是现代网页设计的重要基石,其擅长于版式设计,无论是字体类型,还是颜色背景,都可以使用 CSS 来定义。CSS 的核心内容就是属性,它对网页效果产生直接的作用就是一个个的属性值。也就是说在使用 CSS 设计网页后,浏览器中最后呈现的所有网页效果,实质都是对元素属性值的解释。本章将全面学习网页中的各种元素,以便更加灵活地设计网页的版面。

本章主要内容:

- 字体样式的设置;
- 段落样式的设置;
- 颜色与背景的设置;
- 图片样式的控制。

8.1 文本的设置

在 CSS 中有关文本的控制,包括字体属性及文本属性,字体属性是对文字大小、样式及外观的控制,文本属性则包括字符、单词及行与行的间距等,主要帮助实现对文本更加精细的控制。

8.1.1 字体的设置

在 HTML 中设置字体是使用<font>标记的 face 属性,而 CSS 字体属性包括字体族科、字体大小、字体样式、字体加粗及字体变体。

1. 设置字体族科——font-family

字体族科的意思就是在 CSS 中利用 font-family 属性来设置文字的字体。基本格式如下:

font - family: 字体 1,字体 2,字体 3,⋯;

应用 font-family 属性可以一次定义多个字体,而在浏览器读取字体时,会按照定义的先后顺序来决定选用哪种字体。若浏览器在计算机上找不到第一种字体,则自动读取第二种字体,若第二种字体也找不到,则自动读取第三种字体,这样依次类推。如果定义的所有字体都找不见,则选用计算机系统的默认字体。

在定义英文字体时,若英文字体名是由多个单词组成,并且单词之间有空格,那么一定要将字体名用引号(单引号或双引号)引起来。如：font-family："Courier New"，表示定义了一个字体为 Courier New。

程序 8-1 为字体的设置实例。

```html
<!-- 程序 8-1.html -->
<html>
<head>
<meta http-equiv="Content-Type" content="text/html; charset=gb2312" />
<title>在 CSS 中设置字体</title>
    <style>
    h2{font-family:黑体}
    p{font-family:隶书,楷体,宋体}
    </style>
</head>
<body>
    <center>
    <h2>用 font-family 属性设置字体</h2>
    </center>
    <hr>
    <p>字体按照隶书、楷体、宋体的顺序被浏览器读取</p>
</body>
</html>
```

本例定义标题 h2 的字体为黑体，定义段落 p 的字体族科先后顺序为隶书、楷体、宋体。即若浏览器在计算机上找不到隶书字体，就改选楷体，若楷体也没有，则显示宋体。浏览效果如图 8-1 所示。

图 8-1　用 font-family 设置字体

2．设置字号——font-size

字号就是对文字大小属性的控制，在 HTML 中设置字号使用<font>标记的 size 属性，在 CSS 中可以使用 font-size 属性来设置字号，在 HTML 中设置的字号大小仅有 7 个级别，但 CSS 中字号的大小可以任意设置。基本格式如下：

font-size：绝对尺寸|关键字|相对尺寸|百分比

（1）绝对尺寸是指尺寸大小不会随着显示器分辨率的变化而变化，也不会随着显示设备的不同而变化。用绝对尺寸设置的文字在显示器分辨率为 960×600 像素和分辨率为 1024×768 像素下所显示的大小是一样的。使用绝对尺寸设置文字大小的时候一定要加上单位，如果没有加单位，浏览器会默认以 px（像素）为单位。绝对尺寸可以使用的单位包括 in（英寸）、px（像素）、cm（厘米）、mm（毫米）、pt（点）、pc（皮卡）。最常用的单位是 px（像素）。1 点＝1/72 英寸。

（2）相对尺寸是指尺寸大小继承于该元素属性的前一个属性单位值。这里要强调的是，如果是在该元素的 font-size 属性中使用 cm 为属性单位，那么将直接继承于父元素的 font-size 属性，若没有父元素，则参考浏览器的默认字号值。

（3）绝对尺寸和相对尺寸也可以使用关键字来定义字号。绝对尺寸的关键字有 7 个，分别为 xx-small（极小）、x-small（较小）、small（小）、medium（标准大小）、large（大）、x-large（较大）、xx-large（极大）。相对尺寸则仅有两个关键字，分别为 larger（较大）和 smaller（较小）。相对尺寸的 larger 是指在它的上一个关键字基础上扩大一级，smaller 则是在它上一个关键字基础上缩小一级。

（4）百分比是基于其父元素中字体的大小为参考值的。如：

```
p{font - size:16pt}
b{font - size:200%}
```

这两行代码说明所有＜p＞标记中用＜b＞标记定义的文字尺寸大小，是在＜p＞标记中定义的文字大小的 200％，即为 32pt。

程序 8-2 为字号的设置实例。

```
<!-- 程序 8-2.html -->
< html >
< head >
< meta http - equiv = "Content - Type" content = "text/html; charset = gb2312" />
< title >在 CSS 中设置字号</title>
  < style >
    .z1{font - size:0.3in}
    .z2{font - size:30px}
    .z3{font - size:0.5cm}
    .z4{font - size:10mm}
    .f1{font - size:xx - small}
    .f2{font - size:x - small}
    .f3{font - size:smaller}
    .f4{font - size:small}
    .f5{font - size:medium}
    .f6{font - size:large}
  </style>
</head>
< body >
  < center >
  < h1 class = z1 >使用绝对尺寸设置字号大小</h1 >
  </center >
  < hr >
```

```
    < p class = z2 >这是 30 像素大小的文字</p>
    < p class = z3 >这是 0.5 厘米大小的文字</p>
    < p class = z4 >这是 10 毫米大小的文字</p>
    < hr >
    < center >
    < h1 class = f6 >使用关键字设置字号大小</h1>
    </center >
    < hr >
    < p class = f1 >这是关键字为 xx - small 的字号大小</p>
    < p class = f2 >这是关键字为 x - small 的字号大小</p>
    < p class = f3 >这是关键字为 smaller 的字号大小</p>
    < p class = f4 >这是关键字为 small 的字号大小</p>
    < p class = f5 >这是关键字为 medium 的字号大小</p>
    < hr >
    < p class = x1 >使用百分比设置字号大小</p>
    < p class = x2 >使用上一行文字大小的 200 % 显示文字</p>
</body>
</html>
```

本例显示了 font-size 各种取值的显示，浏览效果如图 8-2 所示。

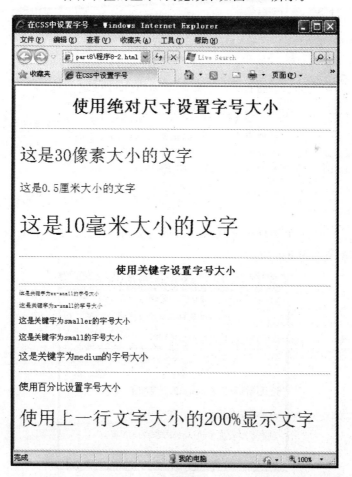

图 8-2　在 CSS 中设置字号

3. 设置字体样式——font-style

字体样式就是设置字体是否是斜体，在 HTML 中可以用<i>标记设置字体为斜体，而在 CSS 中要用 font-style 属性来设置字体的斜体显示。基本格式如下：

font-style:normal|italic|oblique

其中 normal 表示正常显示，也是浏览器的默认样式。italic 表示用斜体显示文字，oblique 则表示比斜体的倾斜角度更大的歪斜体。

程序 8-3 为字体样式的应用实例。

```
<!-- 程序 8-3.html -->
<html>
<head>
<meta http-equiv = "Content-Type" content = "text/html; charset = gb2312" />
<title>在 CSS 中设置字体样式</title>
    <style>
    .p1{font-style:normal}
    .p2{font-style:italic}
    .p3{font-style:oblique}
    </style>
</head>
<body>
    <center>
    <font size = 4 color = red face = 黑体>使用 font-style 属性</font>
    </center>
    <hr>
    <p class = p1>这是属性取值为 normal 的正常效果</p>
    <p class = p2>这是属性取值为 italic 的斜体效果</p>
    <p class = p3>这是属性取值为 oblique 的歪斜体效果</p>
</body>
</html>
```

本例用 p1、p2、p3 三个类样式来代表字体的三个样式，实现了字体的正常、斜体及歪斜体的显示，浏览效果如图 8-3 所示。

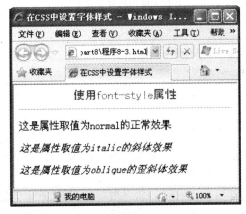

图 8-3 字体样式设置示例

4．设置字体加粗——font-weight

在 CSS 中用来设置字体加粗的属性为 font-weight，基本格式如下：

```
font-weight: normal|bold|bolder|lighter|number
```

其中 normal 表示正常粗细，这也是浏览器的默认显示。bold 表示粗体，粗细值约为700。bolder 表示加粗体。lighter 表示细体，比正常字体还细一些。number 则是用数值表示字体的粗细，其数值一般都是整百，共有 9 个级别(100～900)，数字越大字体越粗。

程序 8-4 为字体加粗的应用实例。

```html
<!-- 程序 8-4.html -->
<html>
<head>
<meta http-equiv = "Content-Type" content = "text/html; charset = gb2312" />
<title>在 CSS 中设置字体加粗</title>
  <style type = "text/css">
  #b1{font-weight:normal}
  #b2{font-weight:bold}
  #b3{font-weight:bolder}
  #b4{font-weight:lighter}
  #b5{font-weight:100}
  #b6{font-weight:400}
  #b7{font-weight:700}
  #b8{font-weight:900}
  </style>
</head>
<body>
  <center>
  <h3 id = b8>使用 font-weight 设置字体加粗</h3>
  </center>
  <hr>
  <p id = b1>font-weight 属性取值为正常粗细效果</p>
  <p id = b2>font-weight 属性取值为粗体效果</p>
  <p id = b3>font-weight 属性取值为加粗体效果</p>
  <p id = b4>font-weight 属性取值为细体效果</p>
  <p id = b5>font-weight 属性取值为 100 的效果</p>
  <p id = b6>font-weight 属性取值为 400 的效果</p>
  <p id = b7>font-weight 属性取值为 700 的效果</p>
</body>
</html>
```

本例用 id 选择符定义了 8 个字体加粗的样式类，显示的效果如图 8-4 所示。

5．设置字体变体——font-variant

字体变体就是设置字体是否显示为小型的大写字母，主要用于设置英文字体。基本格式如下：

```
font-variant:normal|small-caps
```

图 8-4   font-weight 的应用示例

其中 normal 表示正常的字体，为默认值，small-caps 表示英文字体显示为小型的大写字母。

程序 8-5 为字体变体的应用实例。

```
<!-- 程序 8-5.html -->
<html>
<head>
<meta http-equiv = "Content-Type" content = "text/html; charset = gb2312" />
<title>在 CSS 中设置小型的大写字母</title>
    <style type = "text/css">
    p{font-variant:small-caps}
    </style>
</head>
<body>
    <center>
    <h3>使用 font-variant 属性设置字体变体</h3>
    </center>
    <hr>
    hello! you like css?… 小写的英文<br>
    <p> hello! you like css?… 小写的英文字母变了为了小型的大写字母</p>
</body>
</html>
```

本例定义段落 p 的样式为英文字母显示小型的大写字母，浏览效果如图 8-5 所示。

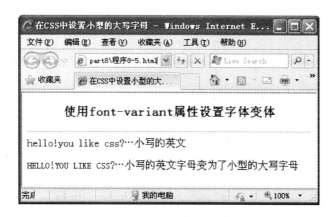

图 8-5 font-variant 的应用示例

6. 组合设置字体属性——font

font 属性是一种复合属性，可以同时对文字设置多个属性，包括前面的字体族科、大小、风格、加粗及变体等。基本格式如下：

font:font – family|font – size|font – style|font – weight|font – variant

font 属性主要用于不同字体属性的略写，而且可以定义行高。注意属性与属性之间一定要用空格间隔开来。如：

p{font:italic bold small – caps 14pt/16pt 宋体}

该行代码表示设置文字为斜体加粗体的宋体文字，且大小为 14 点，行高为 16 点，其中英文采用小型的大写字母显示。

8.1.2 文本的排版

文本排版主要包括字符间距、单词间距、文字修饰、文本排列、段落缩进及行高的设置等。

1. 调整字符间距——letter-spacing

字符间距（letter-spacing）用来控制字符之间的间距，也就是在浏览器中所显示的字符间的所空的距离。同时间距的取值必须符合长度标准。基本格式如下：

letter – spacing:normal|长度

其中 normal 表示间距正常显示，是默认设置。而长度包括长度值和长度单位，长度值可以使用负数。长度单位可以使用 8.1.1 节讲解"设置字体"时介绍的所有单位。如：

.h{font – family:黑体;font – size:20pt;font – weight:bold;letter – spacing:normal}
.p1{font – family:宋体;font – size:18px;letter – spacing:5px}

该段代码中定义了标题样式类 h 的字体为黑体，字号为 20 点，粗体，字符间距为正常。段落样式类 p1 的字体为宋体，字号为 18 像素，字符间距为 5 像素。

2．调整单词间距——word-spacing

单词间距和字符间距是类似的属性，但单词间距主要用来设置单词之间的空格距离。基本格式为：

word－spacing:normal|长度

程序 8-6 为设置字符间距与单词间距的实例。

```html
<!-- 程序 8-6.html -->
< html >
< head >
< meta http－equiv = "Content－Type" content = "text/html; charset = gb2312" />
< title >应用间距属性</title >
    < style type = "text/css">
    .h{font－family:黑体;font－size:20pt;font－weight:bold}
    .p1{font－family:宋体;font－size:18px;letter－spacing:10px}
    .p2{font－family:"Time New Roman";font－size:18px;word－spacing:15px}
    </style >
</head >
< body >
    < center >
    < h2 class = h>设置字符间距与单词间距</h2 >
    </center >
    < hr >
    < p class = p1 >这段文字的字符间距为 10 像素</p>
    < p class = p2 > this is a good book,many people like. …… 单词间距为 15 像素</p>
</body >
</html >
```

本例显示了字符间距与单词间距的区别，浏览效果如图 8-6 所示。

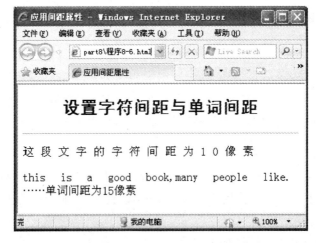

图 8-6　letter-spacing 与 word-spacing 的应用示例

3. 添加文字修饰——text-decoration

文字修饰（text-decoration）属性主要是对文字添加一些常用的修饰，如下划线和删除线等。基本格式如下：

```
text - decoration: underline|overline|line - through|blink|none
```

其中 underline 表示给文字添加下划线，overline 表示给文字添加上划线，line-through 表示给文字添加删除线，blink 表示给文字添加闪烁（只能在 Netscape 浏览器中正常显示），none 则表示没有文本修饰。在使用过程中这些属性值可以是上面所列的一个或多个。

4. 设置文本排列方式——text-align

text-align 用来控制文本的排列和对齐方式，其功能类似于 Word 软件中的段落对齐方式。基本格式如下：

```
text - align:left|right|center|justify
```

其中 left 代表左对齐方式，right 代表右对齐方式，center 代表居中对齐方式，justify 代表两端对齐方式。使用时 4 个属性值可以任意选择其中一个。

5. 设置段落缩进——text-indent

段落缩进用来控制每个文字段落的首行缩进距离，基本格式如下：

```
text - indent:长度|百分比
```

长度包括长度值和长度单位，长度单位同样可以使用之前提到的所有单位。百分比则是相对上一级元素的宽度而定的。

6. 调整行高——line-height

行高用来控制文本内容之间行与行的距离，也就是行间距，基本格式如下：

```
line - height:normal|数字|长度|百分比
```

其中 normal 为浏览器默认的行高，一般由字体大小属性来决定。"数字"表示行高为该元素字体大小与该数字相乘的结果。"长度"表示行高由长度值和长度单位确定。"百分比"表示行高是该元素字体大小的百分比。

程序 8-7 为文本的排版应用实例。

```html
<!-- 程序 8-7.html -->
<html>
<head>
<meta http - equiv = "Content - Type" content = "text/html; charset = gb2312" />
<title>应用 text - decoration 属性</title>
  <style type = "text/css">
  h2{font - family:黑体;font - size:14pt;font - weight:bold}
  .p1{font - size:18px;text - decoration:underline}
```

```
    .p2{font - size:18px;text - decoration:line - through}
    .d1{font - size:18px;text - align:right}
    .f1{font - size:12pt;text - indent:25 % }
    .f2{font - size:12pt;text - indent:30px}
    .b1{font - size:15px;line - height:18px}
    .b2{font - size:15px;line - height:150 % }
    .b3{font - size:15px;line - height:2}
    </style >
</head >
< body >
  < h2 >文字修饰</h2 >
  < hr >
  < p class = p1 >下划线的效果</p >
  < p class = p2 >删除线的效果</p >
    < h2 >文本排列</h2 >
  < hr >
  < p class = d1 >这段文字为右对齐排列方式这段文字为右对齐排列方式这段文字为右对齐排列
方式</p >
  < h2 >段落缩进</h2 >
    < hr >
  < p class = f1 >首行缩进为 25 %,这段文字的首行缩进为 25 %</p >
  < p class = f2 >首行缩进为 30 像素,这段文字的首行缩进为 30 像素</p >
  < p class = p3 >首行缩进为 30 点,这段文字的首行缩进为 30 点</p >
  < h2 >调整行高</h2 >
    < hr >
  < p class = b1 >行高为 18 像素</p >
  < p class = b2 >行高为字号大小 15 像素的 150 %,即行高为 22.5 像素</p >
  < p class = b3 >行高为字号大小 15 像素的 2 倍,即行高为 15px 乘 2,30 像素</p >
  </body >
</html >
```

本例综合以上各文本的排版属性,浏览效果如图 8-7 所示。

7. 段落内容裁剪

通过设置行距、字符间距及单词间距,CSS 段落文字就可以随心所欲地排版。HTML
中有一个不换行的标签,在 CSS 中也有相应的设置,且功能更加全面。对于英文和中文段
落,其换行设置有 word-break 属性和 word-wrap 属性,基本格式分别如下:

```
word - break:normal | break - all | keep - all
```

其中 normal 依照亚洲语言和非亚洲语言的文本规则,允许在字内换行。break-all 与亚
洲语言的 normal 相同。也允许非亚洲语言文本行的任意字内断开,该值适合包含一些非亚
洲文本的亚洲文本。keep-all 则与所有非亚洲语言的 normal 相同。对于中文、韩文、日文,
不允许字断开,适合包含少量亚洲文本的非亚洲文本。

```
word - wrap:normal | break - word
```

其中 normal 控制连续文本换行。break-word 则使内容在边界内换行。

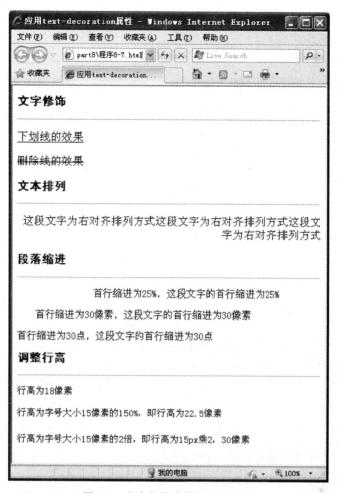

图 8-7 文本的综合排版应用示例

如果要强制不换行可以使用 CSS 提供的 white-space 属性,该属性用于设置如何处理元素内的空白,共有 5 个取值,分别为:

(1) normal:默认值,空白会被浏览器忽略。

(2) pre:空白会被浏览器保留。其行为方式类似 HTML 中的<pre> 标签。

(3) nowrap:文本不会换行,文本会在同一行上继续,直到遇到
标签为止。

(4) pre-wrap:保留空白符序列,但是正常地进行换行。

(5) pre-line:合并空白符序列,但是保留换行符。

在 DIV+CSS 的布局设计中,对于容器内对象超出范围的情况,CSS 为容器提供了 overflow 属性加以控制,该属性的基本格式如下:

```
overflow: visible| hidden|scroll|auto
```

其中 visible 为默认值,表示内容不会被修剪,溢出的内容会呈现在元素内容区之外。hidden 代表溢出的内容会被修剪,并且被修剪掉的内容是不可见的。使用 scroll 值,溢出的内容也会被修剪,但是浏览器会显示滚动条以便查看被修剪掉的内容。auto 则表示如果溢出的内容被修剪,则浏览器会自动显示滚动条以便查看被修剪的内容。

　　而对于容器内的单行文本如果超出范围时，其中一个处理办法是使用 text-overflow 属性产生省略号，而不是简单地裁切。但只有 IE 浏览器才支持生成的省略号，并且必须保证单行文本强制不换行。

　　程序 8-8 为段落内容裁剪的应用实例。

```html
<!-- 程序 8-8.html -->
<html>
<head>
<meta http-equiv="Content-Type" content="text/html; charset=gb2312" />
<title>段落内容裁剪</title>
<style type="text/css">
*{margin:0px;
    padding:0px;}
#all{width:500px;
     height:350px;
     margin:0px auto;
     padding:5px;
     background:#eee;}
h3,h5{text-align:center;
       margin:5px;}
p{font-size:12px;
   text-indent:2em;
   width:350px;
   border:1px dashed #666;
   margin-top:20px;}
#author{font-size:14px;
         text-align:right;
         margin:10px;
         border:0px;}
#a{word-break:keep-all;}
#b{white-space:nowrap;}
#c{word-wrap:break-word;}
#d{white-space:nowrap;
    overflow:hidden;
    text-overflow:ellipsis;}
</style>
</head>
<body>
<div id="all">
    <h3>背影</h3>
  <p id="author">作者：朱自清</p>
    <p id="a">我与父亲不相见已二年余了，我最不能忘记的是他的背影。那年冬天，祖母死了，父
亲的差使也交卸了，正是祸不单行的日子，我从北京到徐州，打算跟着父亲奔丧回家。到徐州见着
父亲，看见满院狼藉的东西，又想起祖母，不禁簌簌地流下眼泪。父亲说，"事已如此，不必难过，好
在天无绝人之路！"</p>
    <p id="b">我与父亲不相见已二年余了，我最不能忘记的是他的背影。那年冬天，祖母死了，父
亲的差使也交卸了，正是祸不单行的日子，我从北京到徐州，打算跟着父亲奔丧回家。到徐州见着
父亲，看见满院狼藉的东西，又想起祖母，不禁簌簌地流下眼泪。父亲说，"事已如此，不必难过，好
在天无绝人之路！"</p>
```

```
< p id = "c"> Use this utility to compress your CSS to increase loading speed and save on
bandwidth as well. You can choose from three levels of compression, depending on how legible
you want the compressed CSS to be versus degree of compression. The "Normal" mode should work
well in most cases, creating a good balance between the two.</p>
< p id = "d">我与父亲不相见已二年余了,我最不能忘记的是他的背影。那年冬天,祖母死了,父
亲的差使也交卸了,正是祸不单行的日子,我从北京到徐州,打算跟着父亲奔丧回家。到徐州见着
父亲,看见满院狼藉的东西,又想起祖母,不禁簌簌地流下眼泪。父亲说,"事已如此,不必难过,好
在天无绝人之路!"</p>
</div>
</body>
</html>
```

　　本例第一个段落采用的是 work-break 属性,并取值为 keep-all,这种换行方式以逗号分隔;而第二个段落采用的是 white-space 属性,并取值为 nowrap,即强制不换行,导致文本超出了容器的范围;第三个段落采用的是 word-warp 属性,取值为 break-word,换行时保持完整的英文单词;最后一个段落即产生省略号,其前提为强制不换行,并使用容器的 overflow 属性,取值为 hidden(即裁切了超出的部分),有了这两个前提才能使用 text-overflow 属性。本例的浏览效果如图 8-8 所示。

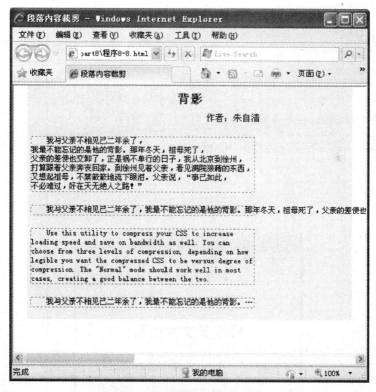

图 8-8　段落内容裁剪示例

8. 转换英文大小写——text-transform

　　text-transform 属性主要用来控制英文单词的大小写转换,该属性可以很灵活地实现对单词的部分或全部大小写的控制。基本格式如下:

text‐transform: uppercase|lowercase|capitalize|none

其中 uppercase 表示将所有的单词字母都大写,lowercase 表示将所有的单词字母都小写,capitalize 表示将每个单词的首字母大写,none 则为默认显示。使用时可以选用 text-transform 属性中的任何一个属性值来转换英文单词的大小写。

程序 8-9 为英文大小写转换实例。

```html
<!-- 程序 8-9.htm -->
<html>
<head>
<meta http-equiv = "Content-Type" content = "text/html; charset = gb2312" />
<title>应用 text-transform 属性</title>
    <style type = "text/css">
    h2{font-family:黑体;font-size:18pt}
    .p1{font-size:15px;text-transform:uppercase}
    .p2{font-size:15px;text-transform:lowercase}
    .p3{font-size:15px;text-transform:capitalize}
    .p4{font-size:15px;text-transform:none}
    </style>
</head>
<body>
    <center>
    <h2>转换英文大小写</h2>
    </center>
    <hr>
    <p class = p1 >Welcome to china ……所有单词的字母都大写</p>
    <p class = p2 >Welcome to china ……所有单词的字母都小写</p>
    <p class = p3 >Welcome to china ……每个单词的首字母大写</p>
    <p class = p4 >Welcome to china ……默认值</p>
</body>
</html>
```

本例显示了各种英文大小写转换后的效果,浏览效果如图 8-9 所示。

图 8-9　text-transform 的应用示例

8.2 颜色与背景

网页中的每个元素都有前景色与背景色,也有很多网页或文字的背景由图片组成。HTML 设置背景的样式非常单调,在 Web 标准的页面中,CSS 设置背景的功能非常强大,已广泛地应用到页面的美化中。

8.2.1 设置字体颜色

在 HTML 中设置字体颜色使用的是<font>标记的 color 属性,而在 CSS 中仅使用 color 属性设置字体的颜色。但 color 属性不是只用来设置字体的颜色,网页中每个元素的颜色都可以用 color 属性来设置,且用 color 属性设置的颜色一般都为标记内容的前景色。基本语法如下:

color:关键字|RGB 值

其中关键字是指用颜色的英文名称来设置颜色,如"red"代表红色,"black"代表黑色等。而 RGB 则可以用十六进制的 RGB 值或 RGB 函数来表示。如:

(1) ♯00FF00:十六进制的 RGB 值,这是最常用的一种 RGB 值表示方式。

(2) ♯0F0:十六进制 RGB 值的缩写,在十六进制的 RGB 值中,只要有同样的数字重复出现,就可以省略其中一个不写。

(3) RGB(255,0,0):RGB 的函数值,常用在一些动态颜色效果的网页中。RGB 函数取值范围为 0~255。

(4) RGB(0%,100%,0%):RGB 的函数值,取值范围为 0%~100%。

RGB 函数取值如果超出了指定的范围,浏览器就会自动读取最接近的数值来使用。如设置了 101%,则浏览器会自动读取"100%",如设置了"−2",浏览器会自动读取"0"。如:

.h{font − family:黑体;font − size:20pt;color:♯FF0000}
.p1{font − family:宋体;font − size:16px;color:blue}

第一行表示设置了 20 点的黑体字,颜色为红色。第二行表示设置了 16 像素的宋体字,颜色为蓝色。

8.2.2 设置背景颜色

CSS 中使用 background-color 属性来设置背景色,相对于 HTML 中的背景色设置,CSS 背景色有更为灵活的设置方法,不仅可以设置网页的背景颜色,还可以设置文字的背景颜色。基本格式如下:

background − color: 关键字|RGB 值|transparent

其中关键字与 RGB 值的取值与 8.2.1 节的 color 取值相同。transparent 表示透明值,这也是 background-color 属性的初始值。

程序 8-10 为背景色的设置实例。

```html
<!-- 程序 8-10.htm -->
<html>
<head>
<meta http-equiv="Content-Type" content="text/html; charset=gb2312" />
<title>背景色设置</title>
<style type="text/css">
*{margin:0px;
  padding:0px;}
#all{width:400px;
  height:200px;
  margin:10px auto;
  font-size:16px;
  color:#fff;
  background-color:#999999;}
#a,#b,#c,#d,#e{width:80%;
                margin:15px auto;}
#a{background-color:#9900CC;}
#b{background-color:red;}
#c{background-color:rgb(80%,0,0);}
#d{background-color:rgb(200,0,0);}
#e{background-color:transparent;}
</style>
</head>
<body>
<div id="all">
    <div id="a">常规十六进制颜色值表示方法</div>
    <div id="b">颜色名称值表示方法</div>
    <div id="c">RGB值表示方法(百分比)</div>
    <div id="d">RGB值表示方法(十进制)</div>
    <div id="e">透明色表示方法</div>
</div>
</body>
</html>
```

本例的浏览效果如图 8-10 所示。本例中多种颜色值的表示方法不仅可以用于设置背景色,也可以用于设置其他 XHTML 元素的 CSS 属性颜色值。

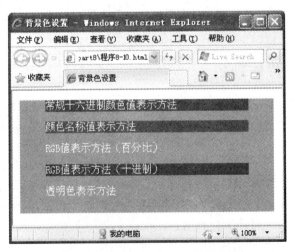

图 8-10 background-color 使用示例

8.2.3　设置背景图片

背景图片的设置属性是 background-image，其属性值即为图片所在的路径，基本格式如下：

```
background-image:url("图片路径");
```

该属性设置背景图片的效果和 HTML 中背景图片设置效果是一样的，默认为平铺的背景图片，配合 CSS 其他背景属性，可以使背景图片得到更精确的控制。控制背景平铺的属性为 background-repeat，其值有以下 4 个。

（1）repeat：默认值，背景图片在水平和垂直方向平铺。

（2）repeat-x：水平方向平铺。

（3）repeat-y：垂直方向平铺。

（4）no-repeat：不平铺，只显示一张背景图片。

将 background-image 属性和 background-repeat 属性结合使用，就可以方便地控制背景图片的平铺方式。

程序 8-11 为背景图片的设置实例。

```html
<!-- 程序 8-11.html -->
<html>
<head>
<meta http-equiv="Content-Type" content="text/html; charset=gb2312" />
<title>背景图片平铺</title>
<style type="text/css">
*{margin:0px;
  padding:0px;}
#all{width:400px;
  height:510px;
  margin:0px auto;
  font-weight:bold;
  background-color:#eee;}
#a,#b,#c,#d,#cc,#dd{width:80%;
                    height:50px;
                    border:1px dotted #f00;
                    margin:15px auto;}
#a{background-image:url("img/bg.gif");}
#b{background-image:url("img/bg.gif");
   background-repeat:no-repeat;}
#c,#cc{background-repeat:repeat-x;}
#c{background-image:url("img/bg.gif");}
#cc{background-image:url("img/bgx.gif");}
#d,#dd{height:100px;
   background-repeat:repeat-y;}
#d{background-image:url("img/bg.gif");}
#dd{background-image:url("img/bgy.gif");}
</style>
```

```
</head>
<body>
<div id = "all">
    <div id = "a">默认的背景图片平铺</div>
    <div id = "b">不平铺背景图片</div>
    <div id = "c">水平平铺背景图片</div>
    <div id = "cc">水平平铺常用实例</div>
    <div id = "d">垂直平铺背景图片</div>
    <div id = "dd">垂直平铺常用实例</div>
</div>
</body>
</html>
```

本例不但使用了背景平铺的 4 个值,还分别增加了水平平铺和垂直平铺的常用实例,通过小图片的平铺可以达到丰富的视觉效果,本例的浏览效果如图 8-11 所示。

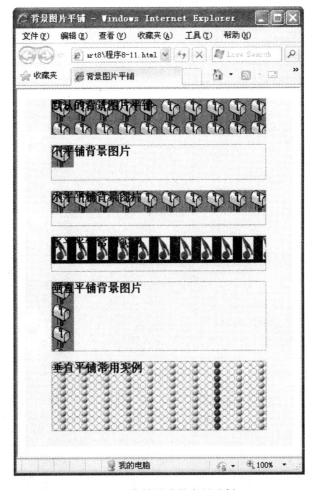

图 8-11　背景图片的应用示例

8.2.4　设置背景图片位置

在网页中插入背景图时,如果背景图片不平铺,该图片会默认显示在网页的左上角,CSS 提供了用于定位背景图片的 background-position 属性,其定位功能很强大,确定图片位置能精确到像素级别。

定位背景的方法有两种,一种是指定位置名称,另一种是通过设置像素或百分比指定背景图片具体的位置,基本格式如下:

background - position: 关键字|百分比|长度

关键字在水平方向的值主要有 left、center、right,表示居左、居中和居右。关键字在垂直方向的值主要有 top、center、bottom,表示居顶端、居中和居底端。其中水平方向和垂直方向的关键字可相互搭配使用。

利用百分比和长度设置图片位置时,都要指定两个值,并且这两个值要用空格隔开。一个代表水平位置,一个代表垂直位置。水平位置的参考点是网页页面的左边,垂直位置的参考点是页面的上边。如:background-position:40% 60%;表示背景图片的水平位置为左边起始的 40%,垂直位置为上边起始的 60%。再如:background-position:100px 200px;表示背景图片的水平位置为左边起始的 100px,垂直位置为上边起始的 200px。

程序 8-12 为定位背景图片实例。

```
<!-- 程序 8-12.html -->
< html >
< head >
< meta http - equiv = "Content - Type" content = "text/html; charset = gb2312" />
< title >背景定位</title >
< style type = "text/css">
* {margin:0px;
   padding:0px;}
#all{width:400px;
     height:300px;
   margin:0px auto;
   font - weight:bold;
     background - color: #eee;}
#a, #b, #c{width:80%;
     height:80px;
     border:1px dotted #333;
      margin:15px auto;
     background - image:url("img/bg1.gif");
     background - repeat:no - repeat;}
#a{background - position:right bottom;}
#b{background - position:50px 20px;}
#c{background - position:10% 90%;}
</style >
</head >
< body >
< div id = "all">
```

```
    <div id="a">江南忆,最忆是杭州。山寺月中寻桂子,郡亭枕上看潮头。何日更重游?</div>
    <div id="b">江南忆,其次忆吴宫。吴酒一杯春竹叶,吴娃双舞醉芙蓉。早晚复相逢?</div>
    <div id="c">江南好,风景旧曾谙。日出江花红胜火,春来江水绿如蓝。能不忆江南?</div>
  </div>
  </body>
</html>
```

本例通过三种不同的方式显示背景图片的不同位置,浏览效果如图 8-12 所示。

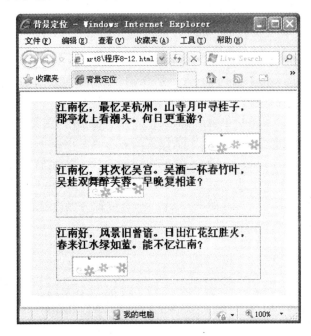

图 8-12　背景定位示例

8.2.5　设置背景附件

背景附件属性(background-attachment),就是用来设置背景图片是否会随着滚动条的移动而一起移动。基本格式如下:

```
background-attachment:scroll|fixed
```

其中 scroll 表示背景图片是随着滚动条的移动而移动,是浏览器的默认值。fixed 表示背景图片固定在页面上不动,不随着滚动条的移动而移动。

程序 8-13 为背景图片的固定实例。

```
<!-- 程序 8-13.html -->
<html>
<head>
<meta http-equiv="Content-Type" content="text/html; charset=gb2312" />
<title>应用背景附件属性</title>
  <style type="text/css">
    body{background-image:url("img/bg2.gif");
```

第8章 CSS网页元素设计 199

```
    background - attachment:fixed;
    background - repeat:no - repeat}
  h2{font - family:黑体;font - size:20pt;color:red}
  .p1{font - size:18px;color:#000000;text - align:center}
  </style>
</head>
<body>
  <center>
  <h2>忆江南</h2>
  </center>
  <hr>
  <p class = p1>江南好,风景旧曾谙。日出江花红胜火,春来江水绿如蓝。能不忆江南?</p>
  <p class = p1>江南忆,最忆是杭州。山寺月中寻桂子,郡亭枕上看潮头。何日更重游?</p>
  <p class = p1>江南忆,其次忆吴宫。吴酒一杯春竹叶,吴娃双舞醉芙蓉。早晚复相逢?</p>
</body>
</html>
```

本例将背景图片的 background-attachment 属性设置为随着滚动条的移动而移动,浏览效果如图 8-13 所示,移动滚动条后的效果如图 8-14 所示。

图 8-13　应用背景附件后的效果

图 8-14　移动滚动条后的效果

8.2.6　背景属性整体设置

前面几节学习的 CSS 背景设置似乎过于烦琐,编写控制背景的 CSS 代码往往使用多个属性的组合。为此,CSS 提供了背景属性的整体编写方法,即使用 background 属性,其值由多个背景控制的属性值组合而成,基本格式如下:

background: 背景色 背景图片路径 背景平铺方式 背景是否固定 背景定位;

可见,background 属性综合了多个背景属性,只需根据顺序填入相应的属性值即可。如下面的代码段:

```
#c{background:#cf0000 url("img/bg.gif") no - repeat right top;}
```

如果某些属性不需设置，直接使用默认值（如背景是否固定，默认为不固定），则可省略该属性值的缩写，浏览器在解析时会自动使用默认值设置。这种背景整体设置的方法非常灵活，甚至可以直接代替 background-image 和 background-color 等属性，且拥有更好的扩展性，所以在实际的网页设计制作中，background 属性是首选的 CSS 背景属性，现在各大网站中已被广泛使用。

8.3 图片样式控制

在 HTML 中，通过 img 元素和 scr 等属性可以将外部的图片插入到网页文档中。在网页设计中，图片的排版也很重要，本节主要介绍图片的定位、图文混排及图片的裁剪。

8.3.1 图片的定位

图片即 img 元素，作为 XHTML 一个独立的对象，需要占据一定的空间，这与 8.2 节所介绍的背景图片有着很大的差别。img 元素在页面中的定位依然要根据盒模型定位来设计，特别是当图片设置成为超链接时，CSS 伪类的各种设计也可以应用到 img 元素。

程序 8-14 为图片的定位实例。

```
<!-- 程序 8-14.html -->
< html xmlns = "http://www.w3.org/1999/xhtml">
< head >
< meta http - equiv = "Content - Type" content = "text/html; charset = gb2312" />
< title >图片定位</title>
< style type = "text/css">
 * {margin:0px;
   padding:0px;}
#all{width:500px;
    height:360px;
    margin:0px auto;
    padding:10px;
    background: #eee;}
h3{width:200px;
    height:60px;
    background: #ccc;}
#view{float:left;}
#view2{position:absolute;
     top:380px;
     left:25px;}
</style>
</head>
< body >
< div id = "all">
  < img src = "img/tu01.JPG"   />可以和图片元素并排在同一行。
  < h3 >风景如画</h3>无法和 h1～h6 元素并排在同一行，所以，img 元素仍然是内联元素，而 h1～
h6 元素是块状元素。< hr />
```

```
    < img src = "img/tu01.JPG" id = "view"   />< h3 >风景如画</h3 >可见,只需将 img 元素设置浮
动属性,块状元素就会"流"上来。   < hr />
    < img src = "img/tu01.JPG" id = "view2"   />将 img 元素绝对定位也可以随意摆放图片。
</div>
</body>
</html>
```

本例充分展示了图片在网页中的定位,用法已在程序中用文字说明,浏览效果如
图 8-15 所示。

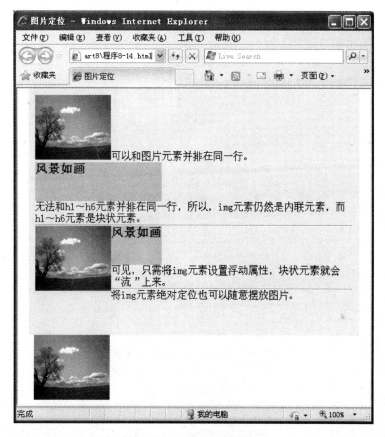

图 8-15　图片的定位示例

8.3.2　图文混排

由于段落的 p 元素是块状元素,利用 img 元素的浮动属性同样可以完成漂亮复杂的图
文排版。

程序 8-15 为图文混合排版的应用实例。

```
<!-- 程序 8-15.html -->
< html >
< head >
< meta http - equiv = "Content - Type" content = "text/html; charset = gb2312" />
```

```
<title>图文混合排版</title>
<style type="text/css">
*{margin:0px;
  padding:0px;}
#all{width:600px;
    height:600px;
   margin:0px auto;
   padding:10px;
   background:#eee;}
h2{text-align:center;}
#author{text-align:right;}
p{font-size:12px;
  text-indent:2em;}
#a{text-align:center;}
#a h5{margin:5px;}
#b{width:150px;
   float:left;}
#img1{float:left;
      margin:12px;}
</style>
</head>
<body>
<div id="all">
      <h2>白杨礼赞</h2>
  <p id="author">作者：茅盾</p>
  <p>白杨树实在不是平凡的,我赞美白杨树!<br />当汽车在望不到边际的高原上奔驰,扑入你
的视野的,是黄绿错综的一条大毯子;黄的是土,未开垦的荒地,</p>
  <div id="a"><img src="img/tu02.JPG" width="150" height="122" /><h5>秋天美景图
</h5></div>
      <p id="b">几十万年前由伟大的自然力堆积成功的黄土高原的外壳;绿的呢,是人类劳
力战胜自然的成果,是麦田。和风吹送,翻起了一轮一轮的绿波——这时你会真心佩服昔人所造
的两个字"麦浪",若不是妙手偶得,便确是经过锤炼的语言的精华。</p>
  <img src="img/tu02.JPG" width="150" height="122" id="img1" />
  <p>黄与绿主宰着,无边无垠,坦荡如砥,这时如果不是宛若并肩的远山的连峰提醒了你(这些
山峰凭你的肉眼来判断,就知道是在你脚底下的),你会忘记了汽车是在高原上行驶,这时你涌起
来的感想也许是"雄壮",也许是"伟大",诸如此类的形容词,然而同时你的眼睛也许觉得有点倦
怠,你对当前的"雄壮"或"伟大"闭了眼,而另一种味儿在你心头潜滋暗长了——"单调"。可不是?
单调,有一点儿吧?<br />
      然而刹那间,要是你猛抬眼看见了前面远远地有一排,——不,或者甚至只是三五株,一株,傲
然地耸立,像哨兵似的树木的话,那你的恹恹欲睡的情绪又将如何?我那时是惊奇地叫了一声的!
<br />那就是白杨树,西北极普通的一种树,然而实在是不平凡的一种树!</p>
</div>
</body>
</html>
```

本例利用 div 元素包含 img 元素和 h5 元素,实现了图片居中并带有文字说明的效果。
而利用 p 元素的向左浮动和 img 元素的向左浮动,实现了图片混排于段落内部的效果。图
片在网页中的显示尺寸可通过 width 属性和 height 属性控制,但用 width 属性和 height 属
性调整图片尺寸后,图片失真比较严重,使其美观程度大打折扣,一般需保持宽高比例图片

才不会变形。本例的浏览效果如图 8-16 所示。

图 8-16　图文混合排版的应用示例

8.3.3　图片的裁切

为了可以在网页中用较小的容器显示较大的图片，CSS 提供了 clip 属性对图片进行裁切，效果类似于 Photoshop 中的画布大小的调整，基本格式如下：

```
clip: auto|rect(上偏移 右偏移 下偏移 左偏移)
```

其中 auto 代表不裁切。假设左上角坐标为(0,0)，rect 中的偏移参数就代表图片的 4 条边相对图片在左上角的偏移数值，其中任一数值都可用 auto 替换，即此边不剪切。

在使用 clip 属性时需要注意两点：

（1）clip 属性必须和定位属性 position 一起使用才能生效。

（2）clip 裁切的计算坐标都是以左上角即(0,0)点开始计算的，这不像 padding 和 margin，它们两个的右边距和下边距是从最右边和最下边开始计算的。

程序 8-16 为图片裁切的应用实例。

```
<!-- 程序 8-16.html -->
<html>
<head>
```

```
< meta http - equiv = "Content - Type" content = "text/html; charset = gb2312" />
< title>图片裁切</title>
< style type = "text/css">
 * {margin:0px;
    padding:0px;}
#all{width:300px;
    height:200px;
    margin:0px;
    padding:10px;
    background:#eee;}
img#a{clip:rect(0px 50px 50px 0px);}
img#b{position:absolute;
    clip:rect(0px 100px 100px 0px);}
img#c{position:absolute;
    right:10px;
    top:50px;
    clip:rect(100px 100px 150px 0px);}
</style>
</head>
< body>
< div id = "all">
   < img src = "img/tu03.jpg" />
   < img src = "img/tu03.jpg" id = "b" />
   < img src = "img/tu03.jpg" id = "c" />
</div>
</body>
</html>
```

本例分别以三种情况显示图片的裁切，浏览效果如图 8-17 所示。

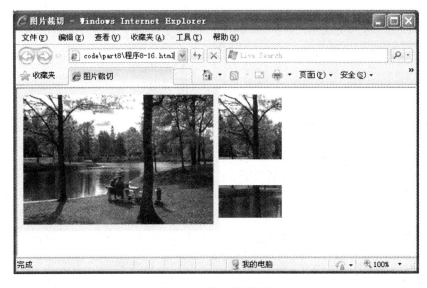

图 8-17　图片裁切示例

通过本例可以看到,clip 属性需要将 img 元素进行绝对定位后才能生效,而这样对规范地排版是很不利的,所以为了避免绝对定位给排版带来的麻烦,在网页设计中很少使用 clip 属性,而使用另一种裁切图片的方法,即使用图片父容器的 overflow 属性。这个属性定义了溢出元素内容区的内容会如何处理。

程序 8-17 为使用 overflow 进行图片裁切的实例。

```html
<!-- 程序 8-17.html -->
<html>
<head>
<meta http-equiv = "Content-Type" content = "text/html; charset = gb2312" />
<title>使用 overflow 裁切图片</title>
<style type = "text/css">
 * {margin:0px;
    padding:0px;}
#all{width:350px;
    height:250px;
    margin:0px auto;
    padding:10px;
    background: #eee;}
#a, #b, #c, #d{width:130px;
    height:100px;
    float:left;
    overflow:hidden;
    margin:10px;
    border:1px solid #000;}
#b img{margin-top: -20px;
        margin-left: -50px;}
#c img{margin-top: -50px;
        margin-left: -100px;}
#d img{margin-top:20px;
        margin-left:30px;}
</style>
</head>
<body>
<div id = "all">
    <div id = "a"><img src = "img/tu03.JPG" /></div>
    <div id = "b"><img src = "img/tu03.JPG" /></div>
    <div id = "c"><img src = "img/tu03.JPG" /></div>
    <div id = "d"><img src = "img/tu03.JPG" /></div>
</div>
</body>
</html>
```

图片在容器内进行任意定位可通过设置边距属性 margin 取负值来实现。本例通过设置 img 元素的边距为负值使其在父容器内可自由定位,从而轻松实现图片裁切的效果,本例的浏览效果如图 8-18 所示。

图 8-18　overflow 的应用示例

8.4　上机练习与指导

8.4.1　网页文档排版

文字段落作为网页内容的重要组成部分，其版式设计非常关键，本节将练习使用 CSS 中提供的大量的文本控制属性对一段文字进行排版，效果如图 8-19 所示。

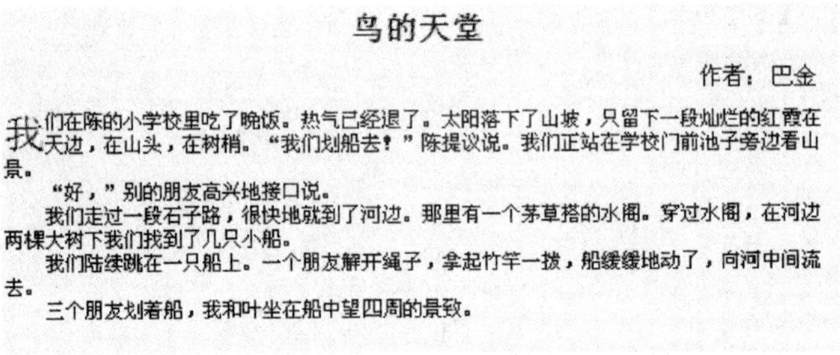

图 8-19　文档排版效果图

要求和 HTML 一样，仍然用 p 元素容纳段落文字，可利用 text-indent 属性控制段落的首行缩进，参考代码如下。

```
<!-- 上机练习 8-1.html -->
< html xmlns = "http://www.w3.org/1999/xhtml">
< head >
< meta http - equiv = "Content - Type" content = "text/html; charset = gb2312" />
```

```
<title>段落样式1</title>
<style type = "text/css">
 * {margin:0px;
    padding:0px;}
#all{width:500px;
    height:200px;
   margin:0px auto;
   padding:5px;
   background: #eee;}
h3{text - align:center;}
#author{font - size:14px;
        text - align:right;
        margin:10px;}
.content{font - size:12px;
        text - indent:2em;}
p#a:first - letter{font - size:2em;
                   float:left;}
#a{font - size:12px;}
</style>
</head>
<body>
<div id = "all">
    <h3>鸟的天堂</h3>
    <p id = "author">作者：巴金</p>
    <p id = "a">我们在陈的小学校里吃了晚饭。热气已经退了。太阳落下了山坡,只留下一段灿烂
的红霞在天边,在山头,在树梢。"我们划船去!"陈提议说。我们正站在学校门前池子旁边看山
景。</p>
    <p class = "content">"好,"别的朋友高兴地接口说。</p>
    <p class = "content">我们走过一段石子路,很快地就到了河边。那里有一个茅草搭的水阁。
穿过水阁,在河边两棵大树下我们找到了几只小船。</p>
    <p class = "content">我们陆续跳在一只船上。一个朋友解开绳子,拿起竹竿一拨,船缓缓
地动了,向河中间流去。</p>
    <p class = "content">三个朋友划着船,我和叶坐在船中望四周的景致。</p>
</div>
</body>
</html>
```

8.4.2 背景样式综合应用

本节综合前面学习的背景样式,利用 background 属性的强大功能与列表元素,练习制作一个导航条,效果样式如图 8-20 所示。

图 8-20 导航条样式效果图

　　要求在 img 目录下放入三个图片文件用于导航选项背景，分别对应超链接的未访问状态、鼠标滑过状态及鼠标单击状态。通过超链接伪类的应用，使三张背景图片作出相应的切换。参考代码如下。

```
<!-- 上机练习 8-2.html -->
<html xmlns = "http://www.w3.org/1999/xhtml">
<head>
<meta http-equiv = "Content-Type" content = "text/html; charset = gb2312" />
<title>背景图片制作导航</title>
<style type = "text/css">
* {margin:0px;
   padding:0px;}
ul{list-style:none;}
#all{width:410px;
     height:150px;
     margin:0px auto;
     font-weight:bold;
     background-color:#000;}
li{float:left;}
a{display:block;
  width:80px;
  height:22px;
  text-align:center;
  text-decoration:none;
  margin-top:110px;
  padding-top:16px;
  font-size:12px;
  color:#000;
  background:url("img/nav_1.gif");
  border:1px solid #000;}
a:hover{background:url("img/nav_2.gif");
        color:#fff;}
a:active{background:url("img/nav_3.gif");
         color:#000;}
</style>
</head>
<body>
<ul id = "all">
  <li>
   <a href = "#">首页</a>
  </li>
  <li>
   <a href = "#">产品展示</a>
  </li>
  <li>
   <a href = "#">公司文化</a>
  </li>
  <li>
   <a href = "#">公司荣誉</a>
```

```
      </li>
    <li>
     <a href = "#">联系方式</a>
    </li>
  </ul>
  </body>
  </html>
```

该练习的背景图片是采用三张独立的图片文件，实际上有了 CSS 强大的背景定位功能后，还可以把三张图片合并为一张，通过用 CSS 代码对这张图片进行定位，从而完成不同背景的切换，读者可以自行完成相关设置。

8.4.3　图文混排应用

本节练习应用 CSS 中的背景、文字及图片样式属性编写如图 8-21 所示的网页页面。

图 8-21　图文混排效果图

参考代码如下。

```
<!-- 上机练习 8-3.html -->
< html xmlns = "http://www.w3.org/1999/xhtml">
< head >
< meta http - equiv = "Content - Type" content = "text/html; charset = gb2312" />
< title >范仲淹</title>
< style type = "text/css">
   # b1 {background - image:url("img/beijing.jpg");
        background - repeat:no - repeat;
        background - attachment:fixed;
        font - size:14pt;
   color:black}
   # b2{margin:1pt;broder:5pt}
</style>
```

```
</head>
<body id = b1>
<center>
<font size = 10 color = black>
苏幕遮(怀旧)
</font>
</center>
<hr>
<img id = b2 src = "img/tu1.jpg" align = "left" width = "200" height = "277" vspace = "0"
hspace = "50">
<pre>
    碧云天,黄叶地。
    秋色连波,波上寒烟翠。
    山映斜阳天接水。
    芳草无情,更在斜阳外。
    黯乡魂,追旅思。
    夜夜除非,好梦留人睡。
    明月楼高休独倚。
    酒入愁肠,化作相思泪。
</pre>
</body>
</html>
```

8.5 本章习题

一、选择题

1. 设置段落缩进的属性为以下哪个(　　　)?
   A. word-spacing　　　　　　　　　　　　B. text-decoration
   C. text-align　　　　　　　　　　　　　　D. text-indent

2. 调整中文文字的字间距,可使用以下哪个属性?(　　　)
   A. word-spacing　　　　　　　　　　　　B. letter-spacing
   C. word-decoration　　　　　　　　　　　D. letter-decoration

3. 以下哪项不属于 text-align 的语法中的属性值?(　　　)
   A. left　　　　　　　B. right　　　　　　C. blink　　　　　　D. center

4. 在 CSS 中,要设置页面文字的背景颜色,应使用以下哪个属性?(　　　)
   A. color　　　　　　　　　　　　　　　　B. bgcolor
   C. background-color　　　　　　　　　　D. font-color

5. 要实现背景图片在水平方向平铺,应该如何设置?(　　　)
   A. background-image:repeat　　　　　　B. background-image:repeat-x
   C. background-image:repeat-y　　　　　D. background-image:no-repeat

6. 在 CSS 里,设置背景图片位置的属性是以下哪项?(　　　)
   A. background-image　　　　　　　　　　B. background-repeat
   C. background-position　　　　　　　　　D. background-attachment

二、填空题

1. 利用 CSS 样式给文字加下划线,应该使用文字修饰属性_____,属性值为_____。

2. 行高 line-height 属性的基本语法是_____。

3. _____属性用于文字的水平对齐。

4. 在 CSS 中,如果要设置背景随着滚动条的移动而移动,应该使用背景附件属性 background-attachment 的属性值_____。

5. 在 HTML 中,设置字体颜色使用的是<font>标记的_____属性,在 CSS 中,仅使用属性设置字体的颜色。

6. CSS 提供了_____属性对图片进行裁切。

第9章

JavaScript基础

网页作为一种新型的传播媒体，用户不仅想要被动的接收信息，还希望进行互动。由 Netscape 公司开发的 JavaScript 是一种基于对象和事件驱动并具有安全性能的脚本语言，用于开发交互式 Web 页面，主要用在客户端，由浏览器解析并运行。JavaScript 语言的出现弥补了 HTML 只能提供静态资源的缺陷，使用它能将原来的静态网页转变为动态网页，其基本结构形式与其他编程语言相似，需要先编译后执行。

本章主要内容：

- JavaScript 语言的基本概念；
- JavaScript 核心语法；
- JavaScript 程序控制结构；
- JavaScript 函数的使用。

9.1 JavaScript 语言概述

JavaScript 诞生于 1995 年，它是由 Netscape 公司研发的一种客户端脚本语言，必须用解析器解析后才能运行。通常 JavaScript 的解析器是由浏览器提供，同时它具有松散的结构和简单的语法两大特点，可以在网页中实现动态效果。

9.1.1 JavaScript 的概念

JavaScript 是一种基于对象和事件驱动并具有安全性能跨平台的解释型脚本语言。和前面学习的 HTML 与 XHTML 完全不同，HTML 与 XHTML 只是一种标记语言，用某种结构存储数据并在设备上显示；而 JavaScript 基于对象和事件驱动，只是其程序代码嵌入在 HTML 网页文件中，可以用于开发交互式 Web 页面，主要用在客户端，由浏览器解析并运行。

JavaScript 采用的是小程序段的编程方式，与 HTML 及 XHTML 标识结合在一起，使用户对网页的操作更加方便，其主要特点有以下几个方面。

1. 安全性

JavaScript 是一种安全性很高的语言，它只能通过浏览器实现网络的访问和动态交互，有效地防止了通过访问本地硬盘或将数据存入到服务器，而对网络文档及重要数据进行不正当的操作。

2．易用性

JavaScript 是一种脚本编程语言，没有严格的数据类型，而且是采用小段程序的编写方式来实现编程的。

3．动态交互性

在 HTML 中嵌入 JavaScript 小程序后，提高了网页的动态性，可以直接对用户提交的信息在客户端做出回应。JavaScript 的出现使用户与信息之间不再是一种浏览与显示的关系，而是一种实时、动态、可交互式的关系。

4．跨平台性

JavaScript 的运行环境与操作系统没有关系，它是一种依赖浏览器本身运行的编程语言，只要安装了支持 JavaScript 的浏览器，就可以正确地执行 JavaScript 程序。

如果网页设计者只想简单显示网页的内容，那么 JavaScript 不是必需的，但在一个完整的网站中，有很多功能需要 JavaScript 来完成。

9.1.2　JavaScript 的功能

JavaScript 主要用于检测网页中的各种事件，并做出反应。虽然它是作用于客户端的脚本语言，其语法比较松散，结构也比较简单，但其功能却很强大，主要包括以下几个方面。

1．表单操作

可以利用 JavaScript 来动态控制表单里的各种选项，实现不同的效果。一般用户输入的内容是否合法都是通过 JavaScript 来实现验证，这样可以减少服务器的负担，也可以让用户有更好的体验。

2．响应事件

用户在浏览器中的操作称为事件，JavaScript 可以响应这些事件，只要用户在浏览器上操作鼠标或键盘，JavaScript 都可以调用一段程序代码来响应这些操作。

3．动态特效

由于 HTML 语言没有语法，不具备编程能力，因此所设计的网页缺少动态特效。而JavaScript 可以实现动态地在网页中输出内容，还可以在网页中实现很多特效，如文字特效、控件特效、图片特效、页面特效等。

4．记录状态

JavaScript 可以通过读取 Cookie 或表单的隐藏域的值，来记录用户的当前使用状态，为用户定制个性化的服务，也可以与服务器进行互动。

当然尽管 JavaScript 有着强大的功能，但它也不是万能的，也存在一定的局限性，主要表现在：

（1）JavaScript 不能制作多用户程序。

（2）JavaScript 在浏览器中不允许跨域操作，只能在当前域中操作才有效。

（3）JavaScript 不能用于安全性认证的处理。

（4）JavaScript 属于客户端脚本语言，只能由浏览器解析执行。

（5）JavaScript 不能读取客户端数据库中的数据，也不能操作其他任何文件（引用文件除外），但可以读取服务器端数据库中的数据和文件。如果一定要读取客户端数据库中的数据和文件，那么必须通过其他组件来实现此项功能。

9.2 HTML 文档与 JavaScript 的使用

JavaScript 的面世实现了在 HTML 文档中直接嵌入脚本，能够利用各种元素和超链接动态响应用户的互动需求，所以将 JavaScript 插入到 HTML 代码中是实现 Web 开发的关键技术。

9.2.1 在 HTML 文档中插入 JavaScript

大多数程序都有非常严格的编写规范，JavaScript 也不例外，JavaScript 代码必须放在网页代码的＜script＞与＜/script＞标签之间。当浏览器解析到＜script＞标签时，计算机系统会自动调用 JavaScript 脚本引擎来解析代码内容，直到遇到＜/script＞标签为止。

因为 JavaScript 代码是嵌入在 HTML 代码中的，为了使页面结构清晰，常把 JavaScript 的部分代码放在＜head＞和＜/head＞标签之间。当然，也可以放在＜body＞和＜/body＞标签之间，或在 HTML 文档中多处嵌入，但这不是推荐的方法。由于浏览器在解析 HTML 文档时是按自上而下的顺序，设计者需要确保 JavaScript 代码被优先解析，所以网页开发者一般都将 JavaScript 代码放在＜head＞和＜/head＞标签之间。

程序 9-1 实现将 JavaScript 代码插入到 HTML 代码中。

```
<!-- 程序 9-1.html -->
<html>
    <head>
        <title>将 JavaScript 代码插入到 HTML 代码中</title>
        <script>
                document.write("该区域属于 JavaScript<br>");
        </script>
    </head>
        <body>
                该区域属于 HTML 的正文内容
        </body>
</html>
```

上面＜script＞与＜/script＞标签之间包含 JavaScript 代码，write（）为 JavaScript 语言中 document 对象的方法。该方法的作用是在网页中输出一行文字。write（）不属于 HTML，只有调用 JavaScript 脚本引擎解析时才能实现响应。该程序运行结果如图 9-1 所示，在图中第一行文字是 JavaScript 代码输出的文字,第二行是 HTML 代码输出的文字。

专家点拨 运行该程序时,安全级别高的浏览器会阻止该程序的运行,如图 9-2 所示,需要用户对提示的警告信息做出一个响应,即允许浏览器阻止的内容运行,该程序才能正确运行。

图 9-1 将 JavaScript 代码插入到 HTML 代码中   图 9-2 运行程序被浏览器阻止

9.2.2 JavaScript 的解析顺序

JavaScript 的解析顺序与 HTML 的解析顺序相同,都是按照书写顺序解析并运行的。当浏览器解析 HTML 文档时,一旦遇到 JavaScript 代码,就会停止对 HTML 代码的解析,转向对 JavaScript 代码进行解析。只有在 JavaScript 代码解析完毕后,浏览器才会继续解析 HTML 代码。

程序 9-2 为 JavaScript 与 HTML 代码相结合运行的实例。

```html
<!-- 程序 9-2.html -->
<html>
    <head>
        <title>JavaScript 与 HTML 代码相结合运行</title>
    </head>
    <body>
      <script>
        document.write("JavaScript 输出信息一<br>");
        document.write("JavaScript 输出信息二<br>");
      </script>
      本行是 HTML 中的文字<br>
      <script>
        document.write("JavaScript 输出信息三<br>");
      </script>
    </body>
</html>
```

上面的 HTML 和 JavaScript 代码被浏览器解析运行后的结果如图 9-3 所示。从效果图中可以看出,一个 HTML 文档中可以包含任意多个<script>元素,它们的执行顺序就是它们在文档中出现的顺序。

图 9-3   程序 9-2. html 的运行结果

9.2.3 script 元素属性

在网页中一般使用 script 元素实现在网页中嵌入 JavaScript 脚本，该元素包含 1 个必选属性"type"和 5 个可选的属性——language，charset，src，defer 及 runat。

（1）type 属性：用来设置脚本的类型，取值包括 application/ecmascript、application/javascript、application/x-ecmascript、application/x-javascript、text/ecmascript、text/javascript、text/jscript、text/livescript、text/tcl、text/x-ecmascript 和 text/x-javascript。对于嵌入的 JavaScript 脚本来说，设置 type＝"text/ecmascript"属性值即可，如果不设置也没关系，因为默认脚本类型也是 JavaScript，即 text/javascript。除了 type 属性之外，language 也可以用来设置 script 包含的脚本类型。

专家点拨　由于 language 属性不是标准组成的一部分，所以不建议使用。但在早期版本的浏览器中，个别浏览器仅支持 language 属性，所以不妨同时设置 language 和 type 属性。

（2）src 属性：用于定义包含外部脚本文件的 URL。JavaScript 代码除了可以嵌入到 HTML 代码中，还可以独立于 HTML 文件存在。在 HTML 中，可以引用 script 的 src 属性来引用外部的脚本文件，这样可简化 HTML 文档的代码，让 HTML 代码看起来更直观、清楚。

程序 9-3 实现了引用外部的 JavaScript 脚本文件。

```
<!-- 程序 9-3.html -->
<html>
   <head>
      <title>引用外部脚本文件</title>
      <script type = "text/javascript" language = "javascript" src = "sample.js">
      </script>
   </head>
   <body>
   </body>
</html>
```

在本例中使用 script 元素的 src 属性引用了同目录下的 sample. js 文件，实现了引用外部脚本文件的功能。sample.js 文件中的代码如下：

```
document.write("由 sample.js 文件输出文字,并且该文件被引用");
```

上面的 sample.js 文件中只有一条输出语句。JavaScript 代码引用 sample.js 后,使用浏览器解析运行的结果如图 9-4 所示。

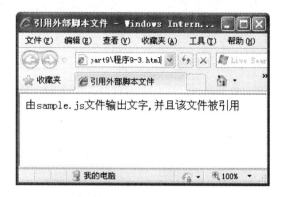

图 9-4　引用外部脚本文件的运行结果

专家点拨　外部文件的 MIME 类型应是 application/x-javascript,这样可以使用 ASP,JSP,PHP 等其他服务器端脚本语言动态产生 JavaScript 代码。但如果文件扩展名为.js,也能够将其正确导入并执行。应注意的是,一旦设置了 src 属性,则 script 元素中编写的任何 JavaScript 代码都可能无效,但是最终结果还是根据不同的浏览器而定。

虽然使用外部脚本文件与使用嵌入在 HTML 代码中的 JavaScript 代码的作用是相同的,但相比嵌入在 HTML 代码中的 JavaScript 代码具有以下几个优势。

- 编程模块化;
- 加速浏览;
- 增加安全性;
- 简化 HTML 代码;
- 还可以引用其他服务器上的脚本文件。

（3）charset 属性：用来设置 script 元素包含的脚本的字符编码,默认是 utf-8 编码。

（4）defer 属性：可以延迟脚本的执行时间,直到 HTML 文档已经全部显示给用户为止,但该属性仅被 IE 浏览器支持。

（5）runat 属性：可以设置脚本执行的位置,默认在客户端浏览器中执行,如设置 runat="server",则表示在服务器端执行。

9.3　JavaScript 程序设计基础

JavaScript 和其他程序设计语言一样,有着自己独特的语言规则,且从标识符到变量都有着严格的约束。因此,扎实掌握语法规则是开发 Web 技术中的基础。

9.3.1　标识符的命名规定

JavaScript 的标识符是由 Unicode 字符串以及数字等组成的。JavaScript 的标识符一般分为用户自定义标识符和关键字。其中,用户自定义标识符一般用于变量名称、函数名、关键字、对象名、常量名等标识;而关键字又叫保留字,具有特定的含义,可以完成相应的 Web 功能,编程人员对关键字只能使用,不能修改,也不能将它们用做程序的函数名、变量名、对象名等。

一般情况下,合法标识符必须满足以下几条规定。

(1) 标识符必须在同一行。

(2) 标识符不能与关键字同名。

(3) 标识符的第一个字符必须是字母、下划线或美元符号($),第一个字符以外的其他字符可以是字母、下划线、美元符号($)、数字,但不能有空格或其他字符。如:

- 正确的变量名:hour、min、_e45b、$ert。
- 错误的变量名:♯ert、9abc。

(4) JavaScript 是严格区分大小写的,大写字母和小写字母所代表的意义不同。

9.3.2　JavaScript 的数据类型

JavaScript 是一种不严格区分数据类型的计算机语言,所以它的语法比较松散,但并不代表 JavaScript 中没有数据类型的区别,只是 JavaScript 会对不同的数据类型进行自动的转化。JavaScript 中的数据类型可分为基本数据类型和复合数据类型,其中基本数据类型包括数值型、字符型和布尔型,复合数据类型又包括对象、数组和函数等类型。本节只简单讲述数值型、字符型、布尔型和数组类型,其他数据类型在后面章节会进行详细介绍。

1. 数值型

数值型是 JavaScript 中最基本的数据类型,JavaScript 中所有的数值型数据均采用 IEEE 764 标准定义的 64 位浮点格式表示,即 Java、C 等语言中的 double 类型。在 JavaScript 的使用过程中并不区分整数和浮点数,只要不超过其类型的数据范围,都可以获得 JavaScript 的正确支持。一般在网页中可以应用整型、浮点型、科学记数型、八进制和十六进制等形式的数据。

2. 字符型

在 JavaScript 中,字符型数据又称为字符串,由零个或者多个字符组成。程序中的字符串应该由单引号或双引号定界起来,使用双引号和使用单引号的效果是一样的,注意开头和结尾所使用的定界符必须保持一致。在使用字符串的过程中,如需要使用另一种定界符,正确的做法是在有双引号标记的字符串中加入使用单引号的引用字符,在有单引号标记的字符串中加入使用双引号的引用字符,如:

"学习'JavaScript'有趣吗?"。

在拼接字符串时,可通过加法符号拼接多个字符串,从而得到一个新字符串。如果是数值型数据和字符串进行拼接,则数值数据会被自动转换成字符串再进行拼接。若加号两边的操作数都是数字时,则进行数字的加法运算,并得出数值型数据结果。

程序 9-4 为字符串操作实例。

```html
<!-- 程序 9-4. html -->
<html>
    <head>
        <meta http-equiv="Content-Type" content="text/html; charset=gb2312" />
        <title>字符串操作</title>
    </head>
    <body>
        下面是 JavaScript 程序动态生成的内容:<br>
        <script language="javascript">
            document.write("大家好,我来自<br>");
            document.write("中国" + "的北京" + "<br>");
            document.write(2011 + "年是中国共产党建党" + 90 + "周年" + "<br>");
            document.write(8 + 5 + '亿人为祖国祝福');
        </script>
    </body>
</html>
```

本例的浏览效果如图 9-5 所示,其中 2011 和 90 都直接和字符串拼接,而 8+5 则进行了加法运算后再和字符串进行拼接。

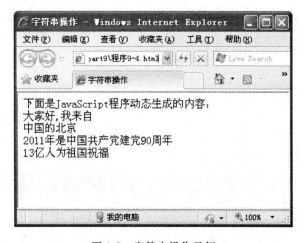

图 9-5　字符串操作示例

为了在字符串中放入一些特殊字符,JavaScript 提供了转义字符。如用字符串在网页的页面中要显示一个目录"d:\计算机\javascript",这个字符串中涉及一个特殊的符号"\",在网页中是不能直接显示的。在 JavaScript 中,由反斜杠开头,后接若干有效的字符组合的符号,称为转义字符。比较常用的转义字符及含义如表 9-1 所示。

表 9-1　JavaScript 中的转义字符

转 义 字 符	代 表 含 义	转 义 字 符	代 表 含 义
\n	换行符	\f	换页符
\t	水平制表符	\'	单引号
\r	回车符	\"	双引号
\b	退格符	\\	反斜线符

因此,正确地显示 d:\计算机\javascript 的语句应该是:

```
document.writeln("d:\\计算机\\javascript");
```

3. 布尔型

JavaScript 中的布尔类型数据使用非常广泛。布尔型数据只含有 true(真)和 false(假)两个值,一般用于逻辑运算和关系运算中,代表状态或标志。

程序 9-5 为布尔型数据操作实例。

```html
<!-- 程序 9-5.html -->
<html>
    <head>
        <meta http-equiv = "Content-Type" content = "text/html; charset = gb2312" />
        <title>布尔类型</title>
    </head>
    <body>
        2 等于 1 吗?<br />
        <script type = "text/javascript">
            document.write("这个问题的结果是一个" + typeof(2 == 1) + "类型的数据<br />");
            document.write("这个问题的结果是");
            document.write(2 == 1);
        </script>
    </body>
</html>
```

本例通过 typeof 运算符判断了"2==1"这个表达式结果的数据类型,然后直接输出这个布尔值(false),浏览效果如图 9-6 所示。

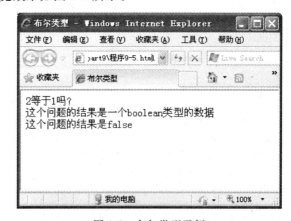

图 9-6　布尔类型示例

4. 数组

数组就是某类数据的集合,可以通过下标来标记数组中的元素,数据类型可以是整型、字符串,甚至是对象。定义数组的语法格式为:

```
var 数组名 = new Array(元素个数);
```

在 JavaScript 中,数组的元素可以是任意数据类型,甚至可以是另一个数组,同一个数组中的不同元素可以是不同的数据类型。可以用数组名称加[下标]来调用,下标从 0 开始,如:

```
var a = new Array(10);  //为 a 已经开辟了内存空间,包含 10 个元素
a[0] = true;
a[1] = document.getElementById("text");
a[2] = {x:11, y:22};
a[3] = new Array();   //数组里面可以放数组对象
```

数组可以在实例化的时候直接赋值,如:

```
var a = new Array(1, 2, 3, 4, 5);
```

数组的长度属性关键字是 length,主要方法有 join()和 sort()等。其中,join()方法可以将该数组中的所有元素转化成字符串,然后将它们连接起来,并用指定的符号分隔开来,默认的分隔符号是逗号。sort()方法可以对数组的元素进行排序,排序的规则由该方法的参数指定。

程序 9-6 为 JavaScript 中数组应用的实例。

```html
<!-- 程序 9-6.html -->
<html>
    <head>
        <title>数组的应用</title>
    </head>
    <h3>Example:数组的应用</h3>
    <pre>
        <script language = "javascript">
            var studentArray = new Array("jacky","lily","lucy");
            document.writeln(studentArray.join());
            document.writeln(studentArray.join(";"));
            var numberArray = new Array(200,120,75,38,0);
            document.writeln(numberArray.sort());
            document.writeln(numberArray.sort(function(x,y){return y-x;}));
        </script>
    </pre>
</html>
```

上面的代码被浏览器解析运行后的结果如图 9-7 所示。

在 JavaScript 中,还有两个特殊的数据类型,即 Null 和 Undefined。Null 类型唯一的数据值是 null,Undefined 类型的属性值是 undefined。其中,null 表示已经对变量赋值,只是赋的值是空值。undefined 表示变量还不存在或者存在但没有被赋值。

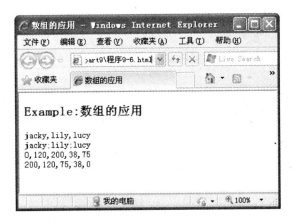

图 9-7　数组的应用示例

9.3.3　变量

变量可以用来存储或表示一个数据的名称，它代表内存中的存储单元，其属性值在程序的运行过程中随时可以发生改变。可以把变量看做一个容器，用于存放一些数据，需要时取出来使用，也可以再放其他数据以替换原始数据。也就是说变量是临时存放数据的地方，在程序中可以引用变量来操作其中的数据。这和计算机硬件系统的工作相似，当声明一个变量时，实际上就是向计算机系统发出申请，在内存划一块小区域存放数据，这块小区域就是变量。

1．变量的声明

变量在使用前必须先声明，把变量声明为合适的数据类型是提高程序效率的手段，也是很好的编程习惯。JavaScript 声明变量的方法很简单，不需要指定变量的数据类型，而是统一使用关键字 var 来声明。其声明方法如下：

```
var 变量名称;
var 变量名称 1,变量名称 2,变量名称 3,…;
var 变量名称 = 变量值;
```

变量名称不能随意命名，必须符合标识符的命名规则。一个 var 可以同时定义多个变量，并且多个变量可以是不同的数据类型。不同的变量之间用逗号分隔，语句的结束符号是分号。如：

```
var num;
var student_count = new Array(10);
var age = 20, name = "vison";
```

在没有赋予变量数值时，其默认值为 undefined，不能参与程序的运算。声明变量的"＝"不是等号，而是赋值符号，代表把右边的数据赋值给左边的变量。

2．变量的使用

变量是临时存储数据，其值在运行的过程中可以动态地改变。

程序 9-7 为变量的使用实例。

```html
<!-- 程序 9-7.html -->
<html>
    <head>
        <meta http-equiv="Content-Type" content="text/html; charset=gb2312" />
        <title>变量的使用</title>
        <script type="text/javascript">
            var area="圆面积", r=10, pi=3.14;
        </script>
    </head>
    <body>
        <script type="text/javascript">
            document.write("半径为10,求面积及周长: "+"<br>");
            document.write(area+" = "+pi*r*r+"<br>");
            area="圆周长";
            document.write(area+" = "+pi*r*2+"<br>");
            document.write("将圆半径增加10,求周长: "+"<br>");
            r=r+10;
            document.write(area+" = "+pi*r*2+"<br>");
        </script>
    </body>
</html>
```

本例充分体现了变量在运算中的重要性及变量在运行过程中值的动态改变,浏览的效果如图 9-8 所示。

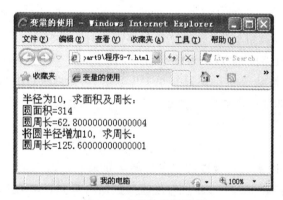

图 9-8　变量的使用示例

9.4　常用运算符

程序运行时常需要靠各种运算进行,运算时需要各种运算符与表达式参与。JavaScript 作为一门脚本语言,与其他语言一样,也有语言本身的运算符,用于完成一些指定的操作。JavaScript 语言的运算符主要有算术运算符、逻辑运算符、比较运算符等。

9.4.1　算术运算符

算术运算符包括加法(+)、减法(-)、乘法(*)、除法(/)、求余(%)、递增(++)、递减

（－－）、取反（－）及正号（＋）。

1．加法运算符（＋）

为二元运算符，用法与数学中的加法一样，但除了实现加法功能以外，它还可以用做字符串的连接符号。只要它两侧的操作数有一个或两个都是字符数据时，它就做字符串的连接操作。如："123"＋12，计算机先将数字 12 转换成字符串，然后执行字符串拼接，结果为 12312。

2．减法运算符（－）

为二元运算符，用法与数学中的减法一样。但除了实现减法功能以外，还可以完成字符串向数字的转换。如："123"－12，计算机先将字符串"123"转化成数值型 123，然后执行减法，结果为 111。

3．乘法运算符（＊）

为二元运算符，可以实现操作数的乘法功能，用法与数学中的乘法一样。如果操作数不是数值型但可以转化成数值型的，该运算符会将运算数自动转化为数值型数据再运算；如果操作数无法转化为数值型，运算结果将返回 NaN。

4．除法运算符（／）

为二元运算符，可以实现操作数的除法功能，用法与数学中的除法一样。如果操作数不是数值型但可以转化成数值型的，该运算符会将运算数自动转化为数值型数据再运算；如果操作数无法转化为数值型，运算结果将返回 NaN。

如果除数为正数，被除数为 0，运算结果为 Infinity。如果除数为负数，被除数为 0，运算结果将是－Infinity。如果除数和被除数都为 0，运算结果将是 NaN。

5．求余运算符（％）

为二元运算符，可以实现对操作数求余功能。如果操作数不是数值型但可以转化成数值型的，该运算符会将运算数自动转化为数值型数据再运算；如果操作数无法转化为数值型，运算结果将返回 NaN。另外，任何数字和字符对 0 求余操作，运算结果都是 NaN。

6．递增运算符（＋＋）

递增运算符是一个一元运算符，可以实现对操作数进行递增操作，增量为 1。这个运算符的操作数只能是单个的变量，不能是常量或表达式。如果运算数无法转化为数值型，那么运算结果将返回 NaN。并且递增运算符还分为前置和后置的递增，二者的规则不同，前置递增是先将操作数的值加 1，然后将变化后的值代入递增表达式参加相关运算；后置递增是先将操作数的值代入递增表达式参加运算，然后再对操作数的值加 1。如：

```
var data1 = 20,data2 = 30;
var data_1,data_2;
```

```
data_1 = data1 ++ ;                //data_1 = 20,data1 = 21
data_2 = ++ data2;                 //data_2 = 31,data2 = 31
```

7. 递减运算符(－－)

递减运算符是一个一元运算符,可以实现对操作数进行递减操作,减量为1。其用法与递增运算符(＋＋)相同,不同之处只是该运算符做减法运算。如:

```
var data1 = 20,data2 = 30;
var data_1,data_2;
data_1 = data1 -- ;                //data_1 = 20,data1 = 19
data_2 = -- data2;                 //data_2 = 29,data2 = 29
```

9.4.2 赋值运算符

赋值运算符(＝)的作用是将一个数值赋给一个变量、数组元素或对象的属性等。如:

```
d = 25;                            //将 25 赋值给 d
c = a + b;                         //将 a + b 的值赋给 c
z = x = y = 3;                     //将 3 分别赋给 x、y 和 z
```

除了这种简单的赋值运算符外,JavaScript 还支持一种带操作的赋值运算符,这种运算符是在简单赋值运算符前加双目运算符构成,主要包括＋＝,－＝,＊＝,/＝,%＝,<<＝,>>＝,&＝,^＝,|＝,>>>＝。其运算过程是用运算符左边的操作数加(减、乘、除、位与/或/异或……)运算符右边的操作数,并把结果赋值给左边的操作数。如:

```
x + = y        等价于       x = x + y
x * = y + 7    等价于        x = x * (y + 7)
```

9.4.3 关系运算符

关系运算符主要包括等于(＝＝)、不等于(!＝)、大于(>)、小于(<)、大于等于(>＝)、小于等于 (<＝)、全等于运算符号(＝＝＝)及非全等于运算符号(!＝＝),它们用于测试操作数之间的关系,如大小比较、是否相等,并根据比较的结果返回一个布尔值。

关系运算符的操作数可以是数值型、字符型、布尔型的数据,也可以是对象。如运算符的两个操作数中有一个数值类型,另一个为字符串类型,字符串类型将转换成数值类型进行比较。而如果运算符的两个操作数都是字符串类型时,字符串将按一个一个字符自左到右进行比较,一旦发现有不同字符马上停止比较,只比较这个位置两个不同字符的字符编码数值,这个数值即字符在 Unicode 编码集中的数值。如"abcd"和"abda"进行比较,只会比较第一个操作数的字符"c"和第 2 个操作数的字符"d"的编码值。由于大小写字母的 Unicode 编码值不同,所以在比较字符串时,常需要使用 String. toLowerCase()方法把字符串统一转换为小写字母或用 String. toUpperCase()方法把字符串统一转换为大写字母。

专家点拨 Unicode 是一种字符编码方法,由国际组织设计,可以容纳全世界所有语言文字的编码。

关于等于的概念在 JavaScript 中有着更复杂的含义,"＝＝"和"＝＝＝"两个符号都是用于测试两个操作数的值是否相等,操作数可以使用任意数据类型。但"＝＝"与"!＝"对操作数的一致性要求比较宽松，可以通过数据类型转换后进行比较，而"＝＝＝"与"！＝＝＝"对操作数的一致性要求比较严格，虽然该运算符不要求两侧的操作数类型相同，但是只有在两个操作数类型相同并且属性值相同的情况下，才会返回 true，否则返回 false。且不会自动转化操作数的类型。

程序 9-8 为比较运算符的应用实例。

```html
<!-- 程序 9-8.html -->
<html>
    <head>
        <meta http-equiv="Content-Type" content="text/html; charset=gb2312" />
        <title>比较运算符的应用</title>
    </head>
    <body>
        <script type="text/javascript">
            document.write("""10>20"操作后返回的值为: " + (10>20) + "<br />");
            document.write("""'abc'>'a'"操作后返回的值为: " + ('abc'>'a') + "<br />");
            document.write("""10>=20"操作后返回的值为: " + (10>=20) + "<br />");
            document.write("""10>=10"操作后返回的值为: " + (10>=10) + "<hr />");
            document.write("""10==10"操作后返回的值为: " + (10==10) + "<br />");
            document.write("""'abc'=='abc'"操作后返回的值为: " + ('abc'=='abc') + "<br />");
            document.write("""'abcd'>'abda'"操作后返回的值为: " + ('abcd'>'abda') + "<br />");
            document.write("""10===10"操作后返回的值为: " + (10===10) + "<br />");
            document.write("""'Abc'==='abc'"操作后返回的值为: " + ('abc'==='abc') + "<br />");
            document.write("""'10'==10"操作后返回的值为: " + ('10'==10) + "<br />");
            document.write("""'10'===10"操作后返回的值为: " + ('10'===10) + "<hr />");
            document.write("""10!=10"操作后返回的值为: " + (10!=10) + "<br />");
            document.write("""'10'!==10"操作后返回的值为: " + ('10'!==10) + "<br />");
        </script>
    </body>
</html>
```

本例的浏览器解析运行的结果如图 9-9 所示，从浏览结果可以很清楚地看到各关系运算符的用法。

图 9-9　比较运算符的运用示例

9.4.4 逻辑运算符

逻辑运算符包括逻辑与(&&)、逻辑或(||)及逻辑非(!)三个运算符,用来执行布尔运算。其中逻辑与(&&)与逻辑或(||)是二元运算符,逻辑非(!)是一元运算符。

逻辑运算符要求两个操作数都必须是布尔类型的操作数或是可以转换成布尔类型的操作数,其运算结果返回 true 或 false,它们的优先级大小关系是:! > && > ||。在 JavaScript 中,所有非 0 的数值型数据可看作 true,而 0 和 NaN 则可看作 false,故即便是逻辑运算符的返回结果为数值型,也可以看做是 true 或 false。字符串当且仅当为空时被认为是 false。对于对象而言,null 的对象可以被转成 false,非 null 的对象可以被转成 true。

(1) 逻辑与(&&)的运算规则是,只有它两侧的操作数的值同时为 true,运算结果才为 true,其余情况运算结果为 false。

(2) 逻辑或(||)的运算规则是,只要它两侧的操作数的值有一个为 true,运算结果就为 true,其余情况运算结果为 false。

(3) 逻辑非(!)是一元运算符,其运算优先级在操作的前面,运算时对操作数的原布尔值取反。即当操作数的值为 true 时,逻辑非运算符返回的值为 false,反之为 true。

程序 9-9 为逻辑运算符的应用实例。

```html
<!-- 程序 9-9.html -->
<html>
    <head>
        <meta http-equiv="Content-Type" content="text/html; charset=gb2312" />
        <title>逻辑运算符的应用</title>
        <script type="text/javascript">
            var sum1 = 1 > 2;
            var sum2 = 1 < 2;
        </script>
    </head>
    <body>
        说明: sum1 = 1 > 2, sum2 = 1 < 2。<hr />
        <script type="text/javascript">
            document.write("<h3>逻辑与运算符示例</h3>");
            document.write(""sum1&&sum2"操作后返回的值为: " + (sum1&&sum2) + "<br />");
            document.write(""sum1&&true"操作后返回的值为: " + (sum1&&true) + "<br />");
            document.write(""sum2&&true"操作后返回的值为: " + (sum2&&true) + "<br />");
            document.write(""sum1&&false"操作后返回的值为: " + (sum1&&false) + "<br />");
            document.write(""sum2&&false"操作后返回的值为: " + (sum2&&false) + "<br />");
            document.write(""0&&5"操作后返回的值为: " + (0&&5) + "<br />"); //结果可看做
//是 false
            document.write(""3&&5"操作后返回的值为: " + (3&&5) + "<br />"); //结果可看做
//是 true
            document.write(""5&&3"操作后返回的值为: " + (5&&3) + "<br />");
            document.write(""'中国人'&&3"操作后返回的值为: " + ('中国人'&&3) + "<br />");
            document.write(""3&&'中国人'"操作后返回的值为: " + (3&&'中国人') + "<br />");
            document.write("<h3>逻辑或运算符示例</h3>");
            document.write(""sum1||sum2"操作后返回的值为: " + (sum1||sum2) + "<br />");
```

```
            document.write(""sum1||true"操作后返回的值为: " + (sum1||true) + "< br />");
            document.write(""sum2||true"操作后返回的值为: " + (sum2||true) + "< br />");
            document.write(""sum1||false"操作后返回的值为: " + (sum1||false) + "< br />");
            document.write(""sum2||false"操作后返回的值为: " + (sum2||false) + "< br />");
            document.write("< h3 >逻辑或运算符示例</h3 >");
            document.write(""!sum2"操作后返回的值为: " + (!sum2) + "< br />");
            document.write(""!sum1"操作后返回的值为: " + (!sum1) + "< br />");
            document.write(""!5"操作后返回的值为: " + (!5) + "< br />");
            document.write(""!0"操作后返回的值为: " + (!0) + "< br />");
            document.write(""!'中国人'"操作后返回的值为: " + (!'中国人') + "< br />");
        </script >
    </body >
</html >
```

本例的浏览效果如图 9-10 所示。需要注意的是,在进行逻辑与运算时,首先要计算第一个操作数,即 && 左边的表达式,如果它的值为 false,或可能被转换为 false(null,NaN, 0,undefined),则它将返回左边表达式的值作为逻辑与运算的结果;否则,它将计算第二个操作数,即 && 右边的表达式,并返回第二个操作数的值作为逻辑与运算的结果。如本例中的第 20 行至第 24 行代码的结果。

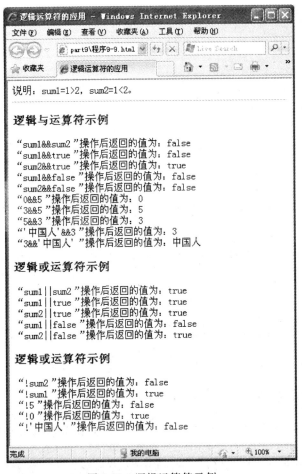

图 9-10　逻辑运算符示例

9.4.5 条件运算符

条件运算符是一个三元运算符,其语法格式是:

操作数 1?操作数 2: 操作数 3

它有 3 个操作数,第 1 个操作数的值是布尔型,通常是由一个表达式计算出来,第 2 个操作数和第 3 个操作数可以是任意类型的数据或者任意类型的表达式。运算规则是:如果第 1 个操作数的值为真,则条件表达式的值就是第 2 个操作数的值;反之,如果第 1 个操作数的值为假,则条件表达式的值就是第 3 个操作数的值。

程序 9-10 为 JavaScript 条件运算符应用实例。

```html
<!-- 程序 9-10.html -->
<html>
    <head>
        <title>JavaScript 条件运算符应用</title>
        <script type = "text/javascript" language = "javascript">
            var m = 20,n = 15;
            document.writeln(m > n? "m 大于 n":"m 小于 n");
        </script>
    </head>
    <body>
    </body>
</html>
```

在本例中,document. writeln(m>n? "m 大于 n": "m 小于 n");语句的运算过程如下。

(1) 先判断 x>y 的返回值,为 true。

(2) 返回字符串"m 大于 n",然后使用 document. writeln()将返回的字符串输出。

本例的浏览结果如图 9-11 所示。

图 9-11 条件运算符的应用示例

9.4.6 其他运算符

在 JavaScript 中,除以上介绍的常用运算符外,经常还会用到逗号运算符(,)、新建运算符(new)、删除运算符(delete)、typeof 运算符等。

(1) 逗号运算符(,):为二元运算符。其运算规则是首先计算其左边表达式的值,然后计算其右边表达式的值,最右边表达式的值就是整个表达式的属性值。如:x＝(a＝9＊5,a＋8/3);执行过程为先计算 a＝9＊5,得出 a＝45,再计算 a＋8/3,即 45＋8/3,结果为 47,最后 x 的值即为 47。

(2) 新建运算符(new):为一元运算符。该运算符可以创建一个新的自定义对象或 JavaScript 内置的对象。如:var studentArray＝new Array("Jacky","Tom","Lucy");表示创建了一个数组对象 studentArray,其中的元素有"Jacky"、"Tom"及"Lucy"三个。

(3) 删除运算符(delete):用来删除对象、对象的属性或指定的数组和数组元素,也可以用来删除一个变量。如果删除成功,则返回 true,否则返回 false。

使用删除运算符删除变量、对象、对象的属性或指定的数组和数组元素时会有一些限制,这些限制表现在下面几点。

① delete 可以删除没有用关键字 var 定义的变量、没有用 var 关键字定义的对象、对象自定义的属性、数组元素。但不能用来删除用 var 定义的变量、对象、数组。

② 删除未定义的变量、对象、对象的属性或指定的数组元素都会返回 true。

③ 删除后的变量、对象、数组都不能被访问。

④ 被删除的数组元素、对象属性仍然可以被访问,只是元素返回值为 undefined。

⑤ 无论是使用了 var 关键字定义的数组,还是没有使用 var 关键字定义的数组,都可以使用 delete 运算符删除其中的元素。

⑥ 删除数组元素后,数组的长度不会发生变化,只是该元素的值被删除。

(4) typeof 运算符:为一元运算符。该运算符可以返回一个字符串,该字符串用于显示操作数的数据类型,其操作数可以是任意类型的操作数。如:typeof("Lucy"),运算结果是 string。表 9-2 列出了 JavaScript 中 typeof 运算符应用的数据类型及运算结果类型。

表 9-2　typeof 运算符应用的数据类型及运算结果类型

数 据 类 型	运 算 结 果	数 据 类 型	运 算 结 果
数值型	number	数组	object
对象	object	函数	function
布尔型	boolean	Null	object
字符型	string	未定义	undefined

程序 9-11 为 JavaScript 中 typeof 的应用实例。

```
<!-- 程序 9-11.html -->
<html>
    <head>
        <title>JavaScript 中 typeof 应用</title>
        <script type = "text/javascript" language = "javascript">
            var  mystring1 = "123";
            var  numberobject = new Number(mystring1);
            document.write(typeof(numberobject),"<br>");
            var numbervalue1 = Number(mystring1);
            document.write(typeof(numbervalue1),"<br>");
            var mystring2 = "234";
```

```
            var numbervalue2 = Number(mystring2);
            document.write(numbervalue2,"<br>");
            var mystring3 = "234 你好";
            var numbervalue3 = Number(mystring3);
            document.write(numbervalue3,"<br>");
        </script>
    </head>
    <body>
    </body>
</html>
```

在本例中，使用 new 运算符调用 Number() 构造函数所创建的是一个对象 numberobject，没有使用 new 运算符而直接调用 Number() 构造函数所创建的是一个数值型变量 numbervalue1。当使用 Number() 函数转换数值时，如果参数中的数据可以转化为数值，则返回该数值；如果参数中的数据不能转化为数值，则返回 NaN。本例的浏览效果如图 9-12 所示。

图 9-12 typeof 的应用示例

9.5 JavaScript 程序控制结构

JavaScript 是一种基于对象和事件驱动并具有安全性能的脚本语言，使用它的目的是与 HTML 超文本标记语言、Java 小程序一起实现在一个 Web 页面中链接多个对象，与 Web 客户实现交互作用，从而可以开发出客户端的应用程序。而要编写 JavaScript 程序完成某项任务，就必须使用语句与函数等知识。要合理设计程序的结构，还要了解 JavaScript 程序中有哪些基本结构。一般在程序中，基本结构主要包括顺序结构、选择结构和循环结构。在本节中主要介绍选择结构、循环结构，而顺序结构比较简单，它按照语句的先后顺序依次执行。

9.5.1 语句和语句块

使用表达式可以返回一个值，语句就是在表达式后加上一个分号。如：

```
a = x + 5;
```

JavaScript 中常见的语句主要包括赋值语句、条件语句、逗号语句、选择语句、循环语句、跳转语句、异常语句和其他语句。

语句块是一组用花括号括起来的语句。如：

```
if (a > b){
    x = 0;
    b = b + 1;
    x = a;
}
```

JavaScript 会逐行执行语句块中的所有语句,除非遇到如 break 语句、continue 语句、return 语句、throw 语句等才会从语句块中跳出,不执行其后的语句。JavaScript 对语句块中的语句多少没有规定,一个语句是一个语句块,多个语句也是一个语句块,只要是使用花括号括起来的语句就是一个语句块。

9.5.2　注释语句

类似于 HTML 的注释,JavaScript 代码也有注释语句,用来对某一段代码进行说明,以提高程序可读性。编写注释是一种良好的程序设计习惯,除了方便查看外,还可以给以后的维护工作带来方便。

JavaScript 中的注释语句分为两种：单行注释和多行注释。单行注释使用双斜线"//"开头,其后面同一行的内容就是注释的内容；多行注释以"/ * "标记开始,以" * /"标记结束,中间所包含的内容都为注释内容。如：

```
< script >
//单行注释: 定义一个名为 m 的变量,并赋值为 20
var m = 20;
/ *  多行注释: 定义一个名为 txt 的变量,
并且其值为
字符串"网页设计" * /
var txt = "网页设计";
</script >
```

9.5.3　选择语句

在执行程序时,不一定都要按编写代码的顺序自上而下进行,很多时候需要根据不同情况,跳转执行相应的一段程序块。选择语句是 JavaScript 中的一种基本控制语句,可以完成程序不同执行路线的判断选择,它通过判断表达式是否成立来选择要执行的语句。常见的选择语句包括 if 语句和 switch 语句两种。

1. if 语句

在 if 语句中,包括简单的 if 语句、单分支的 if…else 语句以及多分支的 if 语句。

（1）简单 if 语句的基本语法如下：

```
if(条件)
    {
    代码段
}
```

语句执行过程为：先判断条件（表达式），若条件成立，就执行代码段；否则，直接执行 if 后面的语句。

（2）单分支 if…else 语句的基本语法如下：

```
if(条件1){
    代码段1
    }
    else {
    代码段2
    }
```

语句执行过程为：先判断条件（表达式），若条件成立，就执行代码段1；否则，执行代码段2。即一定会执行代码段1和代码段2中的一句，且只能执行其中的一句。需要注意的是 else 子句是 if 语句的一部分，它不能作为语句单独使用，必须与 if 配对使用。

（3）多分支的 if 语句。

在程序复杂时还可能需要判断多个条件表达式，这将产生更多的执行路线，有多个条件表达式的基本语法如下：

```
if (条件1){
    代码段1
}else if(条件2){
        代码段2
    }else {
        代码段3
    }
```

语句执行过程为：先判断条件1（表达式1），若条件1成立，则执行语句1后，退出该 if 结构；否则，再判断条件2（表达式2），若条件2成立，则执行语句2后，退出该 if 结构；否则，再判断条件3（表达式3），若条件3成立，则执行语句3后，退出该 if 结构。

程序 9-12 为 JavaScript 选择结构 if 语句应用实例。

```html
<!-- 程序 9-12.html -->
<html>
<head>
<title>JavaScript 选择结构 if 语句应用</title>
<script type = "text/javascript" language = "javascript">
    var x = 20;
    if(x < 10) {
      document.write("x 小于 10");
    }
```

```
        else if(x>=10&&x<=30){
           document.write("x 介于 10 与 30 之间");
        }
        else{
           document.write("x 大于 30");
        }
     </script>
     </head>
     < body >
     </body>
     </html>
```

在本例中,先判断 x<10 表达式是否为真,如果为真,就执行其后的语句;否则就不执行其后的语句。再判断 x>=10&&x<=30 表达式是否为真,在本实例中,该条件为真,所以执行其后的语句"document. write("x 介于 10 与 30 之间");"。本例的浏览效果如图 9-13所示。

图 9-13　if 语句的应用示例

2. switch 语句

根据所设立的条件不同,程序执行不同的代码,在网页中可用于判断不同情况下网页产生的不同行为。虽然 if 语句可以完成条件的逻辑控制,但这并不是最好的编程方式,尤其是当所有选择结构都控制同一个变量进行判断的时候,每个 if 语句分支都要检测一次变量值,这在时间和资源上都是一种浪费。且 if 语句在判断条件过多时,代码格式易混乱,使得程序条理性很差,JavaScript 针对这种情况提供了更有效的 switch 语句。其语法格式如下:

```
switch(条件表达式){
case 值 1:代码段 1;break;
case 值 2:代码段 2;break;
case 值 3:代码段 3;break;
case 值 4:代码段 4;break;
```

...
default:代码段 n;
}

从语法格式上看,switch 语言相对于 if 语句,更为工整、条理清晰,编写代码时也不易出错。switch 语句的执行过程也不复杂,如果条件表达式的结果为值 1,则程序将执行代码段 1,break 代表其他语句全部跳过,依次类推。最后一个 default 的情况,类似于 else,即条件表达式和以上值都不相等,则执行代码段 n。

程序 9-13 为 JavaScript 选择结构 switch 语句应用实例。

```html
<!-- 程序 9-13.html -->
<html>
<head>
<title>JavaScript 选择结构 switch 语句应用</title>
<script type = "text/javascript" language = "javascript">
    function myChoice()
  {
      var selectValue = myForm1.mySelect.value;
      switch(selectValue)
      {
        case "Java":
            alert("你选择的是 Java");
            break;
        case "JavaScript":
            alert("你选择的是 JavaScript");
            break;
        case "C + +":
            alert("你选择的是 C + +");
            break;
        default:
            alert("你没有合适的选择!");
            break;
      }
  }
</script>
</head>
<body>
<form name = "myForm1">
    <select name = "mySelect">
        <option value = "Java">Java</option>
        <option value = "JavaScript">JavaScript</option>
        <option value = "C ++">C ++</option>
    </select>
    <input type = "button" value = "确定" onclick = "myChoice()">
</form>
</body>
</html>
```

在本例中,创建了一个下拉列表框和一个按钮。在下拉列表框中选择任意一个选项后,单击"确定"按钮，系统将会调用 myChoice()函数判断用户在下拉列表框中的选择项。本例的浏览效果如图 9-14 所示。

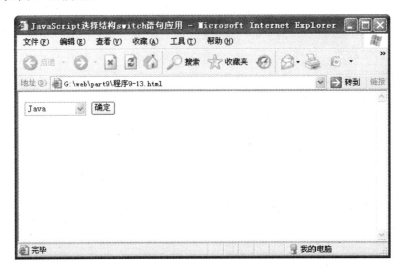

图 9-14　switch 语句的应用示例

本程序中 switch 语句的执行过程如下。

（1）先获取变量 selectValue 的值。该值为下拉列表框中选中的选项的值，也就是选中的 option 元素的 value 值。

（2）假设选中字符串"JavaScript"，则计算机自动会跟 case 后面的常量配对，然后执行其后面的语句，碰到 break 语句时，结束整个 switch 语句。

9.5.4　循环语句

在编写程序的时候，经常需要程序重复多次执行相同的代码，直到某个条件成立。JavaScript 提供了各种循环语句完成这项功能，循环是程序高效率的体现，善用循环，代码结构将得到最大的简化。JavaScript 中的循环语句包括 while 语句、do…while 语句、for 语句三种。

1．while 循环语句

这是一种常用的循环，允许 JavaScript 多次执行同一个代码段，一般用于不知道循环次数的情况。其语法格式如下：

```
while(条件表达式){
循环体
}
```

while 语句执行规则是先判断后执行，也就是如果循环条件为 true，就执行其后面的循环体，否则结束循环体，执行后面的语句。

程序 9-14 为 while 语句的应用实例。

```
<!-- 程序 9-14.html -->
<html>
    <head>
        <meta http-equiv="Content-Type" content="text/html; charset=gb2312" />
        <title>while 循环语句</title>
        <style type="text/css">
            body{text-align:center;}
        </style>
    </head>
    <body>
        <div id="main">
            <script type="text/javascript">
                var i=1;
                while (i<=10){
                    document.write("数字"+i+"<br />");
                    i++;
                }
            </script>
        </div>
    </body>
</html>
```

本例的作用是将"数字 i"按 1 至 10 的顺序重复显示 10 次,浏览效果如图 9-15 所示,如果本例不使用循环语句,完成本例是非常麻烦的。在本例中,使用变量 i 做计数器,并且 i 的初值为 1,循环条件是 i 必须小于等于 10,通过 i++ 语句,每次循环执行代码后 i 都会自增 1,直到 i 的值为 11,循环才停止。

while 循环语句的编写,循环体内的代码段有可能一次都不会执行,如本例中 i 的初始值为 11,程序将直接跳过循环,执行后面的语句。

2. do…while 循环语句

do…while 循环和 while 循环很类似,只是把条件表达式的判断放在后面,其语法格式如下:

图 9-15　while 语句的应用

```
do{
循环体
}while(条件表达式);
```

do…while 循环语句执行规则是先执行后判断,也就是不管循环条件是否为真,先执行一次循环体,然后再进行条件表达式的判断,如果条件为 true,则继续执行循环体,否则结束循环体。所以 while 的循环体最少执行 0 次,do…while 的循环体最少执行 1 次。

程序 9-15 为 do…while 循环的应用实例。

```
<!-- 程序 9-15.html -->
<html>
    <head>
        <meta http-equiv = "Content-Type" content = "text/html; charset = gb2312" />
        <title>do...while 循环语句</title>
        <style type = "text/css">
            body{text-align:center;}
        </style>
    </head>
    <body>
        <div id = "main">
            <script type = "text/javascript">
                document.write("变量 i 初始值满足条件表达式的情况:<hr />");
                var i = 1;
                do{
                    document.write("数字" + i + "<br />");
                    i++;
                }while (i<10);
                document.write("变量 i 初始值不满足条件表达式的情况:<hr />");
                var i = 20;
                do{
                    document.write("数字" + i + "<br />");
                    i++;
                }while (i<10);
            </script>
        </div>
    </body>
</html>
```

　　本例的浏览效果如图 9-16 所示。在一般的使用中,do…while 循环和 while 循环没有区别,但由于判断条件的先后关系,在本例的第 2 个循环语句中,即使条件表达式的值为 false,do…while 循环仍然执行一次循环体,输出变量 i 的初始值。

图 9-16　do…while 循环的应用示例

专家点拨 由于 do⋯while 循环至少执行一次代码,所以在大多数应用中,while 循环更为常用。

3. for 循环语句

JavaScript 中的 for 循环语句有比较完整的循环结构,相对来说比 while 循环更为方便,结构更清晰。类似于 while 循环,for 循环有一个初始化的变量作为计数器,每循环一次计数器自动增1(或自动减1),并设立一个终止循环的条件表达式。for 语句的语法格式如下:

```
for(表达式1; 表达式2; 表达式3){
    循环体
}
```

语法格式中的表达式1用于循环变量的初始化;表达式2用于循环条件的判断;表达式3用于循环变量的更新。当表达式2缺省不写时,系统默认循环条件永远为真,此时,一般通过选择语句和 break 语句结束循环,否则程序会进入死循环。

程序 9-16 为 for 语句的应用实例。

```html
<!-- 程序 9-16.html -->
<html>
    <head>
        <title> JavaScript 循环结构 for 语句应用</title>
        <script type = "text/javascript" language = "javascript" >
            var i;
            var sum = 0;
            for(i = 0;i < = 50;i + + )
            sum + = i;
            document.write("1 到 50 数字之和为:" + sum);
        </script>
    </head>
    <body>
    </body>
</html>
```

在本例中,先对循环变量 i 赋初值 1,然后对循环条件 i<=50 进行判断,当循环条件为真就执行其后的循环体,循环体总共执行了 50 次,最后把 1 到 50 数字的和输出。浏览后的效果如图 9-17 所示。

4. for⋯in 循环语句

在一般的网页应用中,一个计数器变量即可满足需求,JavaScript 还有另一种形式的 for 循环,即 for⋯in 循环,用于循环处理 JavaScript 对象,如对象的属性等。关于对象的概念会在第 10 章讲解。for⋯in 循环的语法格式如下:

```
for(声明变量 in 对象){
    循环体
}
```

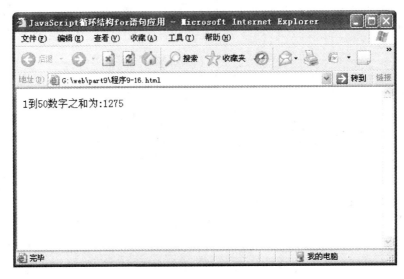

图 9-17　for 语句的应用示例

其中声明的变量用于存储循环运行时对象中的下一个元素，for…in 的执行过程即对对象中每一个元素执行循环体中的语句。由于每个对象的属性不同，所以循环的次数是未知的，且循环的顺序也是未知的。

程序 9-17 为 for…in 语句的应用实例。

```html
<!-- 程序 9-17.html -->
<html>
    <head>
        <meta http-equiv="Content-Type" content="text/html; charset=gb2312" />
        <title>for...in 循环语句</title>
        <style type="text/css">
            body{text-align:center;}
        </style>
    </head>
    <body>
    <div id="main">
        <script type="text/javascript">
          var ballArray = new Array("篮球","足球","网球","乒乓球","棒球","排球");
          for(var ball in ballArray){
            if (ballArray[ball] == "篮球"){
            document.write(ballArray[ball] + "------- i love this game<br />");
            }else{
                document.write(ballArray[ball] + "<br />");
            }
          }
        </script>
    </div>
    </body>
</html>
```

数组是一种特殊的对象类型，可以存储多个数据，类似于多个变量的集合，并通过索引访问。本例是以数组为例，展示 for…in 循环的作用。本例的浏览效果如图 9-18 所示。

图 9-18　for…in 循环的应用示例

9.6　JavaScript 函数的使用

在编写程序时，为了方便日后的维护以及让程序更结构化，通常都会把一些重复使用的代码独立出来，这种独立出来的代码块就是函数。函数是独立于主程序而存在的、拥有特定功能的程序代码块，并且这个代码块可以在主程序或其他函数中根据需要而被调用。如果将代码块独立成为函数，可以让日后的维护变得方便和简洁。

9.6.1　函数的定义和使用

函数分为系统函数和用户自定义函数两种，如果一个函数是 JavaScript 内置的函数，就称为系统函数；如果一个函数是程序员自己编写的函数，就称为自定义函数。

1. 定义函数

在 JavaScript 中，函数既是常见的数据类型，也是对象。可使用 function 语句定义函数，也可使用 function() 构造函数来定义函数，甚至还可以在表达式中直接定义和使用函数。

使用 function 语句来定义一个函数的语法格式如下：

```
function 函数名(参数 1,参数 2…){
    <语句块>
    return 返回值;
}
```

使用 function() 构造函数来定义函数的语法格式如下：

```
var 函数名 = new function("参数 1", "参数 2", "参数 3"…, "函数体");
```

程序 9-18 为 JavaScript 函数应用实例。

```
<!-- 程序 9-18.html -->
< html >
    < head >
        < title > JavaScript 函数应用</title >
        < script type = "text/javascript" language = "javascript" >
            var x = 20, y = 22;
            function sum(){
                return x + y;
            }
            document.write(sum(),"< br >");
            var mysum = new
            Function("x","y","var resum = x + y;return resum;");
            document.write(mysum(x,y));
        </script >
    </head >
    < body >
    </body >
</html >
```

在本例中,采用了两种方法来创建函数,一种是使用 function 语句形式,另一种是使用 function()构造函数定义函数,最后输出函数的属性值。浏览结果如图 9-19 所示。

2. 函数的使用

函数能简化代码,将程序划分为多个独立的功能模块,并且可复用代码(类似于 CSS)。JavaScript 还提供了大量内置的函数可以直接调用,如前面例题中用

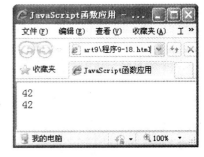

图 9-19　函数的应用示例

过的 write()方法,本身就是一个内置的函数,而 write()括号中的字符串即传递的参数。JavaScript 内置函数非常多,以下实例展示了部分 JavaScript 的函数。

程序 9-19 为 JavaScript 内置函数的使用实例。

```
<!-- 程序 9-19.html -->
< html >
    < head >
        < meta http - equiv = "Content - Type" content = "text/html; charset = gb2312" />
        < title >JavaScript 内置数学函数演示</title >
        < style type = "text/css">
            body{text - align:center;}
            #content{ width:200px;
                      height:100px;
                      position:absolute;
                      left:0px;
                      top:0px;
                      background: #eee;}
        </style >
```

```
    </head>
    <body>
        <div id = "main">
            <script type = "text/javascript">
                document.write("100 和 200 之间较大的数是: " + Math.max(100,200));
                document.write("< br />100 和 200 之间较小的数是: " + Math.min(100,200));
                document.write("< br /> 0~1 之间取随机数值是: " + Math.random(100));
                document.write("< br /> 0~100 之间取随机数值是: " + Math.random(100) * 100);
                document.write("< br />您的浏览器类型是: " + window.navigator.appName);
            </script>
            <button onclick = "window.close();">关闭本窗口</button>
        </div>
    </body>
</html>
```

本例的浏览效果如图 9-20 所示,从本例可见只要合理使用 JavaScript 的内置函数,可以编写很多动态功能,使 HTML 网页不再是静止的文档。

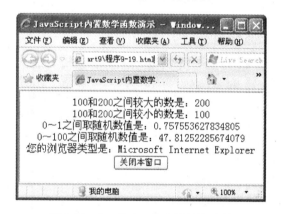

图 9-20 JavaScript 的内置函数示例

9.6.2 函数的参数传递

众多的 JavaScript 内置函数在使用时,几乎都需要传递参数。如 window 对象的 alert()方法、confirm()方法等,函数将根据不同的参数通过相同的代码处理,得到设计者所期望的功能。而自定义函数同样可以传递参数,并且个数不限,定义函数时所声明的参数叫做形式参数。形式参数在函数体内参与代码的运算,而实际调用函数时需传递相应的数据给形式参数,这些数据称为实际参数。

程序 9-20 为自定义函数的参数传递实例。

```
<!-- 程序 9-20.html -->
<html>
    <head>
        <meta http - equiv = "Content - Type" content = "text/html; charset = gb2312" />
        <title>自定义函数参数传递</title>
        <script type = "text/javascript">
```

```
                    function math(x,y){
                         z = x + y * 2;
                    }
              </script>
              <style type="text/css">
                   body{text-align:center;}
              </style>
        </head>
        <body>
              <div id="main">
                   <script type="text/javascript">
                        var z;
                        math(12,5);
                        document.write("12+5*2 的结果是：" + z);
                   </script>
              </div>
        </body>
  </html>
```

本例的浏览效果如图 9-21 所示。

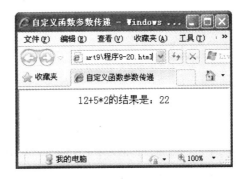

图 9-21　自定义函数参数传递

本例中，函数定义部分的 x 和 y 为形式参数，而调用函数括号中的 12 是第 1 个实际参数，对应形式参数 x，括号中的 5 是第 2 个实际参数，对应形式参数 y。形式参数就像一个变量，当调用函数时，实际参数赋值给形式参数，并参与实际运算。不过在定义函数时，形式参数只是代表了实际参数的位置和类型，系统并未为其分配内存存储空间。

9.6.3　函数的作用域和返回值

变量的作用域即变量在多大的范围是有效的，在主程序（函数外部）中声明的变量称为全局变量。其作用域为整个 HTML 文档。在函数体内部用 var 声明的变量为函数局部变量，只有在其所属的函数体内才有效，在函数体外该变量没有任何意义。

程序 9-21 为变量的作用域应用实例。

```
<!-- 程序 9-21.html -->
<html>
```

```
    < head >
        < meta http - equiv = "Content - Type" content = "text/html; charset = gb2312" />
        < title >变量的作用域</title >
        < script type = "text/javascript">
            function funVar(){
                var txt = "函数内部的局部变量";
                document.write("这是" + txt);
                document.write("< br >这是" + txt2);
            }
        </script >
    </head >
    < body >
        < div id = "main">
            < script type = "text/javascript">
                var txt = "函数外部的全局变量";
                var txt2 = "另外一个全局变量";
                funVar();
                document.write("< hr >这是" + txt);
            </script >
        </div >
    </body >
</html >
```

本例的浏览效果如图 9-22 所示。

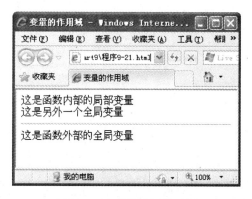

图 9-22　变量的作用域示例

在本例中,在函数内部声明和全局变量同名的变量,函数内部优先使用局部变量(同一函数体中)。即同名的局部变量和全局变量只是标识符相同,其分配的存储空间不同,所以可以存储不同数据。函数不仅仅可以执行代码段,其本身还将返回一个值给调用的程序,类似于表达式的计算。

函数返回值需使用 return 语句,该语句将终止函数的执行,并返回指定表达式的值。其实所有的函数都有返回值,当函数体内没有 return 语句时,JavaScript 解释器将在末尾添加一条 return 语句,返回值为 undefined。一般情况下,要获得函数的返回值,通常有以下几种方法。

(1) 将函数的返回值赋给变量、数组元素或对象属性。

（2）将函数的返回值作为数据在表达式中进行运算。

（3）将函数的返回值输出。

程序 9-22 为函数返回值的应用实例。

```html
<!-- 程序 9-22.html -->
<html>
    <head>
        <meta http-equiv = "Content-Type" content = "text/html; charset = gb2312" />
        <title>函数返回值</title>
        <script type = "text/javascript">
          function funReturn(){
            var a = 100;
            var b = Math.sqrt(a);
            return b/2 + a;
          }
          function funReturn2(){
            var a = 100;
            var b = Math.sqrt(a);
            var c = b/2 + a;
          }
        </script>
    </head>
    <body>
        <div id = "main">
          <script type = "text/javascript">
            document.write("第 1 个函数的返回值为: " + funReturn());
            document.write("< hr />第 2 个函数的返回值为: " + funReturn2());
          </script>
        </div>
    </body>
</html>
```

本例的浏览效果如图 9-23 所示。

图 9-23　函数返回值的应用示例

本例的两个函数中，第一个函数采用"return b/2＋a;"语句，得到了一个返回值，而第二个函数没有写返回语句，JavaScript 的解释器在末尾自动添加一条 return 语句，故返回值为 undefined。

9.7 上机练习与指导

9.7.1 猜数游戏

本节主要练习在 HTML 文件中编写 JavaScript 程序的基本操作,熟练掌握 JavaScript 中的 if 条件语句。程序运行的效果如图 9-24 所示。

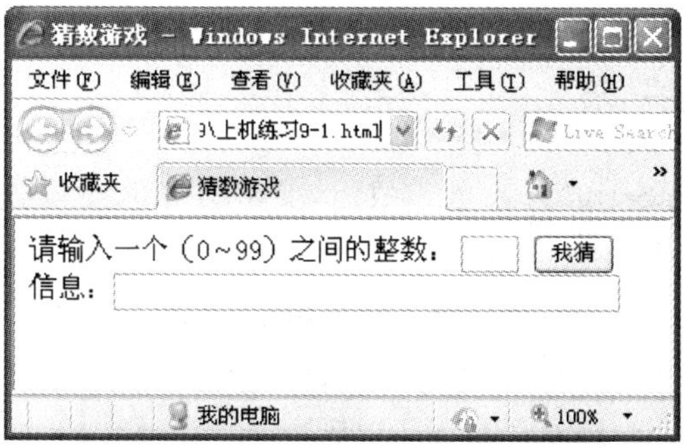

图 9-24 猜数游戏效果图

参考代码如下。

```html
<!-- 上机练习 9-1.html -->
<html>
<head>
    <title>猜数游戏</title>
    <script language = "javascript">
        n = Math.floor(Math.random() * 100);
        function numGame(){
            num = form1.num.value;
            str = "";
            s = "你输入的数字";
            if(num < 0 || num > 99){
                str = s + "超过了 0~99 的范围";
            }
            else{
                if(num > n) str = s + "太大了";
                if(num < n) str = s + "太小了";
                if(num == n){
                    str = "恭喜你猜对了!";
                    alert(str);
                }
            }
            form1.info.value = str;
        }
    </script>
</head>
```

```
        < body >
            < form name = "form1">
                请输入一个(0～99)之间的整数:
                < input type = "text" name = "num" size = "3">
                < input type = "button" value = "我猜" onclick = "numGame()">
                < br >
                信息: < input type = "text" name = "info" size = "40">
            </ form >
        </ body >
    </ html >
```

9.7.2　数组的应用

本节练习如何用 JavaScript 语句创建数组,要求熟练地使用数组的常见函数 sort() 和 join()。本程序运行的效果如图 9-25 所示。

图 9-25　数组应用效果图

参考代码如下。

```html
<!-- 上机练习 9 - 2.html -->
< html >
    < head >
        <title>数组的应用</title>
    </ head >
    < h3 > Example:数组的应用</ h3 >
    < pre >
    < script language = "javascript">
        var studentArray = new Array("jacky","lily","lucy");
        document.writeln(studentArray.join());
        document.writeln(studentArray.join(";"));
        var numberArray = new Array(200,120,75,38,0);
        document.writeln(numberArray.sort());
        document.writeln(numberArray.sort(function(x,y){return x - y;}));
    </ script >
    </ pre >
    </ body >
</ html >
```

9.8 本章习题

一、选择题

1. 显示语句"nice to meet you!"的 JavaScript 语法是下列哪项？（   ）

    A. document. write("nice to meet you! ");

    B. "nice to meet you! "

    C. "nice to meet you! ";

    D. response. write("nice to meet you! ");

2. 定义 JavaScript 数组的正确方法是下列哪项？（   ）

    A. var array＝new Array"lily","lucy","yoyo"；

    B. var array＝new Array(1："lily",2："lucy",3："yoyo")；

    C. var array＝new Array("lily","lucy","yoyo")；

    D. var array＝new Array：1＝("lily")2＝("lucy")3＝("yoyo")

3. 一般在下面哪个 HTML 元素中放置 JavaScript 代码？（   ）

    A. ＜script＞   B. ＜javascript＞   C. ＜js＞   D. ＜scripting＞

4. JavaScript 特性不包括下列哪项？（   ）

    A. 解释性   B. 用于客户端   C. 基于对象   D. 面向对象

5. 下列 JavaScript 判断语句中正确的是哪项？（   ）

    A. if(j＝＝＝1)   B. if(i＝1)

    C. if i＝＝＝1 then   D. if i＝1 then

6. 下列 JavaScript 的循环语句中正确的是哪项？（   ）

    A. for(i＝1;i＜＝10)   B. for(i＝1;i＜＝10;i＋＋)

    C. for i＝1 to 10   D. if(i＜＝10;i＋＋)

7. 有以下一段程序：

```
var a1 = 10; var a2 = 20;
alert("a1 + a2 = " + a1 + a2);
```

执行后的结果为下列哪项？（   ）

    A. a1＋a2＝30   B. a1＋a2＝1020

    C. a1＋a2＝a1＋a2   D. "a1＋a2＝"30

二、填空题

1. 在编程语言中,程序的结构有_____。

2. _____语句是作为一种分支选择的结构语句,它可以在多条语句中进行判断,符合条件就执行条件后面的语句,否则程序会继续往下执行。

3. JavaScript 的注释语句中,单行注释使用_____开头。

4. 定义函数时所声明的参数叫做_____。而实际调用函数时需传递相应的数据,称为_____。

5. JavaScript 中的_____循环,用于循环处理 JavaScript 对象。

第 10 章

JavaScript核心对象

　　JavaScript 是基于对象的脚本编程语言,它的输入输出都是通过对象来完成的。JavaScript 提供了多种对象以供程序使用,包括内置对象、浏览器对象及文档对象。本章主要学习 JavaScript 的一些核心对象,有了这些对象的帮助,在处理问题时将轻松很多。

本章主要内容:
- JavaScript 对象简介;
- JavaScript 内置对象;
- 浏览器对象模型;
- 文档对象模型。

10.1　JavaScript 对象简介

　　前面讲到,JavaScript 是一种基于对象和事件驱动的脚本语言,之所以说 JavaScript 是"基于"对象的语言,而不说是"面向"对象的语言,原因在于 JavaScript 没有提供抽象、继承、重载等有关面向对象语言的相关功能,而是把其他语言所创建的复杂对象统一起来,从而形成一个非常强大的对象系统。虽然 JavaScript 语言是基于对象的,但它还是具有一些面向对象的基本特征,可以根据需要创建自己的对象,从而进一步扩大 JavaScript 的应用范围,增强编程功能。

10.1.1　JavaScript 对象的概念

　　JavaScript 的基于对象,使网页设计者能定义自己的对象和变量类型,同时,JavaScript 自身也提供了大量的对象。

　　对象在 JavaScript 中是一种特殊的数据,每个对象都有它自己的属性、方法和事件。属性是反映该对象的某些特征,如字符串的长度、图像的宽度、文字框里的文字等;方法则反映该对象可以完成的一些功能,如表单的"提交"、窗口的"滚动"等;而对象的事件则是指能响应发生在对象上的事情,如提交表单产生的"提交事件",单击链接产生的"单击事件"等。但并不是所有的对象都具有以上 3 个性质,有些可能没有事件,有些可能只有属性,要根据具体的对象而定。

　　引用对象的任何一种"性质",都是使用"对象名.性质名"的格式。如对于字符串变量,可以使用 length 属性取得它的长度,其书写方式如下:

```
var txt = "Welcome to China!"
document.write(txt.length);
```

同时对象在 JavaScript 中也是一种特殊的数据类型,它将多个数据集中在一个内存单元中,运行时可以使用相应的名称来存取这些值,存储在对象中的值可以是数值或字符串,也可以是对象。

10.1.2　JavaScript 对象的分类

根据对象的作用范围,JavaScript 主要提供了以下两大类对象。

(1) 基本内置对象:内置对象简单来说就是 JavaScript 定义的类,主要包括数组对象(Array)、逻辑对象(Boolean)、日期对象(Date)、数学对象(Math)、数值对象(Number)、字符串对象(String)、正则表达式对象(RegExp)等。

(2) 宿主对象:指浏览器对象模型(BOM)和文档对象模型(DOM)中的对象,其中 BOM 包括 Window 对象、Navigator 对象、Screen 对象、History 对象、Location 对象等。DOM 则包括 Document 对象、Anchor 对象、Area 对象、Base 对象、Body 对象、Button 对象、Form 对象、Frame 对象、Image 对象、Object 对象、Option 对象、Select 对象、Table 对象、Textarea 对象等。

这些对象描述了与在 Web 浏览器运行 JavaScript 相关的信息,其中许多对象之间通过属性值的形式互相交织在一起。例如为了访问文档中的图像,需要使用 document.images 数组,而该数组的每一个元素都是一个 image 对象。

由于 JavaScript 对象类型过多,介于篇幅所限,本章主要介绍几个常用的核心对象,其他对象读者可参考相关资料。

10.2　JavaScript 内置对象

JavaScript 提供了一些非常有用的常用内置对象供程序使用。例如和系统日期有关的操作可使用日期对象,而和字符有关的操作可使用字符串对象,这些功能不需要用户用脚本来实现,这也正是基于对象编程的优势所在。

10.2.1　字符串对象

字符串在程序中使用非常普遍,它有两种形式,即基本数据类型和对象实例形式,对象实例形式即 String 对象实例。声明一个字符串对象最简单、最常用的方法就是直接赋值,也可以采用对象实例的形式,创建这两种形式的字符串对象的方法如下:

```
var str1 = "Hello World!";
var str2 = new String("Hello World!");
```

当 String() 和运算符 new 一起作为构造函数使用时,它返回一个新创建的 String 对象,存放的是字符串 s 或 s 的字符串表示。

1．String 对象的属性

字符串对象的属性只有两个,一个是 length 属性,用于获取对象中字符的个数,返回一个整型值。另一个属性是 prototype,这个属性几乎每个对象都有,用于扩展对象的属性和方法,在一般的网页编程中,该属性的使用机会不是很多。

程序 10-1 为 String 对象属性的应用实例。

```html
<! -- 程序 10 - 1. html -->
< html >
    < head >
        < meta http - equiv = "Content - Type" content = "text/html; charset = gb2312" />
        < title >字符串对象的属性 </title >
        < script type = "text/javascript">
            function len(){
                var str = document.getElementById("str").value;
                document.getElementById("lennum").value = str.length;
            }
        </script >
        < style type = "text/css">
                body{text - align:center;}
        </style >
    </head >
    < body >
        < input type = "text" id = "str" value = "" /><br />
        < button onclick = "len();">计算字符数量</button><br />
        < input type = "text" id = "lennum" disabled = "disabled" />
    </body >
</html >
```

本例很简单,单击按钮执行 len()函数,函数内将第一个文本控件的 value 值转换为字符串对象实例 str,再通过 str.length 的属性获取字符的数量,然后赋给第二个文本控件的 value 值以显示结果,浏览效果如图 10-1 所示。

图 10-1　String 对象属性的应用示例

2. String 对象的方法

String 类定义了大量操作字符串的方法,主要用于有关字符串在 Web 页面中的显示、字体大小、字体颜色、字符的搜索以及字符的大小写转换等。常用的操作方法如表 10-1 所示。

表 10-1 String 对象的常用方法

方 法	描 述
anchor()	创建 HTML 锚,即创建一个像 HTML 文档中一样的 anchor 标记
big()	用大号字体显示字符串
blink()	显示闪动字符串
bold()	使用粗体显示字符串
charAt()	返回在指定位置的字符
charCodeAt()	返回在指定位置的字符的 Unicode 编码
concat()	连接字符串
fixed()	以打字机文本显示字符串
fontcolor()	使用指定的颜色来显示字符串
fontsize()	使用指定的尺寸来显示字符串
fromCharCode()	从字符编码创建一个字符串
indexOf()	检索字符串,返回某个指定的字符串值在字符串中首次出现的位置
italics()	使用斜体显示字符串
lastIndexOf()	从后向前搜索字符串
link()	将字符串显示为链接
localeCompare()	用本地特定的顺序来比较两个字符串
match()	在字符串内检索指定的值,或找到一个或多个正则表达式的匹配,返回指定的值
replace()	替换与正则表达式匹配的子串
search()	检索与正则表达式相匹配的值
slice()	提取字符串的片断,并在新的字符串中返回被提取的部分
small()	使用小字号来显示字符串
split()	把字符串分割为字符串数组
strike()	使用删除线来显示字符串
sub()	把字符串显示为下标
substr()	从起始索引号提取字符串中指定数目的字符
substring()	提取字符串中两个指定的索引号之间的字符
sup()	把字符串显示为上标
toLocaleLowerCase()	按照本地方式把字符串转换为小写
toLocaleUpperCase()	按照本地方式把字符串转换为大写
toLowerCase()	把字符串转换为小写
toUpperCase()	把字符串转换为大写
toSource()	代表对象的源代码
toString()	返回字符串
valueOf()	返回某个字符串对象的原始值

程序 10-2 为 String 对象操作方法的应用实例。

```html
<!-- 程序 10-2.html -->
<html>
    <head>
        <meta http-equiv="Content-Type" content="text/html; charset=gb2312" />
        <title>字符串对象的操作方法</title>
        <script type="text/javascript">
            var txt = "Hello World!"
            document.write("<p>粗体: " + txt.bold() + "</p>")
            document.write("<p>斜体: " + txt.italics() + "</p>")
            document.write("<p>小写显示: " + txt.toLowerCase() + "</p>")
            document.write("<p>大写显示: " + txt.toUpperCase() + "</p>")
            document.write("<p>显示链接: " + txt.link("http://www.w3school.com.cn") +
"</p>")
            document.write("<p>显示为上标: " + txt.sup() + "</p>")
            document.write("<p>查找 Hello 的位置: " + txt.indexOf("Hello") + "</p>")
            document.write("<p>查找 World 的位置: " + txt.indexOf("World") + "</p>")
            document.write("<p>查找 World: " + txt.match("World") + "</p>")
            document.write("<p>查找 World: " + txt.match("World") + "</p>")
            document.write("<p>将 World 替换为 China: " + txt.replace(/World/,"China"))
        </script>
    </head>
    <body>
    </body>
</html>
```

本例将字符串"Hello World!"用各种方法作了不同的显示，浏览效果如图 10-2 所示，读者可根据最后的效果观察各方法的作用。

图 10-2 字符串对象方法应用示例

10.2.2 数组对象

在大多数的编程语言中都有数组类型,在 JavaScript 中数组是一种特殊的对象。一般的对象是包含多个已命名数据值的复合数据类型,而数组是包含多个已编码数据值的复合数据类型。

1. 创建数组

数组是一种特殊的对象类型,其作用是使用单独的变量名来存储一系列的值。所以创建一个新的数组就类似于创建一个对象实例。可通过 new 运算符和相应的数组构造函数 Array() 来完成数组的创建。其编写方法如下:

```
var myarray = new Array();        //创建一个没有元素的空数组
var myarray = new Array(5);       //创建一个含有 5 个元素的数组,元素的值当前为 undefined
var myarray = new Array("北京","China",2011,true);
                                  //创建一个含有 4 个元素的数组,并赋予相应的值
```

除以上 3 种方法外,还有一种最直接的方法,就是直接把值列表用逗号分隔,然后用方括号包含赋值给变量,编写方法如下:

```
var myarray = ["北京","China",2011,true];
```

这种方法使数组的使用更加方便,创建完数组后,可通过下标访问各个元素。

2. 数组的访问

数组可通过指定的数组名以及下标来访问某个特定的元素。如:document.myarray(myarray[0]),表示输出数组 myarray 的第一个元素。

JavaScript 的数组创建后并不是一成不变的,其元素存储的数据可以根据程序的运行而改变,元素的个数也可以改变,数组的 length 属性(即数组的长度)不仅可读,也可写。如要给数组添加一个新元素,只要直接把数据赋给数组的一个新下标即可,编写方法如下:

```
var myarray = new Array("北京","China",2011,true);
myarray[4] = 100;
```

其上表示为数组 myarray 添加了一个下标为 4 的元素,并存储了数值 100。

JavaScript 的数组是稀疏的,即数组元素下标不是连续存储在内存中的。如创建一个空数组,分别添加一个下标为 0 的元素和一个下标为 100 的元素,内存只会给这两个元素分配空间。添加了新元素后,数组的 length 属性将自动更新,这是数组有别于一般对象的重要属性。当数组的 length 属性值小于元素的个数时,数组的长度将被截断,即后面的元素将被删除;而当数组的 length 属性值大于元素的个数时,数组将会在后面添加若干个值为 undefined 的元素,以填满 length 属性值所指定的元素个数。

程序 10-3 为数组元素的操作实例。

```html
<!-- 程序 10-3.html -->
<html>
    <head>
        <meta http-equiv="Content-Type" content="text/html; charset=gb2312" />
        <title>数组元素的操作</title>
        <script type="text/javascript">
            var myArray = new Array(100,50,20);
        </script>
    </head>
    <body>
    <div id="main">
        <script type="text/javascript">
            document.write("myArray 数组的长度是" + myArray.length);
            myArray[4] = 5;
            document.write("<hr />myArray 数组的第 5 个元素是" + myArray[4]);
            document.write("<hr />myArray 数组的长度是" + myArray.length);
            for(var i = 0; i < myArray.length; i++){
                document.write("<hr />myArray 数组的第" + (i+1) + "个元素是" + myArray[i]);
                }
            myArray.length -= 3;
            document.write("<hr />myArray 数组的长度是" + myArray.length);
            for(var i = 0; i < myArray.length; i++){
                document.write("<hr />myArray 数组的第" + (i+1) + "个元素是" + myArray[i]);
                }
        </script>
    </div>
    </body>
</html>
```

本例使用 var myArray＝new Array(100,50,20);语句创建一个数组,并设数组的初始
长度为 3,各元素的值分别为 100,50,20,然后通过语句 myArray[4]＝5;改变了该数组的长
度,设置数组的第 5 个元素的值为 5。通过中间的 for 循环可以看到改变后的数组的每个
值,接着使用 myArray.length－＝3;语句再次改变了数组的长度,最终的浏览效果如
图 10-3 所示。

3. 数组的方法

数组作为程序中常用的数据类型,JavaScript 提供了很多方法,使用这些方法可以更加
灵活地操作数组。常用的数组方法如下。

(1) join()方法:该方法是使用指定的间隔符将数组中的元素进行拼接,然后以字符串
的形式返回给程序。如:

```javascript
var arr1 = ["a","b","c","d","e"];
var arr1Str = arr1.join("-");
document.write(arr1Str);       //结果显示为: a-b-c-d-e
```

图 10-3　数组元素的访问操作

专家点拨　join()方法无参数时,默认的分隔符为逗号。

（2）concat()方法：其作用是将两个或两个以上的数组进行连接合并,结果返回一个新数组,新数组在返回的同时创建。如：

```
var arr1 = ["a","c"];
var arr2 = ["b","d"];
var arr22 = ["e","f"];
var arr3 = arr1.concat(arr2,arr22);
document.write(arr3);      //结果显示为: a,c,b,d,e,f
```

（3）pop()/push()方法：这两个方法主要用于实现堆栈的操作。push()是入栈,即在数组尾部添加元素,并返回修改后的数组长度。pop()是出栈,即在数组尾部删除一个元素并返回元素值。如：

```
var arr1 = ["a","b"];
arr1.push("c","d");
document.write(arr1);      //结果为: a,b,c,d
var value = arr1.pop();
document.write(value);     //结果为: d
```

（4）reverse()方法：该方法的作用是将数组反向排序,即最后一个元素排在第一个,倒数第二个元素排在第二个,依次类推。如：

```
var arr1 = ["a","b","c"];
arr1.reverse();
document.write(arr1);      //结果为: c,b,a
```

（5）sort()方法：该方法按照指定的排序规则进行排序，如果参数为空，则按照默认的字母和数字进行排序。如：

```
function mySort(o1,o2){
        if(o1.length > o2){
            return 1;
        }
        return - 1;
    }
var arr1 = ["a","c","bd"];
arr1.sort();
document.write(arr1);        //结果为：a,bd,c
arr1.sort(mySort);
document.write(arr1);        //结果为：bd,c,a
```

（6）shift()/unshift()方法：shift()是将数组的第一个元素取出，并返回该元素的值，和pop()方法类似，也是删除数组的元素，只是删除的位置在数组的头部。unshift()的作用是将一个元素插入到数组的第一个位置，类似于 push()方法，但插入的位置是在数组的头部。如：

```
var arr1 = ["a","b","c"];
var value = arr1.shift();
document.write(value);        //输出为：a
document.write(arr1);         //输出为：b,c
var value2 = arr1.unshift("g");
document.write(value);        //IE 输出为 undefined,Firefox 输出为 3
document.write(arr1);         //输出为：g,b,c
```

（7）slice()方法：该方法用于截取数组的一部分，并返回一个子数组，其参数为要截取数组的起始元素位置及截取的数量。如果参数只有一个，代表从这个元素开始一直截取到最后一个元素；如果参数为负数，则表示从数组尾部开始定位起始元素的位置，例如参数为－2，就代表倒数第 2 个元素。如：

```
var arr1 = ["a","b","c","d","e"];
var arr2 = arr1.slice(0,3);      //数组从第 0 个元素开始截取,共取 3 个元素
document.write("< hr >" + arr2);  //输出为：a,b,c
var arr2 = arr1.slice(1);         //数组从第 1 个元素开始截取
document.write("< hr >" + arr2);  //输出为：b,c,d,e
var arr2 = arr1.slice( - 3);      //数组从倒数第 3 个元素开始截取
document.write("< hr >" + arr2);  //输出为：c,d,e
```

（8）splice()方法：该方法是从指定的位置开始，删除后面多个数组元素，并从删除处开始依次插入新的元素值，即相当于修改数组元素的值。其编写方法有两种：

① myarray.splice(起始位置,删除数量);
② myarray.splice(起始位置,删除数量,插入元素值 1,插入元素值 2,…,插入元素值 n);

第一种方法只能删除数组元素，返回被删除元素的值，第二种方法则是用新插入的元素逐个修改所删除的元素。如：

```
var arr1 = ["a","b","c"];
arr1.splice(1,1,"m","n","o");
document.write(arr1);        //输出为：a,m,n,o,c
arr1.splice(1,3);            //数组将删除第 1 个元素到第 3 个元素,即删除 m,n,o
document.write(arr1);        //输出为：a,c
```

10.2.3　日期对象

日期对象的主要作用是在页面中显示和处理当前的系统时间。为了获取系统的日期和时间,JavaScript 提供了专门用于时间和日期的对象类型,即通过 new 运算符和 Date()构造函数就可以创建日期对象。

1. 用 Date()对象创建日期

日期对象可用于获取日期和时间,并可通过对象的方法进行日期和时间的相关操作。定义方法如下：

```
(1) var myDate1 = new Date() ;     // Date 对象自动使用当前的日期和时间作为其初始值,注意
                                    //Date()的大小写
(2) var myDate4 = new Date("年,月,日,时,分,秒");
(3) var myDate5 = new Date("年,月,日");
(4) var myDate6 = new Date(毫秒值);
```

上面第 2 种方法与第 3 种方法非常相似,分别按照不同的格式给日期对象设置初始值。第 4 种方法是从 1970 年 1 月 1 日 0 时到指定日期之间的毫秒数为指定日期值。

专家点拨　由于 JavaScript 程序运行于浏览器端,所以系统的日期时间都是来自浏览器端的系统,而不是网页服务器的系统。如果不指定时区,都采用"UTC"(世界时区),它与"GMT"(格林威治时间)在数值上是一致的。

程序 10-4 为 Date()对象的应用实例。

```html
<!-- 程序 10-4.html -->
<html>
    <head>
        <meta http-equiv="Content-Type" content="text/html; charset=gb2312" />
        <title>显示日期时间</title>
        <script type="text/javascript">
            var myDate1 = new Date();
            var myDate2 = new Date(2011,7,1);
            var myDate3 = new Date(1970,1,1,00,00,00);
            var myDate4 = new Date(1758694862341);
        </script>
    </head>
    <body>
        <script type="text/javascript">
            document.write("现在的时间是：" + myDate1);
            document.write("<hr />建党 90 周年纪念日是：" + myDate2);
            document.write("<hr />C 语言的生日：" + myDate3);
            document.write("<hr />指定的日期：" + myDate4);
```

```
        </script>
    </body>
</html>
```

本例的浏览效果如图 10-4 所示。从效果图中可以看到日期对象的默认显示格式,其中第一个值代表星期,如"Wed";第二个值代表月份,如"Jul";第三个值代表日期;第四个值代表时间,UTC＋0800 代表本地处于世界时区东 8 区(北京时间),即通用的格林威治时间需加上 8 小时才是本地时间;最后一个值为年份。

图 10-4　日期时间的显示

由于日期默认的返回数据格式单一,为了能更灵活地处理日期时间,可采用日期对象的内置方法。

2．Date()对象的方法

日期对象的内置方法有很多,以方便设计者随意地操作日期时间数据。但所有的方法主要分为两种格式,一种为根据系统本地的日期时间进行运算,另一种即根据格林威治时间进行计算。

1)get 前缀方法组

本组方法的主要作用为获取系统日期时间或系统日期时间的部分数据。该组所包含的方法如表 10-2 所示。

表 10-2　get 前缀方法组所包含的方法

方　　法	作　　用
getDate(),getUTCDate()	返回一个月中的某一天(1～31)
getDay(),getUTCDay()	返回一周中的某一天(0～6),即返回星期几,0 表示星期天
getMonth(),getUTCMonth()	返回月份(0～11),0 代表 1 月
getFullYear(),getUTCFullYear()	以 4 位数字返回年份
getHours(),getUTCHours()	返回小时值(0～23)
getMinutes(),getUTCMinutes()	返回分钟值(0～59)
getSeconds(),getUTCSeconds()	返回秒数值(0～59)
getMilliseconds(),getUTCMilliseconds()	返回毫秒值(0～999),1 秒＝1000 毫秒
getTime()	返回 1970 年 1 月 1 日至今的毫秒数,与时区无关
getTimezoneOffset()	返回本地时间与格林威治标准时间的分钟差

程序 10-5 为 get 前缀方法组的应用实例。

```html
<! -- 程序 10 - 5.html -->
< html >
    < head >
        < meta http - equiv = "Content - Type" content = "text/html; charset = gb2312" />
        < title > get 前缀方法组</title >
        < script type = "text/javascript">
            var myDate = new Date();
        </script >
    </head >
    < body >
        < script type = "text/javascript">
            document.write("现在的日期时间默认格式是: " + myDate);
            document.write("< hr >今天的日期是: " + myDate.getFullYear() + "年" + (myDate.
getMonth() + 1) + "月" + myDate.getDate() + "日　周" + myDate.getDay());
            document.write("< hr >现在的时间是: " + myDate.getHours() + ":" + myDate.
getMinutes() + ":" + myDate.getSeconds());
            document.write("||现在的格林威治时间是: " + myDate.getUTCHours() + ":" +
myDate.getUTCMinutes() + ":" + myDate.getUTCSeconds());
            document.write("< hr />本地时区为" + ( - 1 * myDate.getTimezoneOffset()/60));
        </script >
    </body >
</html >
```

本例通过局部取时间段，再通过字符串的拼接完成自定义格式，浏览效果如图 10-5 所示。注意月份必须加 1 才符合实际习惯。

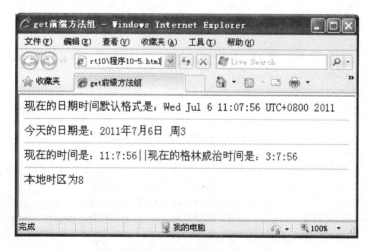

图 10-5　get 前缀方法组的应用示例

2) set 前缀方法组

该组方法主要为处理日期时间数据，其所包含的方法如表 10-3 所示。

表 10-3　set 前缀方法组所包含的方法

方　　法	用　　途
setDate(),setUTCDate()	设置月份的某一天(1~31)
setMonth(),setUTCMonth()	设置月份(0~11)
setFullYear(),setUTCFullYear()	设置 4 位数字的年份
setHours(),setUTCHours()	设置小时(0~23)
setMinutes(),setUTCMinutes()	设置分钟(0~59)
setSeconds(),setUTCSeconds()	设置秒数(0~59)
setMilliseconds(),setUTCMilliseconds()	设置毫秒(0~999)
setTime()	以毫秒设置 Date 对象

3) 转字符串方法组

这组方法以 to 为前缀,可以把日期时间格式按需要转换为字符串格式。其包含的方法如表 10-4 所示。

表 10-4　转字符串方法组所包含的方法

方　　法	用　　途
toSource()	返回该对象的源代码
toString(),toUTCString()	把 Date 对象转换为字符串
toTimeString()	把 Date 对象的时间部分转换为字符串
toDateString()	把 Date 对象的日期部分转换为字符串
toLocaleString()	根据本地时间格式,把 Date 对象转换为字符串
toLocaleTimeString()	根据本地时间格式,把 Date 对象的时间部分转换为字符串
toLocaleDateString()	根据本地时间格式,把 Date 对象的日期部分转换为字符串

时间日期数据不仅可用于显示,还可根据需要进行计算。

程序 10-6 为日期计算的实例。

```html
<!-- 程序 10-6.html -->
<html>
    <head>
        <meta http-equiv="Content-Type" content="text/html; charset=gb2312" />
        <title>日期计算程序</title>
        <script type="text/javascript">
                var myDate = new Date();
                function display(){
                    var nowTxt = myDate.toLocaleDateString();
                    document.getElementById("now").innerText = nowTxt;
                }
                function pro(){
                    var newY = document.getElementById("newY").value;
                    var newM = document.getElementById("newM").value;
                    var newD = document.getElementById("newD").value;
                    var newDate = new Date(newY,newM,newD);
                    var offer = Math.abs(newDate.getTime() - myDate.getTime());
                    var days = Math.floor(offer/(1000 * 60 * 60 * 24));
```

```
                        alert("新日期和今天\n相差" + days + "天");
                    }
            </script>
        </head>
        <body onload = "display();">
            今天的日期为: <span id = "now"></span>
            <hr>
            请输入新日期: <br />
            <input type = "text" id = "newY" value = "" size = "4" maxlength = "4" />年
            <input type = "text" id = "newM" value = "" size = "2" maxlength = "2" />月
            <input type = "text" id = "newD" value = "" size = "2" maxlength = "2" />日
            <button id = "btn" onclick = "pro();">计算</button>
        </body>
    </html>
```

本例使用了第9章的函数知识,如<body onload＝"display();">代表页面的 body 元素载入后将执行 display()函数,显示系统今天的日期。程序中设计了一个"计算"按钮,使用 onclick＝"pro();"语句,使浏览用户在单击该按钮时执行 pro()函数,将新日期的内容分别赋给相应的变量(newY,newM,newD),再通过创建自定义日期对象的方法,把这 3 个变量传递到 Date()构造函数中,即得到新日期对象。然后通过新日期对象与今天日期对象的getTime()方法求得毫秒值,最后求出两个毫秒值的差,再将差值转换为天数,由 alert 方法输出。浏览结果如图 10-6 所示。

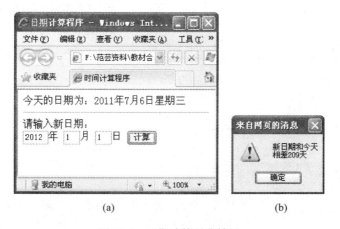

图 10-6　日期计算浏览效果

专家点拨　pro()函数中的 Math. abs()方法为数学运算方法,可返回参数数值的绝对值,Math. floor()方法则可返回参数数值的整数部分。

10.2.4　Math 对象

数学运算对象(Math)的作用是执行普通的数学任务。Math 对象提供了多种算术值类型和函数,它并不像 Date 和 String 那样是对象的类,因此没有构造函数 Math(),可直接访问其属性和方法,在面向对象的程序设计中称其为静态属性和静态方法。

Math 对象的属性为数学中的常数值,即恒定不变的值,只能读取,不能写入。其常用的属性如表 10-5 所示。

表 10-5　Math 对象的属性

属　　性	描　　述
Math. E	返回算术常量 e,即自然对数的底数(约等于 2.718)
Math. LN2	返回 2 的自然对数(约等于 0.693)
Math. LN10	返回 10 的自然对数(约等于 2.302)
Math. LOG2E	返回以 2 为底的 e 的对数(约等于 1.414)
Math. LOG10E	返回以 10 为底的 e 的对数(约等于 0.434)
Math. PI	返回圆周率(约等于 3.14159)
Math. SQRT1_2	返回 2 的平方根的倒数(约等于 0.707)
Math. SQRT2	返回 2 的平方根(约等于 1.414)

Math 对象的方法比较多,在前面的时间计算程序中已经使用过 Math. abs()方法和 Math. floor()方法,其他方法如表 10-6 所示。

表 10-6　Math 对象的方法

方　　法	描　　述
Math. abs(x)	返回数的绝对值
Math. acos(x)	返回数的反余弦值
Math. asin(x)	返回数的反正弦值
Math. atan(x)	以介于 $-\pi/2$ 与 $\pi/2$ 弧度之间的数值来返回 x 的反正切值
Math. atan2(y,x)	返回从 x 轴到点 (x,y) 的角度(介于 $-\pi/2$ 与 $\pi/2$ 弧度之间)
Math. ceil(x)	对数进行上舍入
Math. cos(x)	返回数的余弦
Math. exp(x)	返回 e 的指数
Math. floor(x)	对数进行下舍入
Math. log(x)	返回数的自然对数(底为 e)
Math. max(x,y)	返回 x 和 y 中的最大值
Math. min(x,y)	返回 x 和 y 中的最小值
Math. pow(x,y)	返回 x 的 y 次幂
Math. random()	返回 0~1 之间的随机数
Math. round(x)	把数四舍五入为最接近的整数
Math. sin(x)	返回数的正弦
Math. sqrt(x)	返回数的平方根
Math. tan(x)	返回角的正切
Math. toSource()	返回该对象的源代码
Math. valueOf()	返回 Math 对象的原始值

程序 10-7 为 Math 对象的应用实例。

```
<!-- 程序 10-7.html -->
<html>
    <head>
        <meta http-equiv="Content-Type" content="text/html; charset=gb2312" />
```

```
      <title>Math 对象</title>
   </head>
   <body>
      <script type = "text/javascript">
      var a = - 0.5, b = 0.8;
      document.write(Math.abs(a) + "<br />");
      document.write(Math.acos(a) + "<br />");
      document.write(Math.asin(a) + "<br />");
      document.write(Math.atan(a) + "<br />");
      document.write(Math.ceil(a) + "<br />");
      document.write(Math.cos(a) + "<br />");
      document.write(Math.exp(a) + "<br />");
      document.write(Math.floor(a) + "<br />");
      document.write(Math.log(a) + "<br />");
      document.write(Math.max(a,b) + "<br />");
      document.write(Math.min(a,b) + "<br />");
      document.write(Math.pow(a,b) + "<br />");
      document.write(Math.random() + "<br />");
      document.write(Math.round(b) + "<br />");
      document.write(Math.sin(a) + "<br />");
      document.write(Math.sqrt(b) + "<br />");
      document.write(Math.tan(a) + "<br />");
      </script>
   </body>
</html>
```

本例的浏览结果如图 10-7 所示。

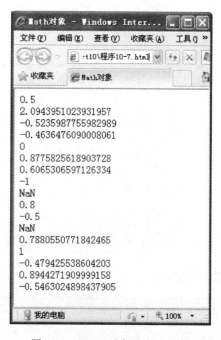

图 10-7 Math 对象的方法示例

10.3　宿主对象

所有的非本地对象都是宿主对象，即由 ECMAscript 实现的宿主环境提供的对象。在 JavaScript 中所有的浏览器对象模型（BOM）和文档对象模型（DOM）都是宿主对象。

10.3.1　浏览器对象模型

JavaScript 除了可以访问本身内置的各种对象外，还可以访问浏览器提供的对象。其实浏览器本身就是一个对象，也是一个对象容器，它包含了很多功能独立的小对象，通过对这些对象的访问，可以得到当前网页以及浏览器本身的一些信息，并能完成有关的操作。本节仅介绍 Navigator 对象和 Window 对象这两个主要的浏览器对象。

1. Navigator 对象

Navigator 是一个独立的对象，用于存储浏览器的基本信息，如浏览器的种类、版本号、操作系统等属性。由于众多浏览器对 Web 标准的支持不同，通过这个对象，可以对不同的浏览器采取不同的代码操作。

和前面学习的内置对象一样，Navigator 对象也有自己的属性和方法，其属性都是只读的。通过读取其属性，网页设计者可以获取浏览器的相关信息。其编写方法如下：

```
var myBrowser = navigator.属性名;
```

Navigator 对象所包含的属性描述了正在使用的浏览器信息，其常用属性如表 10-7 所示，可以使用这些属性进行平台专用的配置。

表 10-7　Navigator 对象常用属性

属　　性	描　　述
appCodeName	返回浏览器的代码名，如 Firefox 和 IE 的代码都是 Mozilla
appName	返回浏览器的名称
appVersion	返回浏览器的平台和版本信息
browserLanguage	返回当前浏览器的语言
cookieEnabled	返回指明浏览器中是否启用 cookie 的布尔值
cpuClass	返回浏览器系统的 CPU 等级
onLine	返回指明系统是否处于脱机模式的布尔值
platform	返回运行浏览器的操作系统平台
systemLanguage	返回 OS 使用的默认语言

Navigator 对象的常用方法只有一个，即 javaEnabled()，其作用是规定浏览器是否启用 Java，返回布尔值。

程序 10-8 为显示浏览者系统的基本信息的实例。

```
<! -- 程序 10 - 8.html -->
< html >
```

```
<head>
    <meta http-equiv="Content-Type" content="text/html; charset=gb2312" />
    <title>Navigator 对象</title>
</head>
<body>
    <script type="text/javascript">
        document.write("你的浏览器名称是" + navigator.appName);
        document.write("<hr />你的浏览器版本是" + navigator.appVersion);
        var lg;
        if(navigator.appName == "Microsoft Internet Explorer"){
          if(navigator.systemLanguage == "zh-cn"){
          lg = "简体中文";
          }else{
          lg = navigator.systemLanguage;
          }
        }else{
          if(navigator.language == "zh-cn"){
          lg = "简体中文";
          }else{
          lg = navigator.language;
          }    }
        document.write("<hr />你系统的默认语言是" + lg);
    </script>
</body>
</html>
```

判断浏览器的信息在网页制作中很常见，但不同浏览器的 Navigator 对象信息并不一致。本例通过两层判断，分别对 IE 浏览器和非 IE 浏览器做不同的处理，从而显示正确的语言属性。本例在 IE 浏览器中的浏览效果如图 10-8 所示。读者可以自行在其他浏览器中浏览查看效果。

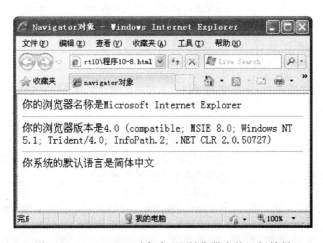

图 10-8　Navigator 对象在 IE 浏览器中的运行效果

专家点拨　由于不同的浏览器对 Navigator 对象的支持不同，读者在制作网页时要特别留意浏览器的兼容性问题。

2. Window 对象

浏览器窗口与网页之间，网页与网页各组成部分之间是一种从属关系。JavaScript 中的 Window 窗口对象是 JavaScript 中最大的对象，位于所有对象的最顶层，是其他对象的父对象。每一个 Window 对象代表一个浏览器窗口，用于访问其内部的其他对象。

如果文档包含框架（frame 或 iframe 标签），浏览器会为 HTML 文档创建一个 Window 对象，并为每个框架创建一个额外的 Window 对象。

Window 对象包括许多属性、方法和事件驱动程序，设计者可利用该对象的这些属性和方法控制浏览器窗口显示的各个元素，如对话框、框架等。由于 Window 对象是程序的全局对象，所以引用其属性和方法时可省略对象名称，即要引用 Window 对象的属性和方法时，不需要用"window.xxx"这种形式，而直接使用"xxx"即可。如要弹出一个消息框，可只写为 alert()，而不必写为 window.alert()。

1）Window 对象的属性

Window 窗口对象的属性主要用来对浏览器中存在的各种窗口和框架属性的引用，其主要属性如表 10-8 所示。

表 10-8　Window 窗口对象的属性

属　　性	描　　述
closed	返回窗口是否已被关闭
defaultStatus	设置或返回窗口状态栏中的默认文本
document	对 Document 对象的只读引用
history	对 History 对象的只读引用
innerheight	返回窗口的文档显示区的高度
innerwidth	返回窗口的文档显示区的宽度
length	设置或返回窗口中的框架数量
location	用于窗口或框架的 Location 对象
name	设置或返回窗口的名称
navigator	对 Navigator 对象的只读引用
opener	返回对创建此窗口的窗口的引用
outerheight	返回窗口的外部高度
outerwidth	返回窗口的外部宽度
pageXOffset	设置或返回当前页面相对于窗口显示区左上角的 X 位置
pageYOffset	设置或返回当前页面相对于窗口显示区左上角的 Y 位置
parent	返回父窗口
screen	对 Screen 对象的只读引用
self	返回对当前窗口的引用。等价于 window 属性
status	设置窗口状态栏的文本
top	返回最顶层的先辈窗口
window	window 属性等价于 self 属性，它包含了对窗口自身的引用

2）Window 对象的方法

Window 对象的方法主要用来提供信息或输入数据以及创建一个新的窗口，其常用方法主要有以下几个。

（1）alert()方法：用于弹出一个带有一段指定消息和一个确认按钮的警告框。

（2）confirm()方法：弹出一个确认对话框，在对话框中显示指定的询问文字。在询问窗口中将显示"确定"和"取消"按钮，若选择"确定"按钮，则返回 true 值；若选择"取消"按钮，则返回 false。

（3）prompt()方法：此功能是产生一个输入窗口，允许用户进行数据输入，并可使用默认值，所输入的数据作为该方法的返回值，即返回输入的值。其基本格式如下：

```
prompt("提示信息",默认值)          //默认值为可选项
```

最后若单击"确定"按钮结束对话框，则返回所输入的值；若单击"取消"按钮，则返回 null 值。程序 10-9 为 Window 对象提示框的应用实例。

```html
<! -- 程序 10 - 9.html -->
    <html>
    <head>
    <meta http - equiv = "Content - Type" content = "text/html; charset = gb2312" />
    <title>Explorer 用户提示</title>
    <script language = "javascript">
        name = "";
        name = prompt("请输入你的姓名:",name);
        alert(name + "你好!下面要开始考试了!");
        if (confirm("你确实准备好了吗?")){
            location.href = "exam.html";
        };
    </script>
    </head>
    <body>
    </body>
    </html>
```

本例使用了三个不同的弹出窗口的方法。在浏览器中打开时，首先弹出 prompt()方法的输入窗口，如图 10-9 所示。按提示输入姓名，输入完成后单击"确定"按钮，则弹出 alert()方法的窗口提示用户，如图 10-10 所示。在该窗口中单击"确定"按钮后，又弹出了第三个confirm()方法的窗口，以供用户确认，如图 10-11 所示。如单击"确定"按钮，则进入相关页面，如单击"取消"按钮，则不进入下一个页面。

图 10-9　prompt()方法的输入窗口

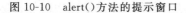

图 10-10　alert()方法的提示窗口　　　　图 10-11　confirm()方法的确认窗口

（4）open()方法：该方法用于创建一个新的浏览器窗口，并在该窗口中载入 url 地址指定的网页。该方法被调用后，将返回该窗口对象。其编写格式如下：

```
window.open(url,窗口名称,窗口属性1, 窗口属性2, 窗口属性3,…)
```

其中"url"用于指定在新建的窗口中所要显示的网页的地址。"窗口名称"即给新建的浏览器窗口取一个名字，为可选项。后面的"窗口属性"是一个以逗号分隔的参数列表，用于指定窗口的大小和外观，为可选项。其相关属性值及功能如表 10-9 所示。

表 10-9　打开窗口的属性

属　性	含　义
width	指定以像素为单位的窗口宽度
height	指定以像素为单位的窗口高度
top	窗口距离屏幕顶端的像素值
left	窗口距离屏幕左端的像素值
toolbar	指定窗口是否显示标准工具栏，设置为 no 则不显示，yes 则显示
menubar	指定窗口是否显示菜单栏，设置为 no 则不显示，yes 则显示
directories	指定窗口是否显示目录按钮
scrollbars	指定当网页文档显示范围大于窗口时，是否显示滚动条
resizable	指定窗口运行时是否可以改变大小
location	指定窗口是否显示地址栏
status	指定窗口是否显示状态栏
fullscreen	指定窗口是否全屏显示，设置为 yes 则全屏显示

打开一个新窗口在网页中很常见，只要合理设置其属性参数，就可以轻松地定制窗口。程序 10-10 为打开可定制的新窗口实例。

```html
<!-- 程序 10-10.html -->
<html>
<head>
<meta http-equiv="Content-Type" content="text/html; charset=gb2312" />
<title>可定制的弹出窗口</title>
<script type="text/javascript">
    function newW(){
        var w = document.getElementById("w").value;
        var h = document.getElementById("h").value;
        var hh = document.getElementById("hh").value;
        var v = document.getElementById("v").value;
        var style = "directories=no,location=no,menubar=no,width=" + w + ",height=" + h;
        var myFunc = window.open("程序10-8.html","nwindow",style);
        myFunc.moveTo(hh,v);
        }
</script>
</head>
<body>
新窗口宽度：<input type="text" size="4" id="w" value="300" />
```

```
< br />
新窗口高度: < input type = "text" size = "4" id = "h" value = "200" />
< hr />
新窗口水平位置坐标: < input type = "text" size = "4" id = "hh" value = "20" />
< br />
新窗口垂直位置坐标: < input type = "text" size = "4" id = "v" value = "50" />
< hr />
< button onclick = "newW();">打开新窗口</button>
</body>
</html>
```

本例的浏览效果如图10-12所示。在本例中,浏览用户可在指定的文本输入框中输入要打开窗口的宽度和高度,并输入指定位置的坐标(此坐标是以浏览者系统的屏幕左上角为原点),然后单击"打开新窗口"按钮即打开一个新的指定窗口。

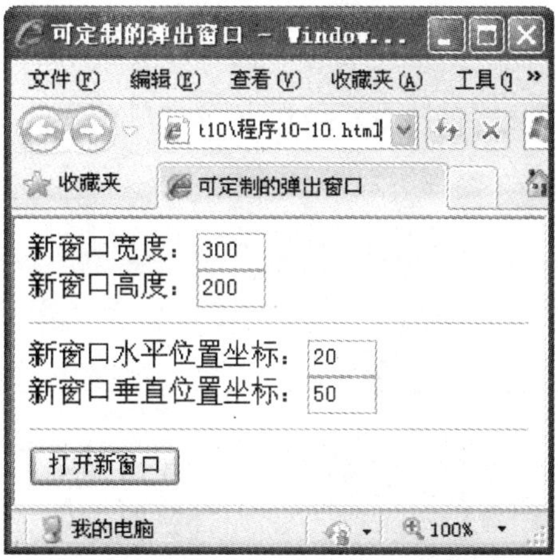

图 10-12　窗口的定制选项

本例在 newW 函数中使用 open()方法时,先把文本框获取的值赋给变量,然后通过字符串拼接传递参数给 open()方法,open()方法执行后的新窗口对象再赋给变量 myFunc,变量 myFunc 再执行 moveTo()方法,使得窗口定位于预设的位置。

专家点拨　moveTo()方法的作用是把窗口的左上角移动到一个指定的坐标。

(5) close()方法:该方法的功能是关闭指定的浏览器窗口。关闭窗口一般只要单击窗口右上角的"关闭"按钮即可,但作为网页浏览者,仍希望有更方便的操作,为此 window 对象提供了 close()方法专用于关闭网页窗口。但无参数执行 close()方法的效果并不好,会出现关闭确认框。要完美地关闭网页窗口,不同的浏览器有不同的方法。为了能兼容浏览器,一般采用如下代码来关闭网页的窗口。

```
window.opener = null;
window.open(',','_self');
window.close();
```

这段代码可以在 IE 及 Firefox 浏览器中完美地关闭页面窗口,且无确认提示。

（6）setTimeout()/clearTimeout()方法：setTimeout()方法的功能是创建一个定时器，实现经过指定的毫秒数后，自动调用函数或计算表达式。其编写格式如下：

```
var id = setTimeout(函数或表达式, 毫秒数);
```

之所以将其返回给一个 id 变量，是因为 setTimeout()方法会返回一个内部的 ID 值，用于需要清除函数时引用，清除时执行 clearTimeout()方法，其编写格式如下：

```
clearTimeout(timer);
```

该方法用于结束 timer 指定的定时器。格式中的 timer 即为 setTimeout()的返回值。

程序 10-11 为制作一个定时器的实例。

```html
<!-- 程序 10 - 11. html -->
<html>
<head>
<meta http - equiv = "Content - Type" content = "text/html; charset = gb2312" />
<title>设定时钟</title>
<script language = "JavaScript">
var timer;
function clock() {
    var timestr = "";
    var now = new Date();
    var hours = now.getHours();
    var minutes = now.getMinutes();
    var seconds = now.getSeconds();
    timestr + = hours;
    timestr + = ((minutes < 10)? ":0" : ":") + minutes;
    timestr + = ((seconds < 10)? ":0" : ":") + seconds;
    window.document.frmclock.txttime.value = timestr;
    if (window.document.frmclock.settime.value == timestr) {
        window.alert("起床啦!");
    }
    timer = setTimeout('clock()',1000);
}
function stopit() {clearTimeout(timer);}
</script>
</head>
<body>
<form action = "" method = "post" name = "frmclock" id = "frmclock">
<p>
        当前时间:
        <input name = "txttime" type = "text" id = "txttime">
    </p>
<p>设定闹钟:
        <input name = "settime" type = "text" id = "settime">
        </p>
<p>
        <input type = "button" name = "Submit" value = "启动时钟" onclick = "clock()">
        <input type = "button" name = "Submit2" value = "停止时钟" onclick = "stopit()">
```

```
        </p>
        </form>
        </body>
        </html>
```

本例利用日期对象与 setTimeout()方法结合制作了一个闹钟程序,浏览效果如图 10-13 所示。

图 10-13　设定时钟

单击页面上的"启动时钟"按钮后,调用 clock()函数,在"当前时间"文本框中显示当前的系统时间。语句 timer=setTimeout('clock()',1000)表示每隔 1 秒钟更新一次系统时间。用户可在"设定闹钟"文本框中输入指定的时间,当与当前时间相同时,则自动弹出警告框,如图 10-14 所示。当单击"停止时钟"按钮后,则清除闹钟提示,即使与当前时间相同,也不弹出警告框。

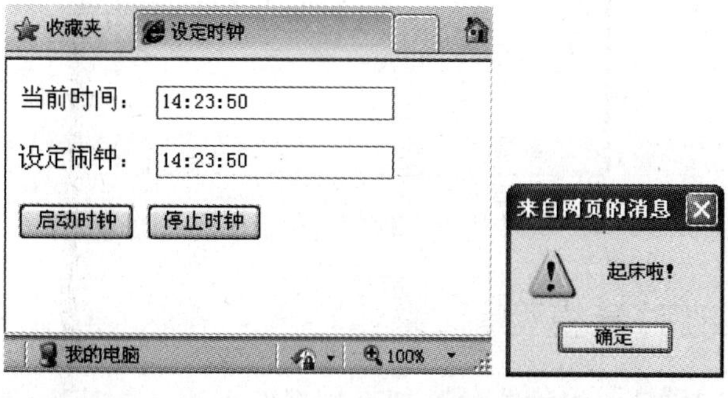

图 10-14　弹出闹钟提示框

(7) setInterval()/clearInterval()方法:setInterval()方法是按照指定的周期(以毫秒计)来调用函数或计算表达式。该方法在网页中使用比较频繁,可用于图片、文字等元素的移动,其编写格式如下:

var id = setInterval(函数或表达式, 毫秒数)

和 setTimeout()方法一样,setInterval()方法也会返回一个内部的 id 值,用于需要清除函数时使用。清除函数时执行 clearInterval()方法。

程序 10-12 为显示时间实例。

```html
<!-- 程序 10-12.html -->
<html>
  <head>
      <meta http-equiv = "Content-Type" content = "text/html; charset = gb2312" />
      <title>时间显示</title>
  </head>
  <body>
    <input type = "text" id = "clock" size = "35" />
    <script language = javascript>
        var int = self.setInterval("clock()",50)
        function clock()
          {
          var t = new Date()
          document.getElementById("clock").value = t
          }
    </script>
    <button onclick = "int = window.clearInterval(int)">停止更新</button>
  </body>
</html>
```

本例采用 setInterval()方法动态显示当前时间,浏览效果如图 10-15 所示。当单击"停止更新"按钮时,调用 clearInterval()清除动态更新,时间显示停止在一个时间点不再更新。

图 10-15　时间的动态显示

10.3.2　文档对象模型

文档对象模型是 W3C 组织推荐的处理可扩展置标语言的标准编程接口,可利用其属性、方法操作 HTML 和 XML 的结构,并定义了与 HTML 相关联的对象,是通过编程直接操纵网页内容的途径。文档对象模型主要包括 Document 对象、Body 对象、Button 对象、Form 对象、Frame 对象、Image 对象、Object 对象等。本节主要介绍 Document 对象及 Form 对象,其他对象请读者自行参考相关资料。

1. Document 对象

Document 对象又称为文档对象,是 Window 对象中的一个子对象。Window 对象代表浏览器窗口,而 Document 对象代表浏览器窗口中的文档,在 JavaScript 的对象模型中占据非常重要的地位。它可以更新正在载入和已经载入的文档,并使用 JavaScript 脚本访问其属性和方法来操作已加载文档中所包含的 HTML 元素,如表单 form、单选框 radio、复选框 checkbox、下拉框 select、图片 image、链接 herf 等,并将这些元素当作具有完整属性和方法的元素对象来引用。

JavaScript 会为每个 HTML 文档自动创建一个 Document 对象。Document 对象主要包括 HTML 文档中<body></body>内的内容,即 HTML 文档的 body 元素被载入时,才创建 Document 对象。故在 HTML 文档的<head></head>部分编写 JavaScript 程序时,程序顶层编写的语句无法访问 DOM 中的对象。

1) Document 对象的属性

Document 对象的属性在不同的浏览器中会有部分差异,其常用的属性如表 10-10 所示。

表 10-10　Document 对象的常用属性

属　　性	描　　述
document. title	设置文档标题等价于 HTML 的 title 标签
document. bgColor	设置页面背景色
document. fgColor	设置前景色(文本颜色)
document. linkColor	未单击过的链接颜色
document. alinkColor	激活链接(焦点在此链接上)的颜色
document. vlinkColor	已单击过的链接颜色
document. URL	设置 URL 属性从而在同一窗口打开另一网页
document. fileCreatedDate	显示文件建立日期,只读属性
document. fileModifiedDate	显示文件修改日期,只读属性
document. lastModified	显示文档最近的修改时间,只读属性
document. fileSize	显示文件大小,只读属性
document. cookie	设置和读出 cookie
document. charset	设置字符集为简体中文:gb2312

程序 10-13 为 Document 对象的属性应用实例。

```
<! -- 程序 10 - 13. html -- >
< html >
< head >
< meta http - equiv = "Content - Type" content = "text/html; charset = gb2312" />
< title > Document 对象的属性</title >
< script type = "text/javascript">
    function dom(x){
        var a = document. getElementById("a"). value;
        switch(x){
        case 1: document. bgColor = a; break;
        case 2: document. fgColor = a; break;
        case 3: document. linkColor = a; break;
        case 4: alert(document. lastModified); break;
        case 5: alert(document. URL); break;
```

```
            default: document.bgColor = "white";
         }
      }
</script>
</head>
< body >
< button onclick = "dom(4);">本文档修改时间</button>
< button onclick = "dom(5);">本文档 URL </button>
< hr />
< input type = "text" id = "a" value = "red" />
< button onclick = "dom(1);">背景色</button>
< button onclick = "dom(2);">文本颜色</button>
< button onclick = "dom(3);">未访问链接颜色</button>
< p <> a href = " ♯ ">Document 对象</a>又称为文档对象,是 Window 对象中的一个子对象。Window
对象代表浏览器窗口,而 Document 对象代表浏览器窗口中的文档,在 JavaScript 的对象模型中占
据非常重要的地位。它可以更新正在载入和已经载入的文档,并使用 JavaScript 脚本访问其属性
和方法来操作已加载文档中所包含的 HTML 元素……
</body>
</html>
```

Document 对象的 bgColor、linkColor 等属性和 body 的相应属性一致,但通过程序的访问,可以动态地改变这些属性。本例第一行的按钮用于读取文档对象的 lastModified 属性和 URL 属性,并通过 alert 方法显示在信息框中;第二行的文本框中可输入颜色值,通过右边的三个按钮,可将用户输入的颜色值赋给 Document 对象的相应属性,如背景色、文本颜色等。本例的浏览效果如图 10-16 所示。

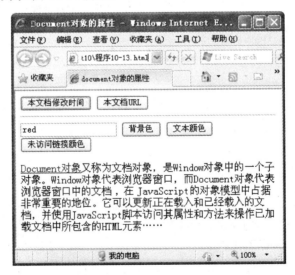

图 10-16　Document 对象的属性应用

2) Document 对象的方法

Document 对象操作文档的方法并不多,主要包括以下几个。

(1) open()方法:用于打开文档以便 JavaScript 能向文档的当前位置(指插入 JavaScript 的位置)写入数据。通常不需要用这个方法,因为该方法在需要的时候 JavaScript 会

自动调用。

(2) write()/writeln()方法：该方法用于向文档写入数据，所写入的内容会被当成标准文档 HTML 来处理。writeln()与 write()的不同点在于 writeln()在写入数据以后会加一个换行，但这个换行只是在 HTML 中换行，具体能不能够显示出来要看插入 JavaScript 的位置而定。如在<pre>标记中插入，这个换行也会体现在文档中。

(3) clear()方法：表示清空当前文档。

(4) focus()方法：表示让当前文档得到键盘的输入焦点。

(5) close()方法：表示关闭文档，停止写入数据。如果用了 write()或 clear()方法，就一定要用 close()方法来保证所做的更改能够显示出来。如果文档还没有完全读取，即 JavaScript 是插在文档中的，则可不必使用该方法。

程序 10-14 为 Document 对象方法的应用实例。

```html
<! -- 程序 10 - 14. html -->
<html>
<head>
<meta http - equiv = "Content - Type" content = "text/html; charset = gb2312" />
<title>Document 对象的方法</title>
<script type = "text/javascript">
    function dom(x){
        var myWin;
        switch(x){
        case 1:
        myWin = window.open("","a","height = 160,width = 300");
        myWin.location = "chapter18/screen.htm"; break;
        case 2:
        myWin.document.focus();
        myWin.document.open();
        myWin.document.write("这是新文档流的内容。");
        myWin.document.close(); break;
        default:
        document.bgColor = "white";
        }
    }
</script>
</head>
<body>
<pre>
<script type = "text/javascript">
    document.writeln("hello!");
    document.writeln("world!");
</script>
</pre>
<script type = "text/javascript">
    document.writeln("hello!");
    document.writeln("world!");
</script>
<hr />
```

```
< button onclick = "dom(1);">打开新窗口</button>
< button onclick = "dom(2);">打开新文档流</button>
</body>
</html>
```

本例通过新窗口的操作,可完全展示 Document 对象各种方法的作用。从本例可以看出,只有将 writeln()方法包含于 HTML 的 pre 元素中其换行功能才起作用。其浏览效果如图 10-17 所示。在本例中,设置了两个按钮,第一个按钮用于打开一个新窗口,再用第二个按钮调用函数,使用 open()方法输出一个新的文档流。为了使新窗口操作后位于其他窗口之前,在第二个按钮的代码中使用了 focus()方法。

图 10-17　Document 对象方法的应用

2. Forms 对象

Forms 即表单,是最常见的与 JavaScript 一起使用的 HTML 元素之一。表单的使用在 HTML 部分已经介绍过,在网页中用表单来收集从用户那里得到的信息,并且将这些信息传输给服务器来处理。有了表单,网页可以和服务器后台程序轻松交互,而 JavaScript 程序也同样可以和表单完成丰富的互动效果。如在提交数据到服务器之前,对用户填写的数据进行合法性检测。只有通过了 JavaScript 程序这一关,用户的数据才能发送到服务器端进行处理。

1) Forms 对象的访问

一个表单隶属于一个文档,表单构成了 Web 页面的基本元素。通常一个 Web 页面有一个或几个表单,对于表单对象的引用可以通过使用隶属文档的 forms[]数组进行访问。即使在只有一个表单的文档中,表单也是一个数组元素,其引用形式有如下几种。

(1) document.forms(0);
(2) document.forms[0];
(3) document.forms.0;

注意表单数组的引用是采用 form 的复数形式 forms,数组的下标是从 0 开始的。

在对表单命名后,还可以简单地通过名称进行引用,如定义表单的名称为 MyForm,则引用形式如下所示:

```
Document.MyForm;
```

如果在一个表单中有多个表单元素具有相同的名称,则 JavaScript 会自动创建一个数组来存放这些元素,数组中的每个元素都代表一个表单元素。如在一个表单中有一个文本框和一个文本区名称都是 MyName,则 MyName(0)和 MyName(1)分别代表文本框和文本区,数组的下标从 0 开始。表单元素的下标和它们在表单中出现的顺序是一致的。

2) Forms 对象的属性

Forms 对象的属性主要包括以下几个。

(1) action:action 属性用于指明通信的 HTTP 服务器的 ASP 程序的 URL 地址。

(2) method:一个表单的 method 取值可以是 get 或者 post,method 的值用于说明访问 HTTP 服务器的访问方法。

(3) name:name 属性用于指明表单的名称,可以通过引用 name 属性的值对表单进行引用。

(4) target:target 属性值可以是窗口名称或者 Frame 名称,分别代表用于显示反馈信息的窗口或者 Frame。该属性在 Frame 结构下发挥了重要的作用。在 Frame 结构下,有时会希望保留交互表单的 Frame 部分,而使用另外的 Frame 部分进行浏览。利用 target 属性可指明响应页面应该在 Frame 的哪一部分进行显示。如要在 Frame 结构中,使用 frameLeft 进行交互查询,使用 frameRight 进行浏览,则可以对 target 属性进行如下设置:

```
Document.forms(0).target = "frameRight"
Document.forms(1).target = "frameLeft"
```

(5) elements[]:elements[]属性常常是多个表单元素值的数组,用于访问相应的表单对象。

程序 10-15 为 Forms 对象的属性应用实例。

```html
<! -- 程序 10 - 15.html -- >
< html >
< head >
< meta http - equiv = "Content - Type" content = "text/html; charset = gb2312" />
< title > form 对象的属性应用</title >
< script type = "text/javascript">
    function dom(x){
      var fm1 = document.getElementById("fm1").value;
    var fm2 = document.getElementById("fm2").value;
      switch(x){
      case 1:document.forms[0].elements[fm1].value = "选中"; break;
      case 2:document.forms[0].elements[fm1].value = ""; break;
      case 3:document.form2["txt" + fm2].value = "选中"; break;
      case 4:document.form2["txt" + fm2].value = ""; break;
      }
    }
</script >
</head >
< body >
第 1 个表单
```

```
< input type = "text" id = "fm1" value = "0" size = "2" />
< button onclick = "dom(1);">选中</button>
< button onclick = "dom(2);">清除</button>
< br />
第 2 个表单
< input type = "text" id = "fm2" value = "1" size = "2" />
< button onclick = "dom(3);">选中</button>
< button onclick = "dom(4);">清除</button>
< form name = "form1">
    < input type = "text" value = "" name = "txt0" />
    < input type = "text" value = "" name = "txt1" />
    < input type = "text" value = "" name = "txt2" />
</form>
< hr />
< form name = "form2">
    < input type = "text" value = "" name = "txt0" />
    < input type = "text" value = "" name = "txt1" />
    < input type = "text" value = "" name = "txt2" />
</form>
</body>
</html>
```

在本例中,自上而下设计了两个表单,每个表单都含有 3 个文本输入框控件。表单外的文本输入框可接收用户输入的数据。当用户单击"选中"按钮后,相应表单内的文本输入框将被填入"选中"字符串,浏览效果如图 10-18 所示,而单击"清除"按钮后,相应表单的文本框被清空。本例的第一个表单的文本框使用 elements[]接收数值,第二个表单则通过 name 属性来完成访问。

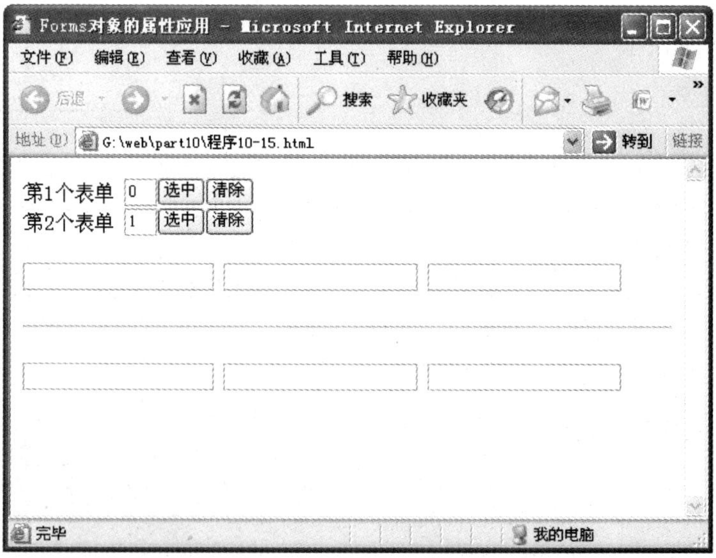

图 10-18　Forms 对象的属性应用

3) Forms 对象的方法

Forms 对象的方法主要有以下两种。

(1) reset()：该方法将表单中所有元素值重新设置为缺省状态。

(2) submit()：该方法将表单数据发送给服务器的程序处理，即实现表单信息的提交。

4) 表单中的基本元素

表单中有三类基本元素，即输入域对象、选择类对象和按钮类对象，分别用<input>、<select>、<button>标记来创建。在 HTML 部分已经学习过表单的各个控件，不同的控件会对应不同的对象，如单行输入文本框为 text 对象，选择列表为 select 对象。这些对象大部分的属性和方法都是类似的，但不同的对象也会有各自的属性及方法。

(1) 输入域

文本输入型对象有单行输入与多行输入两大类。

① 单行输入对象 text：text 的功能是创建一个简单的文本框，接收输入的单行文本，在 HTML 中已经介绍过。其基本属性、方法及事件如表 10-11 所示。

表 10-11 text 的基本属性、方法及事件

属　性	描　述
Name	设定提交信息时的信息名称。对应于 HTML 文档中的 Name
Value	用于设定出现在窗口中对应 HTML 文档中 Value 的信息

方　法	描　述
blur()	将当前焦点移到后台
select()	加亮文字
focus()	获得 text 输入焦点

事　件	描　述
onFocus	当 text 获得焦点时，产生该事件
onBlur	元素失去焦点时，产生该事件
onSelect	当文字被加亮显示后，产生该事件
onChange	当 text 元素值改变时，产生该事件

② 多行输入对象 textarea：textarea 的功能和 text 的功能类似，二者的方法和事件也是一致的，只是在文本框中接收多行文本的输入，故其多了 cols 和 rows 两个属性，分别用于指定内含文本的行数与列数。

③ 密码输入对象 password：该对象与 text 对象的用法也是一致的，只是显示的字符为星号。

程序 10-16 为文本输入类对象的应用实例。

```
<! -- 程序 10 - 16.html -->
<html>
<head>
<meta http - equiv = "Content - Type" content = "text/html; charset = gb2312" />
<title>文本输入类对象</title>
<script type = "text/javascript">
    function dom(x, y){
```

```
        var txt = document.getElementById("fm").value;
        switch(x){
        case 1: document.form1.elements[txt].value = document.form1.elements[txt].type;
break;
        case 2: document.form1.elements[txt].value = ""; break;
        case 3: alert("你要写什么?"); break;
        case 4: alert("你的键盘输入焦点进入了" + y.name); break;
        case 5: alert("你的键盘输入焦点移开了" + y.name); break;
        }
    }
</script>
</head>
<body>
请选择控件(0,1,2)
<input type = "text" id = "fm" value = "0" size = "2" />
<button onclick = "dom(1);">显示类型</button>
<button onclick = "dom(2);">清除</button>
<hr />
<form name = "form1">
    <input type = "text" onfocus = "dom(4,this)" onblur = "dom(5,this);" value = "" name = "
txt1" />
    <input type = "password" onfocus = "dom(4,this)" onblur = "dom(5,this);" value = ""
name = "txt2" />
    <textarea onchange = "dom(3)" cols = "20" rows = "3" name = "txt3"></textarea>
</form>
</body>
</html>
```

本例的浏览效果如图 10-19 所示。在本例中,用户
输入相应的控件类型后,单击"显示类型"按钮,通过访
问控件的 type 属性将其赋值给 value 属性,以字符串的
形式显示在相应的输入框内。当用户将输入焦点移入
text 对象或 password 对象时,将触发 onfocus 事件,调
用 dom()函数,使用 alert 方法提示用户。当用户移动
焦点时将触发 onblur 事件,读者可自行浏览查看效果。

图 10-19　文本输入类对象的应用

专家点拨　在本例中有个难点,即传递了两个参数
给 dom()函数,第 1 个为数字,用于 switch 判断;
第 2 个为 this,代表控件本身。通过 this 参数的传
递,alert()方法执行时可访问当前控件的 name 属
性值并显示信息。

(2) 选择类对象

选择类对象的作用是对列出的多个元素进行选择,包括单选按钮对象(radio)、复选框
对象(checkbox)和选择列表对象(select)。

① 单选按钮对象(radio)可大大方便用户的操作,常以组形式出现,同组的单选按钮拥
有相同的 name 属性。

② 复选框对象(checkbox)与单选按钮对象基本一样,也是成组使用,同组复选框对象拥有相同的 name 属性,但同组对象允许多个对象同时被选中。

③ 选择列表对象(select)由其子项 option 元素组成,通过数组的形式访问各子项。

程序 10-17 为选择类对象的应用实例。

```html
<! -- 程序 10 - 17. html -->
<html>
<head>
<meta http - equiv = "Content - Type" content = "text/html; charset = gb2312" />
<title>选择类对象</title>
<script type = "text/javascript">
  function check(x){
    switch(x){
      case 1:
        for(var i = 0; i < document. form1. rd. length; i + + ){
          if(document. form1. rd[ i]. checked){
            if(document. form1. rd[ i]. value == "上海"){
              document. getElementById("answer1"). innerText = document. form1. rd[ i]. value +
"【正确】";
            }else{
              document. getElementById("answer1"). innerText = document. form1. rd[ i]. value +
"【错误】";
            }
          }
        } break;
      case 2:
        document. getElementById("answer2"). innerText = "";
        for(var i = 0; i < document. form1. chk. length; i + + ){
          if(document. form1. chk[ i]. checked){
            if(document. form1. chk[ i]. value == "名古屋"){
              document. getElementById("answer2"). innerText + = document. form1. chk[ i]. value +
"【错误】,";
            }else{
              document. getElementById("answer2"). innerText + = document. form1. chk[ i]. value +
"【正确】,";
            }
          }
        } break;
      case 3:
        for(var i = 0; i < document. form1. sel. length; i + + ){
          if(document. form1. sel. selectedIndex == i){
            if(document. form1. sel. options[ i]. value == "伦敦"){
              document. getElementById("answer3"). innerText = document. form1. sel. options[ i].
value + "【正确】";
            }else{
              document. getElementById("answer3"). innerText = document. form1. sel. options[ i].
value + "【错误】";
            }
          }
        }
```

```
          }   break;
        }
      }
    function Clear(){
      document.form1.reset();
      document.getElementById("answer1").innerText = "";
      document.getElementById("answer2").innerText = "";
      document.getElementById("answer3").innerText = "";
    }
</script>
</head>
<body>
<form name = "form1">
  <fieldset>
      <legend>中国哪个城市最大?</legend> <br />
        <label><input type = "radio" name = "rd" value = "北京" onclick = "check(1);" />北京
</label>
        <label><input type = "radio" name = "rd" value = "武汉" onclick = "check(1);" />武汉
</label>
        <label><input type = "radio" name = "rd" value = "上海" onclick = "check(1);" />上海
</label>
        <label><input type = "radio" name = "rd" value = "广州" onclick = "check(1);" />广州
</label>
  </fieldset>
<br />
<div>你的答案是：<span id = "answer1"></span></div>
<hr />
  <fieldset>
      <legend>哪些城市是中国的?</legend> <br />
        <label><input type = "checkbox" name = "chk" value = "上海" onclick = "check(2);" />
上海</label>
        <label><input type = "checkbox" name = "chk" value = "名古屋" onclick = "check
(2);"/>名古屋</label>
        <label><input type = "checkbox" name = "chk" value = "南京" onclick = "check(2);"/>
南京</label>
        <label><input type = "checkbox" name = "chk" value = "郑州" onclick = "check(2);"/>
郑州</label>
  </fieldset>
  <br />
<div>你的答案是：<span id = "answer2"></span></div>
<hr />
  <fieldset>
      <legend>英国的首都是：</legend><br />
      <select name = "sel" onchange = "check(3);">
        <option value = "伯明翰">伯明翰</option>
        <option value = "伦敦">伦敦</option>
        <option value = "纽约">纽约</option>
        <option value = "巴黎">巴黎</option>
      </select>
  </fieldset>
```

```
    < br />
< div >你的答案是：< span id = "answer3"></ span ></ div >
< hr />
< button onclick = "Clear();">表单数据复位</ button >
</ form >
</ body >
</ html >
```

本例通过单击各选项完成单选按钮和复选框的 value 值的读取，然后将其赋值给 span 元素的文本，赋值前需要做答案的判断。而选择列表则没有使用单击事件，而是使用 onchange 事件，即用户改变选项并移开焦点后执行指定代码。本例在最后还加了一个"表单数据复位"按钮，使用 Forms 对象的 reset()方法，使各控件值复位。本例的浏览效果如图 10-20 所示。

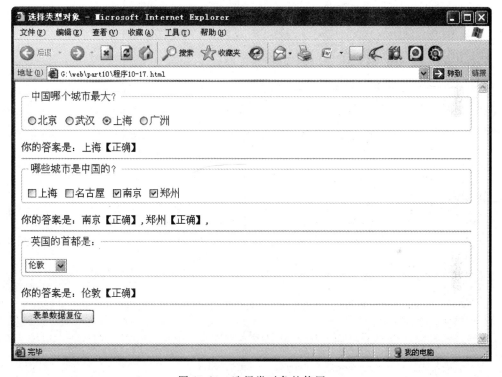

图 10-20　选择类对象的使用

（3）按钮类对象

按钮是经常用到的 HTML 元素，在前面的实例中已经多次用到，按钮使用 button 元素。另外表单也内置了按钮类型的控件，即 type 值分别为 button，submit 和 reset 的控件。其中 type 值为 button 的按钮和由<button></button>标签构成的按钮类似，没有任何区别，只是前者为表单的内置控件。type 值为 submit 的按钮用于提交表单所属的数据到服务器程序，常用于表单最终的数据检测。而 type 值为 reset 的按钮则用于重置表单所属控件值，和 Forms 对象的 reset()方法的效果一致。

10.4 上机练习与指导

10.4.1 制作一个小型计算器

本节练习各种运算方法，结合学习的内置对象知识制作一个简易的网页计算器。程序运行效果如图 10-21 所示。

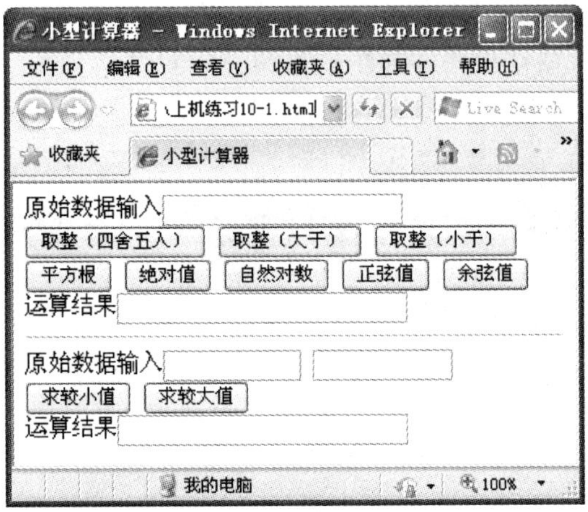

图 10-21 小型计算器的效果图

参考代码如下。

```html
<!-- 上机练习10-1.html -->
<html>
<head>
<meta http-equiv="Content-Type" content="text/html; charset=gb2312" />
<title>小型计算器</title>
<script type="text/javascript">
    function start(x){
    var num = document.getElementById("num").value;
    var numA = document.getElementById("numA").value;
    var numB = document.getElementById("numB").value;
    var num2;
    var numC;
        switch(x){
        case 1: num2 = Math.round(num); break;
        case 2: num2 = Math.ceil(num); break;
        case 3: num2 = Math.floor(num); break;
        case 4: num2 = Math.sqrt(num); break;
        case 5: num2 = Math.abs(num); break;
        case 6: num2 = Math.log(num); break;
        case 7: num2 = Math.sin(num); break;
        case 8: num2 = Math.cos(num); break;
```

```
            case 9: numC = Math.min(numA,numB); break;
            case 10: numC = Math.max(numA,numB);break;
            default: alert("没有操作");
        }
    if(num2!== undefined){
        document.getElementById("num2").value = num2;
    }
    if(numC!== undefined){
        document.getElementById("numC").value = numC;
    }
        }
</script>
</head>
<body>
原始数据输入< input type = "text" id = "num" value = "" size = "22" />< br />
< button onclick = "start(1);">取整(四舍五入)</button >
< button onclick = "start(2);">取整(大于)</button >
< button onclick = "start(3);">取整(小于)</button <> br />
< button onclick = "start(4);">平方根</button >
< button onclick = "start(5);">绝对值</button >
< button onclick = "start(6);">自然对数</button >
< button onclick = "start(7);">正弦值</button >
< button onclick = "start(8);">余弦值</button >< br />
运算结果< input type = "text" id = "num2" value = "" disabled = "disabled" size = "27" />< hr />
原始数据输入< input type = "text" id = "numA" value = "" size = "12" />  < input type =
"text" id = "numB" value = "" size = "12" />< br />
< button onclick = "start(9);">求较小值</button >
< button onclick = "start(10);">求较大值</button >< br />
运算结果< input type = "text" id = "numC" value = "" disabled = "disabled" size = "27" />< br />
</body>
</html>
```

10.4.2 制作简单的网页动画

本节练习 Window 对象的 setInterval()方法与 clearInterval()方法的应用,利用这两个方法间隔显示不同的文字,并使指定的 div 元素动态地改变宽度。显示效果如图 10-22 所示。

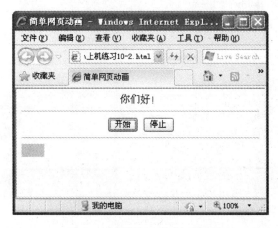

图 10-22 简单网页动画效果

参考代码如下。

```html
<! -- 上机练习 10 - 2. html -->
< html >
< head >
< meta http - equiv = "Content - Type" content = "text/html; charset = gb2312" />
< title >简单网页动画</title >
< script type = "text/javascript" >
    var id;
    function Begin(){
     var bar;
     var bar2 = 10;
     var i = 1;
      function get(){
        if(i % 2 == 1){
        bar = "亲爱的读者";
       }else{
        bar = "你们好!";
       }
       i + +;
       document. getElementById("bar"). innerText = bar;
       if(document. getElementById("bar2"). style. width == 100 + "px"){
           bar2 = 10;
       }else{
           bar2 += 5;
       }
       document. getElementById("bar2"). style. width = bar2 + "px";
      }
      id = setInterval(get,1000);
     }
    function Stop(){
     clearInterval(id);
    }
</script >
< style type = "text/css" >
body{text - align:center; }
# bar2{width:10px; height:20px;
    background: # ccc; }
</style >
</head >
< body >
< div id = "bar"></div >
< hr />
< button onclick = "Begin();">开始</button >
< button onclick = "Stop();">停止</button >
< hr />
< div id = "bar2"></div >
</body >
</html >
```

10.4.3　制作具有数据检测功能的注册页面

表单在网站中应用非常广泛,如用户注册、用户登录、论坛发言、后台管理等。本节综合表单的相关知识制作一个能检测表单数据的页面,用于用户注册,最终效果如图 10-23 所示。

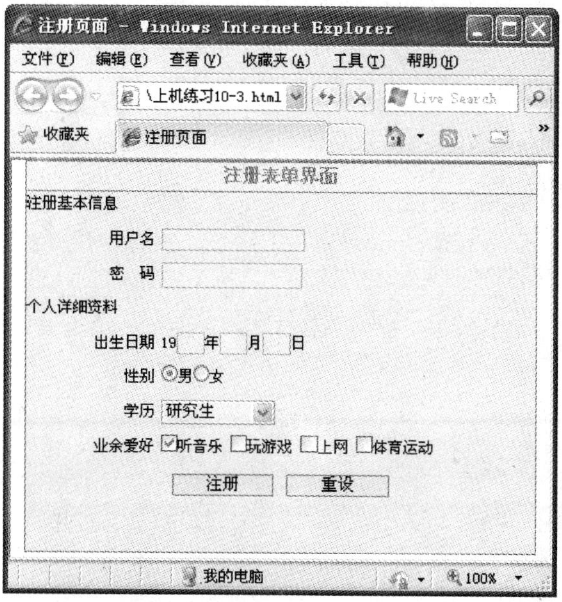

图 10-23　注册页面效果图

参考代码如下。

```
<! -- 上机练习 10 - 3. html -->
< html >
< head >
< meta http - equiv = "Content - Type" content = "text/html; charset = gb2312" />
< title >注册页面</title >
< script type = "text/javascript">
    function test(x){
      var v = new Array();
      for(var i = 0; i < document. form1. elements. length; i + + ){
        v[ i] = document. form1. elements[ i]. value;
      }
    switch(x){
        case 1:
        if(v[ 0]. length > 6){
          document. getElementById("Submit"). innerText = "用户名长度不能大于 4 个字符";
          document. form1. elements[ 0]. value = "";
        }
        break;
        case 2:
```

```javascript
            if(v[1].length>6){
                document.getElementById("Submit").innerText = "密码长度不能大于 4 个字符";
                document.form1.elements[1].value = "";
            }
            break;
        }
    }
    function Key(x){
            x.value = x.value.replace(/[^0-9.]/g,'');
    }
    function Submit(x){
        var v = new Array();
        for(var i = 0; i<x.elements.length;i++){
            v[i] = x.elements[i].value;
        }
        for(i = 0; i<5;i++){
            if(v[i] == ""){
                document.getElementById("Submit").innerText = "请将资料填写完整";
                return false;
            }
        }
    }
</script>
<style type = "text/css">
*{margin:0px;
    padding:0px;}
body,textarea{font-size:12px;}
#all{width:400px;
        height:300px;
    margin:0px auto;
    line-height:1.8em;
        background-color:#eee;
        border:1px solid #40984c;}
#top{background:#e9F6e5;
        border-bottom:1px solid #40984c;
    text-align:center;
        color:#40984c;
    font-size:14px;
    font-weight:bold;}
.left{text-align:right;
        width:25%;}
.tb{width:100%;}
fieldset{border:1px solid #a3bfa8;
        width:90%;
        margin-left:20px;}
.txt,textarea{border:1px solid #a3bfa8;
        background:#e9F6e5;}
.green{background:#e9F6e5;}
#bottom{text-align:center;}
.btn{width:80px;
```

```
        margin:5px;
    border:1px solid #40984c;}
#Submit{text-align:center;
        color:#d00;}
</style>
</head>
<body>
<div id="all">
  <div id="top">注册表单界面</div>
  <form method="post" action="post.asp" onsubmit="return(Submit(this));" name="form1">
  注册基本信息
        <table border="0" cellspacing="5" cellpadding="5" class="tb">
  <tr>
    <td class="left">用户名</td>
    <td><input type="text" class="txt" size="15" name="userName" onchange="test
(1);" /></td>
  </tr>
  <tr>
    <td class="left">密  码</td>
    <td><input type="password" class="txt" size="15" name="pwd" onchange="test
(2);" /></td>
  </tr>
</table>
个人详细资料
        <table border="0" cellspacing="5" cellpadding="5"   class="tb">
  <tr>
    <td class="left">出生日期</td>
    <td>19<input type="text" size="2" maxlength="2" class="txt" name="year"
onchange="test(3);" onkeyup="Key(this);" />年<input type="text" size="2" maxlength
="2" class="txt" name="month" onchange="test(4);" onkeyup="Key(this);" />月<input
type="text" size="2" maxlength="2" class="txt" name="day" onchange="test(5);"
onkeyup="Key(this);" />日</td>
  </tr>
  <tr>
    <td class="left">性别</td>
    <td><label><input type="radio" checked="checked" name="sex" value="1" />男
</label><label><input type="radio" name="sex" value="2" />女</label></td>
  </tr>
  <tr>
    <td class="left">学历</td>
    <td>
    <select>
      <option value="研究生" selected="selected" class="green">研究生</option>
      <option value="本科">本科</option>
      <option value="高中/职高" class="green">高中/职高</option>
      <option value="初中及以下">初中及以下</option>
    </select>
    </td>
```

```
        </tr>
        <tr>
          <td class="left">业余爱好</td>
          <td><label><input checked="checked" type="checkbox" name="fav" value="1" />听
音乐</label>
              <label><input type="checkbox" name="fav" value="2" />玩游戏</label>
              <label><input type="checkbox" name="fav" value="3" />上网</label>
              <label><input type="checkbox" name="fav" value="4" />体育运动</label>
          </select>
        </td>
        </tr>
    </table>
          <div id="bottom"><input type="submit" value="注册" class="btn" /><input
type="reset" value="重设" class="btn" /></div>
          <div id="Submit"></div>
    </form>
    </div>
    </body>
    </html>
```

10.5　本章习题

一、选择题

1. 下列对象中不属于浏览器对象的是哪个？（　　）

    A. Location 对象   B. Window 对象

    C. String 对象   D. Navigator 对象

2. 以下哪项表达式产生一个 0～7 之间（含 0,7）的随机整数？（　　）

    A. Math. floor(Math. random() * 6)   B. Math. floor(Math. random() * 7)

    C. Math. floor(Math. random() * 8)   D. Math. ceil(Math. random() * 8)

3. 某网页中有一个窗体对象，其名称是 mainForm，该窗体对象的第一个元素是按钮，其名称是 myButton，表述该按钮对象的方法是下列哪项？（　　）

    A. document. forms. myButton   B. document. mainForm. myButton

    C. document. forms[0]. element[0]   D. 以上都可以

4. 在 JavaScript 浏览器对象模型中，Window 对象的哪个属性用来指定浏览器状态栏中显示的临时消息？（　　）

    A. status   B. screen   C. history   D. document

5. 在 JavaScript 中，可以使用 Date 对象的哪个方法返回一个月中的某一天？（　　）

    A. getDate   B. getYear   C. getMonth   D. getTime

二、填空题

1. JavaScript 对象包括_____、_____。

2. Window 对象中的 alert()方法是用于弹出一个带有一段指定消息和一个_____的警告框。

3. 产生当前日期的方法是_____。

4. Forms 对象用于收集从用户那里得到的信息,并且将这些信息传输给_____来处理。

5. 数组对象的 concat()方法的作用是将两个或两个以上的数组进行_____,结果返回一个新数组,新数组在返回的同时创建。

第11章

事件响应

用户可以通过多种方式与浏览器载入的页面进行交互,而事件是浏览器响应用户交互操作的一种机制。JavaScript 的事件处理机制可以改变浏览器响应用户操作的方式。Web 应用程序开发者通过 JavaScript 脚本内置的和自定义的事件处理器来响应用户的动作,即可开发出更具交互性和动态性的页面。本章主要介绍 JavaScript 脚本中的事件处理的概念、方法,列出了 JavaScript 预定义的事件处理器,并且介绍了如何编写用户自定义的事件处理函数,以及如何将它们与页面中用户的动作相关联,以实现预期的交互性能。

本章主要内容:

- 事件的概念;
- 常用的事件分析;
- event 对象的应用。

11.1 事件响应编程简介

事件处理器是与特定的文本和特定的事件相联系的 JavaScript 脚本代码,当该文本发生改变或者事件被触发时,浏览器执行该代码并进行相应的处理操作,而响应某个事件而进行的处理过程称为事件处理。

11.1.1 事件和事件处理程序

事件的使用使得 JavaScript 程序变得非常灵活,事件响应是对象化编程的一个重要环节,没有事件响应,程序就会变得僵硬。事件的发生与 HTML 文档的载入进度无关,一般来说,网页载入后会发生多种事件,用户在操作页面元素时也会发生多种事件,触发事件后执行一定的程序是 JavaScript 事件响应编程的常用模式。

只有在触发事件后才处理的程序被称为事件处理程序。事件响应的过程分为三个步骤,即发生事件→启动事件处理程序→事件响应程序做出反应。其中,要使事件处理程序能够启动,必须先告诉对象,如果发生什么事情,就要启动什么处理程序,否则这个流程就不能进行下去。事件的处理程序可以是任意 JavaScript 语句,但一般使用特定的自定义函数(function)来处理,这种函数可以传递很多参数。比较常用的方法是传递 this 参数,this 代表 HTML 标签的相应对象,其编写方法如下:

```
< form action = "" method = "post" onsubmit = "return chk(this);"></form>
```

这里的 this 代表 form 对象,在 chk 函数中可以更方便地引用 form 对象及内含的其他控件对象。

专家点拨 编写事件处理程序要特别注意引号的使用,当外部使用双引号时,内部要使用单引号,反之一样。

要让浏览器可以调用合适的 JavaScript 程序,必须先设置 HTML 文档中响应事件的元素,再设置元素响应事件的类型,最后设置响应事件的程序。事件处理程序并不写在＜script＞＜/script＞中,而是写在能触发该事件的 HTML 标签属性中,编写方法如下:

＜HTML 标签　事件属性 = "事件处理程序"＞

这种编写方法使得事件处理程序成为程序和 HTML 之间的接口,避免了程序与 HTML 代码混合编写,利于维护。

11.1.2　HTML 文档事件

HTML 文档事件是指用户从载入目标页面开始直到该页面被关闭期间,浏览器的动作及该页面对用户操作的响应,主要分为浏览器事件和 HTML 元素事件两大类。在了解这两类事件之前,先来了解事件捆绑的概念。

1．事件捆绑

HTML 文档将元素的常用事件(如 onclick、onmouseover 等)当作属性捆绑在 HTML 元素上。当该元素的特定事件发生时,对应于此特定事件的事件处理器就被执行,并将处理结果返回给浏览器。事件捆绑导致特定的代码放置在其所处对象的事件处理器中。

2．浏览器事件

浏览器事件指从载入文档到该文档被关闭期间的浏览器事件,如浏览器载入文档事件 onload、关闭该文档事件 onunload、浏览器失去焦点事件 onblur、获得焦点事件 onfocus 等。

3．HTML 元素事件

页面载入后,用户与页面的交互主要指发生在如按钮、链接、表单、图片等 HTML 元素上的用户动作以及该页面对此动作所作出的响应。如简单的鼠标单击按钮事件,元素为 button,事件为 click,事件处理器为 onclick()。只要了解了该事件的相关信息,程序员就可以编写此接口的事件处理程序,也称事件处理器,以完成诸如表单验证、文本框内容选择等功能。

HTML 元素的大多数事件属性是一致的,主要有表单事件、鼠标事件、键盘事件等,为了便于读者查找,表 11-1 说明了 HTML 元素中一些常用的事件。

表 11-1   HTML 元素中的常用事件

事件	说明
onsubmit	提交表单时触发此事件
onreset	当表单的 reset 属性被激活时触发此事件
onfocus	当某个元素获得焦点时触发此事件
onchange	当前元素失去焦点并且元素内容发生改变时触发此事件
onclick	鼠标单击时触发此事件
ondbclick	鼠标双击时触发此事件
onmouseup	鼠标按下后松开鼠标时触发此事件
onmousemove	鼠标移动时触发此事件
onmousedown	鼠标按下时触发此事件
onmouseover	鼠标移动到某个对象的上方时触发此事件
onmouseout	鼠标离开某个对象范围时触发此事件
onkeydown	键盘上某个按键被按下时触发此事件
onkeyup	键盘上某个按键被按下后松开时触发此事件
onkeypress	键盘上某个按键被按下再释放时触发此事件

该表中的部分事件在前面的示例中已经使用过了，事件及事件处理程序合在一起即可完成 JavaScript 程序的互动性。

11.1.3   JavaScript 如何处理事件

尽管 HTML 事件属性可以将事件处理器绑定为文本的一部分，但其代码一般较为短小，功能较弱，只适用于做简单的数据验证、返回相关提示信息等。相比较而言，使用 JavaScript 脚本可以更为方便地处理各种事件，特别是 IE、Netscape 等浏览器在其第 4 代浏览器版本中推出更为先进的事件模型后，使用 JavaScript 脚本处理事件更显得顺理成章。

JavaScript 脚本处理事件主要可通过匿名函数、显式声明、手工触发等方式进行，这几种方法在隔离 HTML 文本结构与逻辑关系的程度方面略有不同。

（1）匿名函数：匿名函数的方式即使用 Function 对象构造匿名的函数，并将其方法复制给事件，此时该匿名的函数成为该事件的事件处理器。

（2）显式声明：即在设置事件处理器时，不使用匿名函数，而是将该事件的处理器设置为已经存在的函数。

（3）手工触发：手工触发事件的原理相当简单，就是通过其他元素的方法来触发一个事件而不需要通过用户的动作来触发该事件。

事件通过发送消息的方式来触发事件处理器对用户的动作做出相关响应来达到交互的目的，但此交互一般只是单方面的交互，即事件发送消息给事件处理器的过程，而不包括事件处理器将处理结果返回给事件的过程。事实上，事件处理器能将结果返回给事件，并由此影响事件的默认行为。

由于 HTML 将事件看成对象的属性，故可通过给该属性赋值的方式来改变事件的处理器，这也给使用 JavaScript 脚本来设置事件处理器带来了很大的灵活性。

程序 11-1 为事件方法的展示实例。

```
<! -- 程序 11 - 1. html -- >
< html >
    < head >
    < meta http - equiv = "Content - Type" content = "text/html; charset = gb2312" />
    < title >事件方法展示</title >
    < script type = "text/javascript">
        function Event(x, y){
        var txt;
        switch(x){
         case 1:
            txt = y. id + "得到了键盘输入焦点";
                y. blur();
                document.getElementById("b").focus();
                break;
          case 2: txt = y. id + "得到了键盘输入焦点";break;
          case 3: txt = y. id + "失去了键盘输入焦点";break;
          }
          document.getElementById("txt"). innerText = txt;
          }
    </script >
    < style type = "text/css"> # txt{font - weight:bold;}</style >
    </head >
    < body >
        提示文字: < span id = "txt"></span >< hr />
        < input type = "text" id = "a"  onfocus = "Event(1,this);" />
        < input type = "text" id = "b"  onfocus = "Event(2,this);" onblur = "Event(3,this);" />
    </body >
</html >
```

　　本例展示的是使用代码触发事件,浏览效果如图 11-1 所示。通过文本的内容提示及焦点表现可知,本例的第 1 个文本框永远都无法得到输入焦点,这是因为在代码中执行了 blur()方法,第 1 个文本框每次得到焦点后,函数就立刻执行 this. blur()方法,使其失去焦点,并让第 2 个文本框得到焦点。这种代码触发事件的编程方式方便了网页中互动程序的制作,也使得网页更为人性化(如自动改变键盘的输入焦点)。

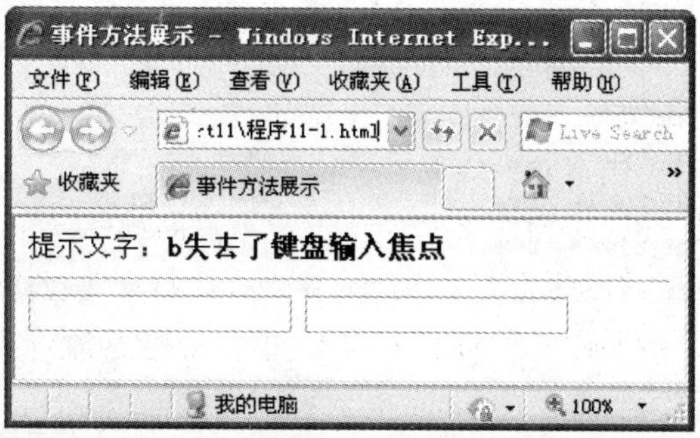

图 11-1　焦点事件示例

11.2　常用事件分析

JavaScript 是一门脚本语言，也是一门基于对象的编程语言，虽然没有专业面向对象编程语言那样规范的类的继承、封装等，但它和面向对象的编程一样必须要有事件的驱动，才能执行程序。JavaScript 提供了很多的事件，如鼠标单击（onClick）、文本框内容的改变（onChange）等，本节主要介绍几个常用的事件。

11.2.1　鼠标事件

鼠标事件是在 JavaScript 页面操作中使用最频繁的事件，利用鼠标事件可以实现一些特殊的单击和移动效果，一般用于图像（Image）、链接（Link）、各类按钮（Radio、Button、Checkbox）等对象。

鼠标常见的事件描述可参阅表 11-1，其中使用频率最高的即为单击事件 onClick。在网页上单击鼠标时，就会触发该事件，同时 onClick 事件调用的程序块就会被执行，该事件通常与按钮一起使用，其编写方法如下：

```
< input name = "button" type = "button" onclick = "调用程序块" value = "按钮上对应名称">
```

程序 11-2 为鼠标 onClick 事件的实例。

```html
<! -- 程序 11 - 2.html -->
< html >
< head >
< meta http - equiv = "Content - Type" content = "text/html; charset = gb2312" />
< title >鼠标 onClick 事件</title>
    </ head >
    < body >
        < script   language = "javascript">
        function rec(form)            {
form. recanswers. value = (form. recshortth. value * form. recheightth. value + form. reclength.
value * form. recheightth. value)/2}
        </ script >
        < form >
            < h1 >梯形面积</h1 >
            上底 < input type = "text" name = "recshortth">< br >
            下底 < input type = "text" name = "reclength">< br >
            高度 < input type = "text" name = "recheightth">< br >
            < input name = "button" type = "button" onclick = "rec(this.form)" value = "面积">
            < br >
            < input type + "text" name = "recanswers">< br >
        </ form >
    </ body >
</ html >
```

本例通过 onclick 事件调用函数 rec(form)来计算梯形的面积,浏览效果如图 11-2 所示。在相应的文本框中输入数据后,单击"面积"按钮,即可计算出面积。

鼠标除单击事件外,还有一些其他事件,如 onmousedown 和 onmouseup。onmousedown 是在鼠标按下时触发的事件,onmouseup 是在鼠标松开时触发的事件,这两个事件一般也用于鼠标的单击事件。还有鼠标移出对象上方时触发的事件 onmouseover 和鼠标移到对象上方的事件 onmousemove,这两个事件一般用于鼠标的移动事件。

图 11-2　鼠标单击事件示例

程序 11-3 为获得鼠标在网页中的 X 和 Y 坐标的实例。

```
<! -- 程序 11 - 3.html -->
< html >
< head >
< meta http - equiv = "Content - Type" content = "text/html; charset = gb2312" />
< title > 获得鼠标在网页中的 X 和 Y 坐标</title >
< script type = "text/javascript" language = "javascript" >
    function getMouse() {
       mouseX = event.x;
       mouseY = event.y;
       x.value = mouseX;
       y.value = mouseY;
    }
    document.onmousemove = getMouse;
</script >
</head >
< body >
X:< input type = "text" id = "x" size = "4">< br >
Y:< input type = "text" id = "y" size = "4">
</body >
</html >
```

在本例中,首先自定义了一个能获得鼠标在网页中的 X 和 Y 坐标的功能函数 getMouse(),然后将其值传给文档对象的 onmousemove 属性,用 document.onmousemove＝getMouse 语句实现此功能,最后在表单中制作两个文本框来显示鼠标的 X 和 Y 坐标,当鼠标在页面上移动时,文本框中的数据会不断地发生变化,以显示当前鼠标的位置。其浏览效果如图 11-3 所示。

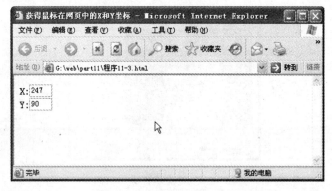

图 11-3　鼠标移动事件示例

11.2.2　键盘事件

键盘事件是在网页操作中使用最频繁的事件,利用键盘事件可以实现页面的快捷操作。常用的键盘事件有 onkeyup,onkeydown,onkeypress(参见表 11-1)。其中 onkeyup 事件是键盘上的某个键被按下后松开时触发的事件,onkeydown 事件是键盘上的某个键被按下时触发的事件,这两个事件一般可用于设置组合键的操作。onkeypress 事件一般用于键盘的单键操作,它表示键盘上的某个按键被按下再释放时触发的事件。

程序 11-4 为键盘事件应用实例。

```html
<! -- 程序 11 - 4. html -- >
< html >
< head >
< meta http - equiv = "Content - Type" content = "text/html; charset = gb2312" />
< title > 键盘事件应用</title >
< script type = "text/javascript" language = "javascript" >
    function refreash(){
      if(window. event. keyCode = 98){
        location. reload();
      }
    }
    document. onkeypress = refreash;
</script >
</head >
< body >
< img src = "img/1. jpg" width = "200" height = "150">
</body >
</html >
```

本实例的功能是按下键盘中的"B"键,实现页面的刷新,浏览效果如图 11-4 所示。在代码中先定义一个按下键盘中的 B 键能实现页面刷新的功能函数 refreash(),然后将其值传给文档对象的 onkeypress 属性,用 document. onkeypress＝refreash 语句实现此功能。

图 11-4　键盘事件应用示例

11.2.3 表单事件

表单事件主要是对元素获得或失去焦点的动作进行控制,如获得焦点事件(onFocus)是当某个元素获得焦点时触发的事件,失去焦点事件(onBlur)是当某个元素失去焦点时触发的事件,通常情况下,它们是同时结合使用的。而失去焦点修改事件(onChange)是当前元素失去焦点并且元素的内容发生改变时触发的事件,还有文本选中事件(onSelect)是当文本框或文本域中的内容被选中时触发。

程序 11-5 为表单事件应用实例。

```html
<! -- 程序 11 - 5.html -->
< html >
< head >
< meta http - equiv = "Content - Type" content = "text/html; charset = gb2312" />
< title >表单事件应用</title >
< script >
    function aihao(){
    alert(" 选择成功!")
    }
    </script >
</head >
< body >
    < script type = "text/javascript" language = "javascript">
        </script >
        < form >
            < input   type = "text"   name = "change"   value = "a"
              onChange = alert("内容已被改动!")
                onSelect = alert("内容已被选择!")></text >
        </form >
    < hr />
        请选择自己的兴趣爱好:< br >
        < form >
        < select name = "gushi" onFocus = "aihao()">
            < option >体育</option >
            < option >音乐</option >
            < option >美术</option >
            < option >其他</option >
        </select >
    </form >
</body >
</html >
```

本例的浏览效果如图 11-5 所示。在本例中演示了表单的三个事件,当文本框中的文字改变时,触发 onChange 事件,弹出提示框,如图 11-6 所示。当选择文本框中的内容时,触发 onSelect 事件,弹出提示框,如图 11-7 所示。在网页中还设置了一个下拉列表框,当其获得聚焦时,onFocus 事件调用的程序被执行,如图 11-8 所示。

图 11-5　表单事件应用示例

图 11-6　触发 onChange 事件

图 11-7　触发 onSelect 事件

图 11-8　触发 onFocus 事件

表单事件中除上述事件外，经常使用的事件还有表单提交事件和表单重置事件。表单提交事件是在用户提交表单时触发的事件。通常该事件用来验证用户在表单中输入的内容是否正确，如果不正确，那么该事件可以返回相应信息阻止表单的提交。表单重置事件主要是将表单中的内容设置为初始值。该事件主要用于清空表单中的文本内容。

程序 11-6 为密码修改实例。

```html
<! -- 程序 11 - 6.html -->
<html>
<head>
<meta http - equiv = "Content - Type" content = "text/html; charset = gb2312" />
<title>用户密码修改</title>
</head>
<body>
<script language = "javascript">
   function  rec(form)  {
   var a = form. text1. value;
     var b = form. textf. value;
     var c = form. texts. value;
{
     if(c == b)
        alert("恭喜您 修改成功!");
     else
        alert("对不起 密码与确认码不一致!");
}
```

```
    }
    function re(form) {
          form.text1.value = "";
          form.textf.value = "";
          form.texts.value = "";
       }
</script>
<form>
   <table width = "321" border = "1">
       <tr><td colspan = "3">用户密码修改</td></tr>
       <tr>
          <td width = "1"> </td>
          <td width = "119">旧密码：</td>
          <td width = "179"><input type = "password" name = "text1"></td>
       </tr>
       <tr>
          <td> </td>
          <td>新密码：</td>
          <td><input type = "password" name = "textf"></td>
       </tr>
       <tr>
          <td> </td>
          <td>重新输入密码：</td>
          <td><input type = "password" name = "texts"></td>
       </tr>
       <tr>
          <td> </td>
          <td><input type = "button" name = "button" value = "提交" onclick = "rec(this.
form)"></td>
          <td><input type = "reset" name = "reset"  value = "重置"  onclick = "re(this.
form)"></td>
       </tr>
   </table>
</form>
</body>
</html>
```

本例通过定义有参函数，并使用 if 语句做判断，当输入的新密码与重新输入的密码一致时，单击"提交"按钮，触发表单提交事件，调用函数 rec(this.form)，弹出提示框，如图 11-9 所示；当单击"重置"按钮时，触发清空表单事件，调用函数 re(this.form)，将文本框清空。

图 11-9 密码修改程序示例

11.3　event 对象的应用

event 的中文意思即为事件,在 JavaScript 中它代表事件状态,如事件发生的元素、键盘状态、鼠标位置和鼠标按钮状态等。一旦在 HTML 文档中触发了某个事件,即会生成 event 对象,如单击一个按钮,浏览器的内存中就产生相应的 event 对象。

11.3.1　event 对象的属性

在 HTML 文档中触发某个事件时,event 对象将被作为参数传递给该事件的处理程序,而这个 event 对象需要用 window.event 或 event 来引用,且 event 对象只在事件发生的过程中才有效。

event 的某些属性只对特定的事件有意义,如 fromElement 和 toElement 属性只对 onmouseover 和 onmouseout 事件有意义。不同的浏览器对 event 对象的定义不同,属性也有区别,IE 的 event 对象属性主要包括以下几个。

(1) type：指事件的类型,即 HTML 标签属性中没有“on”前缀之后的字符串,如 “Click”就代表单击事件。

(2) srcElement：事件源,即发生事件的元素。如标签＜a ＞＜/a＞中 a 这个链接就是事件发生的源头,也就是该事件的 srcElement(非 IE 中用 target)。

(3) button：声明被按下的鼠标键,其返回值为一个整数。0 代表没有按键,1 代表鼠标左键,2 代表鼠标右键,3 代表左右键同时按下,4 代表鼠标的中间键,如果按下了多个鼠标键,就把这些值加在一起。

(4) clientX/clientY：指事件发生时,鼠标的横、纵坐标,返回整数,其值是相对于所在包容窗口的左上角生成的。

(5) offsetX/offsetY：指鼠标指针相对于源元素的位置,可用于确定单击 Image 对象的哪个像素。

(6) altKey/ctrlKey/shiftKey：这些属性指鼠标事件发生时是否同时按住了 Alt、Ctrl 或者 Shift 键,返回一个布尔值。

(7) keyCode：返回 keydown 和 keyup 事件发生时按键的代码以及 keypress 事件的 Unicode 字符。如 event.keyCode＝13 代表按下了 Enter 键。

(8) fromElement、toElement：前者指代 mouseover 事件移动过的文档元素,后者指代 mouseout 事件中鼠标移动到的文档元素。

(9) cancelBubble：布尔属性,用于检测是否接受上层元素的事件的控制。返回值为 true 代表不被上层元素的事件控制,false 则代表允许被上层元素的事件控制。

专家点拨　IE 中事件的起泡是指 IE 中事件可以沿着包容层次一点点起泡到上层,也就是说,下层的 DOM 节点定义的事件处理函数,到了上层的节点如果还有和下层相同事件类型的事件处理函数,则上层的事件处理函数也会执行。如在 ＜div＞标签中若包含了＜a＞,如果这两个标签都有 onclick 事件的处理函数,那么执行的情况就是先执行＜a＞标签的 onclick 事件处理函数,再执行＜div＞的事件处理函数。如果希望<a>的事件处理函数执行完毕之后,不再执行上层<div>的 onclick 的事件处理函数,就把 cancelBubble 设置为 false 即可。

(10) returnValue:布尔属性,设置是否可以阻止浏览器执行默认的事件动作,值为 true 时不能阻止,值为 false 时则可以阻止,相当于<a href="#" onclick="ProcessMethod(); return false;"/>。

由于 srcElement 属性返回的是触发事件的对象,故 event 对象的其他属性也可以在事件处理程序中读取。

程序 11-7 为 event 属性的应用实例。

```html
<! -- 程序 11 - 7.html -->
< html >
< head >
< meta http - equiv = "Content - Type" content = "text/html; charset = gb2312" />
< title > event 属性的应用</title >
< script type = "text/javascript">
    function Event(x){
        var txt;
        switch(x){
        case 1:
            txt = event.srcElement.name + "【发生了" + event.type + "事件】";
        break;
        case 2:
            txt = event.srcElement.name + "【发生了" + event.type + "事件】";
        txt + = "< br />上一个对象是: " + event.fromElement.name;
        break;
        }
        document.getElementById("txt").innerHTML = txt;
        }
</script >
< style type = "text/css">
    #txt{font - weight:bold;}
</style >
</head >
< body >
提示文字: < span id = "txt"></span >
< hr />
< input type = "text" id = "a" name = "文本输入框"  onfocus = "Event(1);" />
< button name = "按钮元素" onmouseover = "Event(2);" onclick = "Event(1);">按钮元素</button >
</body >
</html >
```

本例可对事件发生的元素进行显示,浏览效果如图 11-10 所示。在本例中没有传递 this 参数,而是通过 event 对象的 srcElement 属性获取事件对象和事件名称,并获取该对象的所有值。另外本例中还使用了 fromElement 属性,在使用 onmouseover 时可找到上个对象。

有了丰富的事件属性,使得编写网页程序更加轻松,特别是对事件有了监视的功能。利用 event 对象可检测网页上用户的鼠标信息、键盘按键信息等。

图 11-10　event 属性的应用示例

11.3.2　检测鼠标信息

使用 event 对象检测用户的鼠标情况,需编写 onmouseover 事件的处理程序。

程序 11-8 为用户的鼠标检测实例。

```html
<!-- 程序 11-8.html -->
<html>
<head>
<meta http-equiv="Content-Type" content="text/html; charset=gb2312" />
<title>用户鼠标的检测</title>
<script type="text/javascript">
    function Event(x){
        var txt;
        switch(x){
        case 1:
    txt="鼠标位置为【"+event.srcElement.name+"】"+"<br>鼠标的坐标为【"+event.clientX
+","+event.clientY+"】";
        document.getElementById("pos").style.posLeft=event.clientX+10;
        document.getElementById("pos").style.posTop=event.clientY+10;
        break;
        }
        document.getElementById("txt").innerHTML=txt;
        }
</script>
<style type="text/css">
    #all{height:600px;cursor:crosshair;}
    #txt{font-weight:bold;}
    #pos{width:140px; height:20px;
        background:#fafafa;
        border:1px dotted #333;
        position:absolute;
        top:0px; left:0px;
}
</style>
</head>
<body onmousemove="Event(1);">
<div id="all" name="主体div元素">
```

```
        < div id = "pos">跟随鼠标文字内容</div >
        提示文字: < span id = "txt"></span>  < hr />
        < input type = "text" id = "a" name = "文本输入框" /> < br />
        < button name = "按钮元素">按钮元素</button >
    </div >
    </body >
    </html >
```

本例使用了 event.clientX 和 event.clientY 检测鼠标位置,并把鼠标 body 内的坐标值和所在元素显示在提示文字。由于<body>标签使用了 onmousemove 事件,只要用户的鼠标在文档范围内移动,则立刻触发事件并执行相应的处理程序,故鼠标的坐标值会随着鼠标的移动而不断变化。浏览效果如图 11-11 所示。

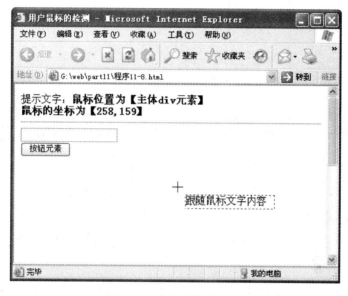

图 11-11 用户鼠标的检测

11.3.3 检测用户的键盘按键信息

event 对象中的 altKey,ctrlKey,shiftKey 及 keyCode 可检测键盘的按键信息。通过不同属性的读取,event 对象可以明白浏览用户的意图。其中 keyCode 代表按键的 Unicode 代码,每个代码都代表键盘上唯一的按键。

程序 11-9 为键盘按键检测实例。

```
<! -- 程序 11-9.html -->
< html >
< head >
< meta http - equiv = "Content - Type" content = "text/html; charset = gb2312" />
< title >键盘按键检测</title >
< script type = "text/javascript">
    var txt = "";
    var txt2 = "";
```

```
        function Event(x){
            var obj = document.getElementsByName("intxt");
            switch(x){
            case 1: txt = "可视按键的 Unicode 代码为: " + event.keyCode; break;
            case 2:
                txt = "非可视按键(Ctrl、Alt、Shift)的 Unicode 代码为: " + event.keyCode;
               txt2 = "非可视按键信息: < br /> Alt: " + event.altKey + "< br /> Ctrl: " + event.
ctrlKey + "< br /> Shift: " + event.shiftKey;
            break;
            case 3:
                txt += String.fromCharCode(event.keyCode);
               if(event.keyCode == 13){
                   event.srcElement.blur();
                   obj[2].focus();
               }
            break;
            case 4:
                txt = "";
               break;
            case 5:
                txt = "焦点移到按钮上了。";
            break;
        }
        document.getElementById("txt").innerHTML = txt;
        document.getElementById("txt2").innerHTML = txt2;
        }
</script>
< style type = "text/css">
    #txt{font - weight:bold;}
</style>
</head>
< body >
< div id = "all">
    < input type = "text"   name = "intxt" onkeypress = "Event(1);" onkeydown = "Event(2);"   />
< hr />
    提示文字: < span id = "txt"></span> < br />
    提示文字: < span id = "txt2"></span> < hr />
    < input type = "text"   name = "intxt" onkeypress = "Event(3);" onfocus = "Event(4);" />
< br />
    < input type = "button"   name = "intxt" onfocus = "Event(5);" value = "确定" />
</div>
</body>
</html>
```

本例提供了访问 HTML 元素的新方法，即 document.getElementsByName()方法，该方法根据元素的 name 名称访问元素，但和 getElementById 不同，它在文档内可以有多个和 name 名称相同的元素，所以 getElementsByName()方法返回值为数组，通过下标访问每个 name 名称的元素。在第 1 个文本输入框按下可视按键时，触发 onkeypress 和 onkeydown 事件，提示文字内容将会显示读取的 event.keyCode 属性代码值。而按下非可视按键时第 2 段提示文字内容将显示 3 个布尔值，分别表示 Alt 键、Ctrl 键和 Shift 键是否被按下，浏览效果如图 11-12 所示。

图 11-12 键盘输入字符检测

在第 2 个文本输入框输入字符时,将调用字符串对象的 string. fromCharCode()方法, 将按键的 Unicode 代码转换为对应的字符,即用户输入什么字符,提示文字将显示一样的字符。且当用户在第 2 个输入文本框中按下 Enter 键时,文本框将失去焦点,并将焦点移入 "确定"按钮,读者可自行运行测试。

专家点拨 非可视按键是指 Alt 键、Ctrl 键和 Shift 键、上下左右光标键等。

11.4 上机练习与指导

11.4.1 改变网页背景颜色

根据单选按钮的属性及事件,本节练习通过单击事件改变网页的背景颜色,程序运行的效果如图 11-13 所示。在网页设计一个含有 4 个单选按钮的表单,每个单选按钮代表一个颜色,当单击某个颜色的按钮时,网页的背景色会改成相应的色彩。

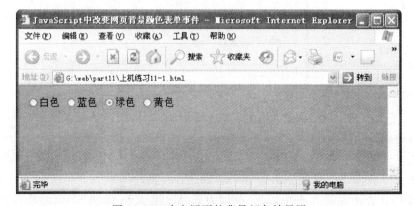

图 11-13 改变网页的背景颜色效果图

参考代码如下。

```
<! -- 上机练习 11 - 1. html -->
< html >
< head >
< meta http - equiv = "Content - Type" content = "text/html; charset = gb2312" />
< title > JavaScript 中改变网页背景颜色表单事件</title>
< script type = "text/javascript" language = "javascript" >
    function changeColor() {
    for( i = 0; i < 4; i + + )
        if( form1. color[ i]. checked){
        document. body. style. background = form1. color[ i]. value;
        }
    }
</script >
</head >
< body >
< form name = "form1">
< input name = "color" type = "radio" value = "＃FFFFFF" onclick = "changeColor()">白色
< input name = "color" type = "radio" value = "＃0000FF" onclick = "changeColor()">蓝色
< input name = "color" type = "radio" value = "＃00FF00" onclick = "changeColor()">绿色
< input name = "color" type = "radio" value = "＃FFFF00" onclick = "changeColor()">黄色
</form >
</body >
</html >
```

上面的代码中先自定义了一个运算功能的函数 changeColor()，然后根据 form1. color[i]. value 设定不同的颜色值选中单选按钮 form1. color[i]. checked，并通过 document. body. style. background 设置背景颜色。

11.4.2 表单中相关组件的算术运算

本节根据文本框及按钮的属性事件，编写一个简单的计算器，其程序运行的效果如图 11-14 所示。要求在数据 1 及数据 2 的文本框中输入数值后，单击"加"、"减"、"乘"、"除"任一按钮，都能将相应的运算结果显示在运算结果的文本框中。

图 11-14　简单计算器效果图

参考代码如下。

```
<! -- 上机练习 11 - 2. html -->
<html xmlns = "http://www.w3.org/1999/xhtml">
<head>
<meta http - equiv = "Content - Type" content = "text/html; charset = gb2312" />
<title>简单的计算器</title>
<script type = "text/javascript" language = "javascript">
    function equal(e){
     data1 = form1.data1.value;
     data2 = form1.data2.value;
     switch(e) {
        case " + ":total = data1 * 1 + data2 * 1;break;
        case " - ":total = data1 - data2;break;
        case " * ":total = data1 * data2;break;
        case "/":total = data1/data2;break;
      }
     form1.total.value = total;
      }
</script>
</head>
<body>
<form name = "form1">
   <p>数据 1: <input type = "text" size = 5 name = "data1"> </p>
   <p>数据 2: <input type = "text" size = 5 name = "data2"> </p>
   <p>
      <input type = "button" value = "加" onclick = "equal(' + ')">
      <input type = "button" value = "减" onclick = "equal(' - ')">
      <input type = "button" value = "乘" onclick = "equal(' * ')">
      <input type = "button" value = "除" onclick = "equal('/')">
   </p>
   <p>运算结果: <input type = "text" name = "total" size = 5>  </p>
</form>
</body>
</html>
```

上面的代码中先自定义一个运算的功能函数 equal(e)，然后取得要计算的两个数据，在 switch 语句中根据不同的计算方法(加、减、乘、除)，使用不同的运算符来计算这两个数运算的结果。在该程序中有这样的语句组"case "＋":total＝data1 * 1＋data2 * 1;break;"，主要原因是运算符"＋"可以作加法，也可以作字符串的连接符号，为了使两个数据作加法运算，所以 data1 和 data2 要乘以 1。

11.4.3 鼠标随意拖动网页元素

根据之前鼠标跟随文字的实例，结合前面学习的鼠标事件，本节练习制作一个鼠标随意拖动网页元素的程序，实现类似于 Windows 桌面对各窗口的操作，不仅可拖放 div 元素，双击该元素时还可显示或隐藏其文本内容，程序运行效果如图 11-15 所示。

图 11-15　鼠标随意拖动网页元素

参考代码如下。

```
<- - 上机练习 11 - 3. html -->
< html xmlns = "http://www.w3.org/1999/xhtml">
< head >
< meta http - equiv = "Content - Type" content = "text/html; charset = gb2312" />
< title >鼠标随意拖动网页元素</title>
< script type = "text/javascript">
    var drag = false;
    var dis = false;
    function Event(x){
        var lf = document.getElementById("pos").style.posLeft;
      var tp = document.getElementById("pos").style.posTop;
        switch(x){
        case 1: drag = true; break;
        case 2: drag = false; break;
        case 3:
          if(drag){
             lf = event.clientX - 50;
          tp = event.clientY - 10;
          }
        break;
        case 4:
        dis = !dis;
        if(dis){
            document.getElementById("intxt").style.display = "block";
          drag = false;
          }else{
          document.getElementById("intxt").style.display = "none";
          drag = false;
          }
        break;
```

```
            case 5:document.getElementById("pos").style.backgroundColor = "#fafafa"; break;
            case 6:document.getElementById("pos").style.backgroundColor = "#eee"; break;
        }
        document.getElementById("pos").style.posLeft = lf;
        document.getElementById("pos").style.posTop = tp;
    }
</script>
<style type = "text/css">
    *{margin:0px;
      padding:0px;}
    #all{height:600px;}
    #pos{width:140px; height:20px;
       background:#eee;
       border:1px solid #333;
       position:absolute;
       top:0px;left:0px;
       }
    #intxt{display:none;
            height:100px;
          margin-top:20px;
          border:1px dotted #333;
          font-size:12px;
          }
</style>
</head>
<body>
<div id = "all"   onmousemove = "Event(3);" onmouseup = "Event(2);">
<div id = "pos" onmousedown = "Event(1);" ondblclick = "Event(4);" onmouseover = "Event(5);"
onmouseout = "Event(6);"   >
    <div id = "intxt">
        <h4>标题</h4>
        <p>文本内容:JavaScript 的事件处理机制可以改变浏览器响应用户操作的方式.</p>
    </div>
</div>
</div>
</body>
</html>
```

11.5　本章习题

一、选择题

1. 下列不属于鼠标事件的是哪项?（　　）

　　A. onDbclick　　　B. onMouseDown　　　C. onMouseUp　　　D. onMove

2. 下列与按钮有关的事件是哪项?（　　）

　　A. onReset　　　　B. onChange　　　　C. onLoad　　　　D. onBlur

3. 下列属于键盘按下事件的是哪项？（　　　）

    A. onkeydown　　B. onkeyup　　　　　C. onkeypress　　　　D. onClick

4. 当某个元素失去焦点时触发的事件是哪项？（　　　）

    A. onChange　　B. onLoad　　　　　C. onBlur　　　　　D. onReset

二、填空题

1. JavaScript 脚本处理事件主要可通过匿名函数、_____、_____等方式进行。

2. JavaScript 和面向对象的编程一样必须要有_____，才能执行程序。

3. _____在 JavaScript 中代表事件状态。

4. 使用 event 对象检测用户的鼠标情况，需编写_____事件的处理程序。

第12章

综合实例

前面的章节分别介绍了 HTML、CSS 及 JavaScript 的各种应用方法,本章将以一个简单的门户网站为例,综合前面各章的概念、技术及方法,将其运用到实际应用中,使读者对网页制作的过程及方法有更深刻的理解。

本章主要内容:

- 规划网站结构;
- 网站开发;
- 网站发布要素。

12.1 网站开发流程

做任何项目都需要提前进行规划,优秀网站的开发需要有一个好的开发流程,通常需遵循以下流程:网站规划、网站设计、网站开发、网站发布、网站维护等。即首先需要从大局出发,进行完整的需求分析,然后才考虑效果图样和具体的代码编写。本章内容以相对比较简单的门户网站为例,虽然结构不算复杂,但网站的规划是不可省略的,在实际项目中做好网站的规划能提高开发的效率。

12.1.1 网站规划

网站规划是指在网站建设前对市场进行分析、确定网站的目的和功能,并根据需要对网站建设中的技术、内容、费用、测试、维护等做出规划。网站规划对网站建设起到计划和指导的作用,对网站的内容和维护起到定位作用。

一个网站的成功与否和建站前的网站规划有着极为重要的关系。在建立网站前应明确建设网站的目的,确定网站的功能,确定网站规模、投入费用,进行必要的市场分析等。只有详细地规划,才能避免在网站建设中出现很多问题,使网站建设能顺利进行。一般而言网站规划包括:

(1) 确定网站主题:建立网站之前,必须先弄清建立网站的目的是什么。

(2) 进行需求分析:以用户体验的角度去看问题,分析潜在的用户目标,了解用户的需求是什么,了解用户想从网站上得到什么信息。

(3) 确定网站风格:确定了网站的风格也就确定了网站内容的表现形式。虽然现今互联网上的网站多如牛毛,但总体来说只有信息式和图画式两大类,信息式是在网页显示中以发布文字信息为主,图画式则是在网页中以图片或动画为主。

(4) 分析网站技术问题:在制作网页前还必须考虑网络速度的问题,同时还要分析投入成本、功能、开发、稳定性和安全性等。

本章所介绍的门户网站是描述大型综合性网站的通用概念,除新闻以外,还有博客、专题、论坛等,实现这么多复杂的内容需要服务器编程和数据库技术,因为本书只学习网页前面的表现技术,所以本章只介绍制作门户网站的基本网页。

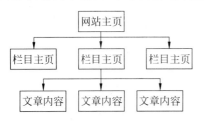

图 12-1　门户网站的整体结构图

门户网站看似复杂,实际仍然是有规律的分层管理的模型。本章制作一个较简单的门户网站,其结构分为 3 层,效果如图 12-1 所示。由于本书没有涉及服务器端编程,故示例中的动态部分由静态页面模拟完成。

图 12-1 列举了 3 个栏目,每个栏目列举了 3 个文章页面,实际上门户网站的栏目可能非常多,但模型都基本相同。很多简单门户网站的多个栏目主页除了内容不同,布局样式基本相同,这样的网站栏目页面其实只有一个文件,其他文件是通过服务器编程读取数据库生成多个不同的栏目页面,文章内容页面同样如此。

本章将学习制作主页、栏目页和文章内容页,有了这 3 个页面,通过后台程序的操作可以生成一个完整的门户网站。

12.1.2　网站设计

网站建设初期进行了详细的规划之后,就可以进入设计阶段。设计阶段就是对网页元素的合理摆放和布局。在进行页面设计时,首先要充分考虑到导航系统对整个网站的影响,包括要考虑网页的颜色,在制作的过程中需要设计文本、字体、背景等,因此设计时要注意以下两点。

(1) 一致性:确定一种颜色为网站的主色调,最好在所有的页面中都使用该主色调保持一致的风格。

(2) 可读性:网页设计不需要做得很花哨,不需要有太多的修饰,因为绝大多数用户都是需要在网站上查找自己需要的信息,因此在制作网页时,一定要注意网站的可读性。

本例网站的首页、栏目页和文章内容页类似于个人网站,拥有相同的顶部、导航栏和底部。3 个页面的通用结构示意图如图 12-2 所示。

由于门户网站的首页一般是把最新、最重要的内容放最顶部,故首页大多是显示各个栏目的文章标题的列表,因此在网页的设计中,ul 列表元素使用非常频繁。

图 12-2　门户网站页面的结构图

12.1.3　页面设计效果图

本例页面设计效果图使用 Photoshop 软件制作。设计效果图时需要考虑代码的编写复杂度和载入图片的总容量,如可用纯色就不用渐变色,可用渐变色就不用无规律图片。因为纯色可直接用代码指定,渐变色需使用图片,但渐变色只需要 1px 宽(垂直渐变)的图片作为容器背景平铺,相对而言比无规律图片像素数量少很多。

本网站使用了红色、灰色及黑色作为主色,比较容易吸引浏览者的注意,读者可以作为参考,其效果如图 12-3 所示。

图 12-3 门户网站首页设计效果图

12.1.4 站点目录规划

由于 Web 开发是多种技术、多种资源的集合,在动手编写代码前,必须对站点的目录进行规划,如果没有良好的目录规划,在大型项目中设计师将很难理清代码。

在学习 HTML 时已经知道,创建一个网站需要独立的网站根目录,且里面除了各 HTML 文档以外,还有很多资源文件。在创建网站目录时,需要按类别创建相应的资源子目录,用于存放图片文件、Flash 动画文件、CSS 文件及 JavaScript 文件。本例资源目录的规划如图 12-4 所示。

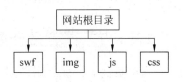

图 12-4 规划资源目录

12.2 网站开发

网站设计完成之后，下一步就进入网页的具体开发阶段。此阶段是网页设计的最重要阶段，前期的规划和设计都是为网站开发服务的，接下来需要将收集的资料进行整理和合理的布局，添加网页中需要用到的元素。

12.2.1 构建 XHTML 结构

有了设计的效果图，接下来就需要构建 XHTML 页面的结构，然后用 CSS 代码进行布局，并设置初步的样式属性。

由于全站页面的顶部和顶部样式与内容要保持一致，本例将网站公共部分的 CSS 代码单独放入了专门的外部样式表文件 style.css 中。其代码如下。

```
<! -- 程序 style.css -->
*{margin:0px; padding:0px;}
ul{list-style:none;}
body{font-size:12px;}
#top{width:100%; height:26px;
    color:#fff;background:#000;}
#top div{width:60%; height:18px;
        padding-top:3px;
        margin-left:8%;
        overflow:hidden;}
#top div input{height:14px;
              margin-left:5px;}
select{height:18px;}
#top div .btn{height:20px;}
#ad, #nav, #content, #bottom{width:801px;
    margin:0px auto;}
#ad{height:65px;}
#ad #logo{width:144px; height:55px;
        float:left; margin:5px;
        background:#ccc;}
#ad #swf{width:630px; height:55px;
        margin-left:8px; margin-top:5px;
        float:left;
        background:#ccc;}
#nav{height:28px;
    text-align:right;
    }
#nav a{font-size:14px;
      display:block;
    float:left;
    margin-left:20px;
    margin-top:6px;
    color:#fff;
```

```
        letter - spacing:0.2em;
        text - align:center;
        text - decoration:none;}
a # index{clear:left;}
# nav a:hover{color: # d00;
            background: # fff;}
# search{padding - top:3px;
        padding - right:10px;}
# search input{height:14px;}
# search .btn{height:20px;}
# bottom{height:100px;
        background: # 000;}
h5{text - align:center;
    padding - top:20px;
    font - size:13px;
    color: # fff;}
```

本例首页初始结构文件代码 index. html 如下。

```
<! -- 程序 index. html -- >
< html >
< head >
< meta http - equiv = "Content - Type" content = "text/html; charset = gb2312" />
< title >门户网站 - 首页</title>
< link href = "css/style.css" type = "text/css" rel = "stylesheet" />
< style type = "text/css">
# content{height:600px;
    background: # eee;}
# content # left{width:520px;
                height:580px;
                float:left;
                margin:10px;
                background: # fff;}
# content # left # news_swf{background: # eee;}
# content # left .pro{width:250px;
                    height:180px;
                    margin - right:10px;
                    margin - top:10px;
                    float:left;
                    background: # fff;}
# content # left li ul{
    background: # eee;
    line - height:2.2em;}
# content # left .gray{background: # ccc;}
# content # right{width:250px;
                height:580px;
                float:right;
                margin - right:10px;
                margin - top:10px;
```

```
                                  background:#fff;}
    #content #right ul{width:100%;
                                  height:270px;
                                  float:right;
                                  margin-bottom:10px;
                                  padding-top:10px;
                                  text-align:center;
                                  background:#ccc;}
    #content #right ul li#msg_top{height:20px; }
    #content #right ul ul{color:#fff; height:200px;}
    #content #right ul ul li{margin-top:12px;}
    #content #right div{width:100%;
                                  height:250px;
                                  text-align:center;
                                  background:#ccc;}
    h4{color:#d00;
       font-size:14px;
       border-bottom:1px solid #d00;
       }
    #content #right div img{display:block;
                                     width:100px;
                                     height:100px;
                                     margin:0px auto;
                                     margin-bottom:10px;
                                     border:1px solid #000;}
    </style>
    </head>
    <body>
    <div id="top">
      <div>
      用户名
      <input type="text" size="10" value="" />
      密码
      <input type="password" size="10" value="" />
      <select>
         <option selected="selected">不保存</option>
         <option>保存一周</option>
         <option>永久保存</option>
        </select>
        <input type="submit" value="登录" class="btn" />
        <input type="button" value="注册" class="btn" />
    </div>
    </div>
    <div id="ad">
       <div id="logo"></div>
       <div id="swf"> </div>
    </div>
    <div id="nav">
       <a href="#" id="index">首页</a>
```

```html
<a href = "#">分类</a>
<a href = "#">投资</a>
<a href = "#">文娱</a>
<a href = "#">房产</a>
<a href = "#">教育</a>
<a href = "#">健康</a>
<a href = "#">旅游</a>
<a href = "#">美食</a>
<a href = "#">IT</a>
<a href = "#">论坛</a>
<div id = "search">
     <input type = "text" size = "20" value = "" />
        <input type = "button" value = "搜索" class = "btn" /></div>
</div>
<div id = "content">
  <div id = "left">
     <ul class = "pro" id = "news_swf"></ul>
     <ul class = "pro">
       <li class = "tt"><a href = "class.htm" class = "STYLE3">热点新闻</a></li>
      <li>
          <ul>
             <li class = "gray">
               <a href = "article.htm" class = "STYLE2" >
                  <font color = "#000000">卫生部要求医院挂号等候时间不超10分钟</font >
                </a>
             </li>
            <li>·道路集中改造市民出行攻略</li>
            <li class = "gray">·坐车凉快等车热,乘坐公交很纠结</li>
            <li>·大力发展房地产是饮鸩止渴</li>
            <li class = "gray">·小学生应该多开心理辅导课</li>
          </ul>
      </li>
  </ul>
     <ul class = "pro">
       <li class = "tt"><a href = "#" class = "STYLE4">时尚购物</a></li>
       <li>
          <ul>
            <li class = "gray">·我要变成白雪公主那么白</li>
            <li>·奢侈品越涨价越热卖</li>
            <li class = "gray">·与明星同款的时尚裙裙</li>
            <li>· 鳄鱼恤小店全场打折了～～！</li>
            <li class = "gray">·创意手工银饰与您同行！</li>
          </ul>
      </li>
  </ul>
     <ul class = "pro">
       <li class = "tt"><a href = "#" class = "STYLE4">生活服务</a></li>
       <li>
          <ul>
```

```
        <li class = "gray">·课业家教/艺术家教</li>
        <li>·搬家/快递/汽车租赁</li>
        <li class = "gray">·健身/瑜伽/跆拳道</li>
        <li>·婚庆/礼仪/鲜花/摄影</li>
        <li class = "gray">·招商/合作/融资/创业</li>
      </ul>
    </li>
</ul>
  <ul class = "pro">
    <li class = "tt"><a href = "#" class = "STYLE4">招聘求职</a></li>
    <li>
        <ul>
          '<li class = "gray">·技师/工人/学徒</li>
          <li>·行政/文秘/助理</li>
          <li class = "gray">·兼职/促销/实习</li>
          <li>·财务/会计/出纳</li>
          <li class = "gray">·其他招聘 </li>
        </ul>
    </li>
</ul>
  <ul class = "pro">
    <li class = "tt"><a href = "#" class = "STYLE4">亲子乐园</a></li>
    <li>
        <ul>
          <li class = "gray">·影响孩子一生的十五个细节</li>
          <li>·怎么给小孩子选择好的书籍</li>
          <li class = "gray">·不能用闪光灯给新生儿拍照 </li>
          <li>·宝宝过敏怎么办?</li>
          <li class = "gray">·美国成功家庭的教育忌语 </li>
        </ul>
    </li>
</ul>
</div>   <div id = "right">
  <ul>
    <li id = "msg_top">便民信息</li>
    <li>
    <ul>
        <li>天气预报|交通违章</li>
        <li>列车查询|国家代码</li>
        <li>手机归属|体育彩票</li>
        <li>身份号码|电视节目</li>
        <li>固话区号|邮政编码</li>
        <li>电话查询|短信服务</li>
    </ul>
    </li>
</ul>
<h4>热点人物</h4>
<div>
  <img />
  <img />
```

```
        </div>
    </div>
</div>
<div id = "bottom">
    <h5>公司地址：江西省 XX 大厦 xx 楼< br />
服务热线：0791 - 3100000 转 000 传真：0791 - 4310000 E - mail：admin@yiluxing.com< br />
版权所有@2005 - 2010 依路传媒 < br />
赣 ICP 备 0000000 号</h5 >
</div>
</body>
</html>
```

本代码在浏览器中的显示效果如图 12-5 所示。

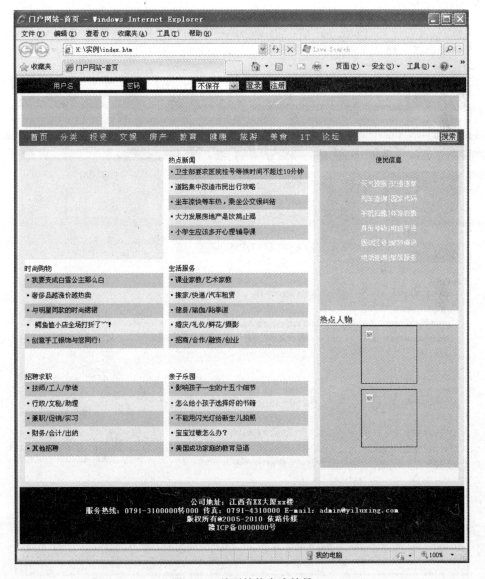

图 12-5　首页结构完成效果

专家点拨 本例代码在 IE 7.0 以上版本及 Firefox 浏览器中测试通过,如果需要兼容 IE 6.0,需对部分 CSS 代码做兼容处理,读者可参阅相关资料。

12.2.2 设置页面背景

制作完页面的结构后,首页视觉上已经非常接近效果图了,本节将填充具体的内容和图片,并做最后的 CSS 代码美化,使页面符合设计效果图。美化页面的原则就是尽量用小尺寸的图片以节省页面容量,并尽量用背景图插入图片以便能精确控制其位置。

1. 输入所有的标题和内容

在首页的各容器中填入页面具体的内容,即标题、列表项文本以及图片等,填充后的浏览效果如图 12-6 所示。

图 12-6 填充内容后的首页

2. 设置页面主体背景

从效果图上可以看到，页面主体背景为阴影图片，对于类似的带阴影背景，可用如图 12-7 所示的图片作为 body 元素背景图，设置背景垂直平铺并居中。为了进一步减小图片尺寸，可将本图片裁剪为 1px 高度并命名为 bg.gif，放入当前目录的 img 文件夹中。注意在 CSS 代码中一定要指明 repeat-y 平铺方式并设为居中。在 style.css 中编写的 body 标签选择符如下：

```
body{font - size:12px;
background: # fff url(../img/bg.gif) center repeat - y;}
```

3. 设置页面渐变背景

本例首页的导航条和栏目标题均为渐变背景，如图 12-7 所示。

(a)　　　　　(b)

图 12-7　功能标题板块背景

将效果图中的背景渐变色裁剪出 1px 宽，分别命名为 nav_bg.gif 和 pro_bg.gif，放入当前目录的 img 文件夹中。在 CSS 代码中将其设置为相应容器的背景图片，并在水平方向平铺，在 style.css 中所作的修改部分如下：

```
# nav{height:28px;
        text - align:right;
        background:url(../img/nav_bg.gif);}
```

修改后导航条背景将自动平铺，栏目标题的背景需要在 index.html 的 CSS 代码部分设置，修改后的代码如下：

```
# content # left .pro .tt{width:40 % ;
                        height:22px;
                        color: # fff;
                        padding - bottom:2px;
                        text - align:center;
                        font - size:14px;
                        font - weight:bold;
                        padding - top:5px;
                        background: # 000 url(img/pro_bg.gif);}
```

由于所有的栏目标题容器部分都指定了 class 的名称为 tt，所以经过上面的设置后，所有的栏目标题都有了渐变背景。

4. 设置有规律的背景图片

本例的多处功能模块虽然不是单纯的颜色渐变背景，但其背景图片仍然是有规律的，如

图 12-8 所示。

这样的背景图片仍然可用和设置渐变图片相同的
方法，即将其裁剪为 1px 宽的图片，将图 12-8(a)的背
景图片裁剪后命名为 top_bg. gif，放入当前目录的 img
文件夹中。在 CSS 代码中设置顶部容器的背景并平铺，在 style. css 中所作的修改部分
如下：

图 12-8　顶部和"便民信息"背景图片

(a)　　　　(b)

```
# top{width:100 % ;
      height:26px;
   color: # fff;}
```

将图 12-8(b)的背景图片裁剪后命名为 li_bg. gif，放入当前目录的 img 文件夹中。在
CSS 代码中设置为"便民信息"的背景并平铺，在 index. html 中需修改的 CSS 部分代码编写
如下：

```
# content # right ul{width:55 % ;
                    height:200px;
                    margin:0px auto;
                    margin − bottom:10px;
                    padding − top:2px;
                    text − align:center;
                    background:url(img/li_bg. gif);}
# content # right ul li # msg_top{height:20px;
                               width:96 % ;
                                  color: # fff;
                                  padding − top:5px;
                                  margin:0px auto;
                                  font − weight:bold;
                                  border:1px solid # fff;
                                  background: # 000 url(img/top_bg. gif);}
# content # right ul ul{color: # fff;
                       width:100 % ;
                       height:160px;}
```

修改后的"便民信息"部分效果如图 12-9 所示。

图 12-9　"便民信息"的背景图片

12.2.3 插入 Flash 动画

在首页的网站 Logo 右边还有一个空位,这是留给 Flash 广告的,插入 Flash 广告需使用 embed 标签。由于微软公司的系统补丁的影响,用这种方法直接插入 Flash 动画到网页中后,IE 浏览器显示时将会产生虚框,这会严重影响用户的视觉感受。要解决这个虚框问题,可采用程序动态输出标签的方式,即使用 document.write() 方法在页面中输出 HTML 标签和文本。

首先在 js 文件夹下创建 flash.js 文件,代码编写如下:

```
function setFlash(url,w,h){
    var txt = '< embed src = ' + url + ' width = ' + w + ' height = ' + h + '>';
    txt += '</embed>';
    document.write(txt);
}
```

在 flash.js 中定义的 setFlash() 函数可接收 3 个参数,分别代表 swf 文件的路径、宽度和高度。要在 index.html 中使用这个函数,必须在头部标签加入代码:

```
< script type = "text/javascript" src = "js/flash.js"></script>
```

然后在 index.html 中修改 id 名称为 swf 的容器名称,修改代码如下:

```
< div id = "swf">
    < script type = "text/javascript">
    setFlash("swf/swf1.swf","630","55");
    </script>
</div>
```

修改后的浏览效果如图 12-10 所示。

图 12-10 插入无虚框的 Flash 动画

通过 JavaScript 动态输出标签的方法很好地解决了 Flash 动画的虚框问题,插入其他多媒体资源也可以采用同样的办法。

12.2.4 利用 JavaScript 与 Flash 制作轮换图片

新闻图片轮换如今流行于各大网站,而多数网站的轮换效果都是采用 Flash 动画制作的。本例的轮换动画效果参数由 JavaScript 程序提供,使用已制作完成的 Flash 轮换动画文件 pic.swf(该文件放在 swf 文件夹中),通过编写 JavaScript 程序完成首页的轮换动画。在 js 文件夹中创建 JavaScript 文件,命名为 pic.js,代码编写如下。

```
function picTab(){
var focus_width = 250;
var focus_height = 160;
var text_height = 20;
var swf_height = focus_height + text_height;
var pics = '';
var links = '';
var texts = '';
function addTxt(url, img, title){
  if(pics != ''){
     pics = "|" + pics;
     links = "|" + links;
     texts = "|" + texts;
     }
  pics = escape(img) + pics;
  links = escape(url) + links;
  texts = title + texts;
  }
addTxt('http://www.china-orange.com/', 'img/newsc.jpg','橘了红了');
addTxt('http://www.chinanews.com/', 'img/newsb.jpg','花园城市');
addTxt('http://www.jxta.gov.cn/', 'img/newsa.jpg','夜色中的喷泉');
var txt = '< embed src = "swf/pic.swf" wmode = "transparent"
      FlashVars = "pics = ' + pics + '&links = ' + links + '&texts = ' + texts + '&borderwidth =
      ' + focus_width + '&borderheight = ' + focus_height + '&textheight = ' + text_height + '"
      menu = "false" quality = "high" width = "' + focus_width + '" height = "' + swf_height
      + '" allowScriptAccess = "sameDomain" type = "application/x-shockwave-flash"/>';
document.write(txt);
}
```

本代码文件中只有 picTab() 函数的定义，首先声明了局部变量 focus_width 和 focus_height，分别代表轮换图片的宽度和高度；还声明了变量 text_height 和 swf_height，其中 text_height 代表轮换图片下标题文字的高度，而 swf_height 为图片高度和标题文字高度之和，即整个 Flash 动画的高度。函数体内的函数 addTxt()，执行后用"|"拼接同类型的多个参数，方便 Flash 动画进一步处理。执行 addTxt() 函数时，可传递 3 种参数，分别为链接地址、图片路径和图片标题文字，读者可按这个格式继续添加多个 addTxt() 函数。最后将输出 Flash 动画的标签代码赋值给 txt 变量，这个过程中已经将参数传递给 Flash 动画了，并指定了所加载 Flash 动画的路径，将其在页面中输出。网页输出的最终效果如图 12-11 所示。

简单地说，只要在页面中执行了 picTab() 函数，即可输出函数内所定义的 Flash 动画，如需要修改图片尺寸和路径只需要编辑 pic.js 的函数体。

图 12-11　首页最终效果

12.2.5　其他栏目的实现

栏目页面和文章页面的内容通常由后台程序生成。一般在大型门户网站的制作中,前台页面只是简单制作的样式和格式,其留下的内容接口给后台程序处理。本书对栏目页面和文章页面的制作不再过多介绍,其基本构建方式类似于首页制作,且顶部、导航和底部都要与首页保持一致。如果栏目页面只实现本栏目的列表,则制作方法非常简单,只需要将前面的 index.html 复制,再稍做修改即可。栏目代码编写如下。

```
<!-- 程序 class.html -->
<html>
<head>
```

```
< meta http - equiv = "Content - Type" content = "text/html; charset = gb2312" />
< title >门户网站 - 栏目页</title>
< script type = "text/javascript" src = "js/flash.js"<>/script >
< link href = "css/style.css" type = "text/css" rel = "stylesheet" />
< style type = "text/css">
# content{height:600px;}
# content # left{width:520px;
               height:580px;
               float:left;
               margin:10px;
               background: # fff;}
# content # left .pro{width:500px;
               height:180px;
               margin - right:10px;
               margin - top:10px;
               float:left;
               background: # fff;}
# content # left .pro .tt{width:40 % ;
               height:22px;
                color: # fff;
                padding - bottom:2px;
                text - align:center;
                font - size:14px;
                font - weight:bold;
                padding - top:5px;
                background: # 000 url(img/pro_bg.gif);}
* + html # content # left .pro .tt{height:16px;
                             padding - top:5px;}
# content # left li ul{background: # eee;
               margin - top: - 5px;
               width:100 % ;
               border - top:1px solid # 000;
               line - height:2.2em;}
# content # left .gray{background: # ccc;}
# content # right{width:250px;
               height:580px;
               float:right;
               margin - right:10px;
               margin - top:10px;
               background: # fff;}
# content # right ul{width:55 % ;
               height:200px;
               margin:0px auto;
               margin - bottom:10px;
               padding - top:2px;
               text - align:center;
               background:url(img/li_bg.gif);}
# content # right ul li # msg_top{height:20px;
                          width:96 % ;
                           color: # fff;
                           padding - top:5px;
                           margin:0px auto;
                           font - weight:bold;
```

```
                              border:1px solid #fff;
                        background:#000 url(img/top_bg.gif);}
#content #right ul ul{color:#fff;
                      width:100%;
                      height:160px;}
#content #right ul ul li{margin-top:12px;}
#content #right div{width:100%;
                    height:250px;
                    text-align:center;}
h4{color:#d00;
   font-size:14px;
   border-bottom:1px solid #d00;
   margin-bottom:10px;}
#content #right div img{display:block;
                        width:100px;
                        height:100px;
                        margin:0px auto;
                        margin-bottom:10px;
                        border:1px solid #000;}
</style>
</head>
<body>
<div id="top">
  <div>
    用户名
    <input type="text" size="10" value="" />
    密码
    <input type="password" size="10" value="" />
    <select>
        <option selected="selected">不保存</option>
      <option>保存一周</option>
      <option>永久保存</option>
    </select>
    <input type="submit" value="登录" class="btn" />
    <input type="button" value="注册" class="btn" />
</div>
</div>
<div id="ad">
  <div id="logo"><img src="img/logo.gif" /></div>
  <div id="swf">
      <script type="text/javascript">
      setFlash("swf/swf1.swf","630","55");
      </script>
  </div>
</div>
<div id="nav">
  <a href="index.htm" id="index">首页</a>
  <a href="#">分类</a>
  <a href="#">投资</a>
  <a href="#">文娱</a>
  <a href="#">房产</a>
  <a href="#">教育</a>
  <a href="#">健康</a>
```

```
        <a href="#">旅游</a>
        <a href="#">美食</a>
        <a href="#">IT</a>
        <a href="#">论坛</a>
        <div id="search"><input type="text" size="20" value="" /><input type="button"
value="搜索" class="btn" /></div>
</div>
<div id="content">
    <div id="left">
        <ul class="pro">
            <li class="tt">热点新闻</li>
            <li>
                <ul>
                    <li class="gray"><a href="article.htm">夏季一个月电费670元,相当于半
个月工资</a></li>
                    <li>·道路集中改造市民出行攻略</li>
                    <li class="gray">·坐车凉快等车热,乘坐公交很纠结</li>
                    <li>·大力发展房地产是饮鸩止渴</li>
                    <li class="gray">·小学生应该多开心理辅导课</li>
                    <li>·铁道部八名高官一年内落马</li>
                    <li class="gray">·杭州出租车发生大规模停运</li>
                    <li>·南京大型水景工程成摆设</li>
                    <li class="gray">·广州停收流动人员治安联防费</li>
                    <li>·大学生办谢师宴花费8万余元</li>
                    <li class="gray">·专家称三峡工程被妖魔化</li>
                    <li>·全国首个大学生低碳营启动</li>
                    <li class="gray">·上海首批私人纯电动车上牌</li>
                    <li>·中国水价偏低导致浪费?</li>
                    <li class="gray">·印度雨季雷电造成35人死亡</li>
                    <li>·苹果公司拥有资产超美国政府</li>
                    <li class="gray">·肯德基在华遭遇饮料门</li>
                    <li>·富士康将用机器人代替工人</li>
                    <li class="gray">·英国20岁玩家久坐玩网游暴毙</li>
                    <li>·以色列与黎巴嫩军队发生交火</li>
                </ul>
            </li>
        </ul>
    </div>
    <div id="right">
        <ul>
        <li id="msg_top">便民信息</li>
        <li>
        <ul>
            <li>天气预报|交通违章</li>
            <li>列车查询|国家代码</li>
            <li>手机归属|体育彩票</li>
            <li>身份号码|电视节目</li>
            <li>固话区号|邮政编码</li>
            <li>电话查询|短信服务</li>
        </ul>
        </li>
        </ul>
        <h4>热点人物</h4>
```

```
    < div >
        < img src = "img/doga.jpg" />
        < img src = "img/dogb.jpg"  />
    </div >
    </div >
</div >
< div id = "bottom">
    < h5 >公司地址：江西省 XX 大厦 xx 楼< br />
服务热线：0791 - 3100000 转 000 传真：0791 - 4310000 E - mail: admin@yiluxing.com < br />
版权所有@2005 - 2010 依路传媒 < br />
赣 ICP 备 0000000 号</h5 >
</div >
</body >
</html >
```

浏览效果如图 12-12 所示。

图 12-12　栏目列表页面最终效果图

　　文章页面的内容与栏目页面类似，仍只需在首页的页面代码中修改即可，主要修改部分为 index.html 中的 id 名称为 left 的部分，代码编写如下。

```
<!-- 程序 article.html -->
<html>
<head>
<meta http-equiv="Content-Type" content="text/html; charset=gb2312" />
<title>门户网站 - 文章页面</title>
<script type="text/javascript" src="js/flash.js"></script>
<link href="css/style.css" type="text/css" rel="stylesheet" />
<style type="text/css">
#content{height:590px;}
#content #left{width:520px;
               height:580px;
               float:left;
               margin:10px;
               background:#fff;}
#content #left .pro{width:500px;
                    height:550px;
                    margin-right:10px;
                    margin-top:10px;
                    float:left;
                    background:#fff;}
#content #left .pro .tt{width:100%;
                        color:#000;
                        padding-bottom:2px;
                        text-align:center;
                        font-size:14px;
                        padding-top:5px;}
* + html #content #left .pro .tt{height:16px;
                                 padding-top:5px;}
#content #left li #ptxt{width:100%;
                        height:80%;
                        border:1px solid #ccc;}
#ptxt p{line-height:1.8em;
        text-indent:2em;}
#content #right{width:250px;
                height:580px;
                float:right;
                margin-right:10px;
                margin-top:10px;
                background:#fff;}
#content #right ul{width:55%;
                   height:200px;
                   margin:0px auto;
                   margin-bottom:10px;
                   padding-top:2px;
```

```
                        text - align:center;
                        background:url(img/li_bg.gif);}
  #content #right ul li #msg_top{height:20px;
                                 width:96%;
                                 color:#fff;
                                 padding - top:5px;
                                 margin:0px auto;
                                 font - weight:bold;
                                 border:1px solid #fff;
                                 background:#000 url(img/top_bg.gif);}
  #content #right ul ul{color:#fff;
                        width:100%;
                        height:160px;}
  #content #right ul ul li{margin - top:12px;}
  #content #right div{width:100%;
                      height:250px;
                      text - align:center;}
  h4{color:#d00;
     font - size:14px;
     border - bottom:1px solid #d00;
     margin - bottom:10px;}
  #content #right div img{display:block;
                          width:100px;
                          height:100px;
                          margin:0px auto;
                          margin - bottom:10px;
                          border:1px solid #000;}
</style>
</head>
<body>
<div id = "top">
  <div>
    用户名
    <input type = "text" size = "10" value = "" />
    密码
    <input type = "password" size = "10" value = "" />
    <select>
        <option selected = "selected">不保存</option>
      <option>保存一周</option>
      <option>永久保存</option>
    </select>
    <input type = "submit" value = "登录" class = "btn" />
    <input type = "button" value = "注册" class = "btn" />
</div>
</div>
<div id = "ad">
  <div id = "logo"><img src = "img/logo.gif" /></div>
```

```
    <div id = "swf">
        <script type = "text/javascript">
        setFlash("swf/swf1.swf","630","55");
      </script>
    </div>
</div>
<div id = "nav">
    <a href = "#" id = "index"><a href = "index.htm">首页</a>
    <a href = "#">分类</a>
    <a href = "#">投资</a>
    <a href = "#">文娱</a>
    <a href = "#">房产</a>
    <a href = "#">教育</a>
    <a href = "#">健康</a>
    <a href = "#">旅游</a>
    <a href = "#">美食</a>
    <a href = "#">IT</a>
    <a href = "#">论坛</a>
    <div id = "search">
    <input type = "text" size = "20" value = "" />
    <input type = "button" value = "搜索" class = "btn" />
    </div>
</div>
<div id = "content">
    <div id = "left">
        <ul class = "pro">
            <li>你现在的位置：
                <a href = "index.htm">首页</a>-<a href = "class.htm">热点新闻</a>-正文
                </li>
            <li class = "tt"><h3>卫生部要求医院挂号等候时间不超10分钟</h3></li>
            <li class = "tt">发表时间：2011-7-25</li>
            <li class = "tt">作者：佚名</li>
            <li id = "ptxt">
                <p>本报讯：卫生部日前给出"三好一满意"活动的分解指标,医院要合理安排门急
诊服务、简化门急诊服务流程。挂号、划价、收费、取药等服务窗口等候时间不能超过10分钟。
</p>
<p>"三好一满意"活动即"服务好、质量好、医德好,群众满意"活动,是卫生部在全国各级医疗机
构,重点是二级以上公立医院开展的。</p>
<h3>窗口等候不超十分钟</h3>
<p>患者在医院进行化验检查之后,出结果时间过长经常让人"头疼"。卫生部此次要求,超声自
检查开始到出具结果时间不超过30分钟。而大型设备检查项目自开具检查报告申请单到出具检
查结果时间不超过48小时。
</p>
<p>另外,血、尿、便常规检验、心电图、影像常规检查项目,自检查开始到出具结果时间不超过30
分钟。</p>
<p>卫生部要求,各医院要合理安排门急诊服务、简化门急诊和入、出院服务流程。挂号、划价、收
费、取药等窗口等候时间不超过10分钟。</p>
```

```
<h3>可提供短信查检验结果</h3>
<p>很多患者有这样的经历,医生开了化验单之后,有些可以当天出结果,但是有些却要等待一段
时间,而拿到结果之后,患者才能进行复诊,这样很多患者或者家属不得不往返多次来院查询检查
检验的结果。</p>
<p>卫生部要求,医院要提供方便快捷的检查结果查询服务。除向患者提供纸质检查检验结果报
告单外,还可以提供现场、电话、短信、网络查询中至少1项查询方式。</p>
<p>另外,卫生部还要求各地在加强医疗质量控制的基础上,推进同级医疗机构检查、检验结果互
认工作,促进合理检查,降低患者就诊费用。互认项目包括医学检验和医学影像两大类。</p>
            </li>
        </ul>
        </div>
        <div id = "right">
            <ul>
            <li id = "msg_top">便民信息</li>
            <li>
            <ul>
                <li>天气预报|交通违章</li>
                <li>列车查询|国家代码</li>
                <li>手机归属|体育彩票</li>
                <li>身份号码|电视节目</li>
                <li>固话区号|邮政编码</li>
                <li>电话查询|短信服务</li>
            </ul>
            </li>
        </ul>
        <h4>热点人物</h4>
        <div>
            <img src = "img/doga.jpg" />
            <img src = "img/dogb.jpg" />
        </div>
        </div>
</div>
<div id = "bottom">
    <h5>公司地址:江西省 XX 大厦 xx 楼<br />
服务热线: 0791 - 3100000 转 000 传真: 0791 - 4310000 E - mail: admin@yiluxing.com <br />
版权所有@2005 - 2010 依路传媒<br />
赣 ICP 备 0000000 号</h5>
</div>
</body>
</html>
```

浏览效果如图 12-13 所示。

该门户网站的 3 个主要模板制作已经完成,通过后台程序的处理可以生成大量的栏目
页面和文章页面,并且保持着一致的样式风格,导航栏中还需要制作的页面,读者可自己制
作添加。

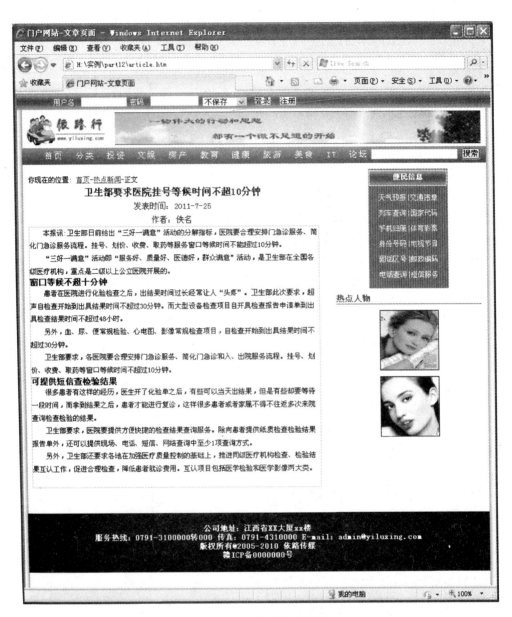

图 12-13　文章页面浏览效果

12.3　网站发布

网站设计全部完成之后，需要将自己的网站进行发布，在发布网站之前还必须先进行网站的测试。除了要对所有影响页面显示的细节元素进行测试外，关键还要检测页面中的链接是否正常跳转，以及改变文件的路径是否显示正常。如果测试都正常了，就可以将网页发布到 Internet 上，让所有的用户进行浏览。

12.3.1　注册域名

注册域名是任何要在网上建立站点的单位必须要做的第一步。在前面的章节中完成了网站中3个页面的制作,整个网站技术部分基本完成,最后需要把网站发布到ISP的服务器中。而ISP的服务器空间只有IP地址,为了方便其他浏览用户浏览网站,还需要注册一个域名。域名申请的一般步骤如下。

(1) 准备申请资料:cn域名目前个人不允许申请注册,要申请则需要提供企业营业执照。

(2) 寻找域名注册商:由于.com、.cn域名等不同后缀均属于不同注册管理机构所管理,如要注册不同后缀域名则需要从注册管理机构寻找经其授权的顶级域名注册服务机构。如.com域名的管理机构为ICANN(互联网名称与数字地址分配机构)、.cn域名的管理机构为CNNIC(中国互联网络信息中心)。若注册商已经通过ICANN和CNNIC双重认证,则无须分别到其他注册服务机构申请域名。

(3) 查询域名:在注册商网站单击"查询域名"按钮,选择要注册的域名,并单击"注册"按钮。

(4) 正式申请:查到想要注册的域名并确认域名为可申请的状态后,提交注册,并缴纳年费。

(5) 申请成功:正式申请成功后,即可开始进入DNS解析管理、设置解析记录等操作。

专家点拨　由于域名存在有效期,若是申请一年为有效期,在有效期过后,需要及时进行续费,否则域名将会在到期后自动删除,网站等其他服务也将会被迫停止。一般注册商都会在到期前提醒用户。

12.3.2　上传网站

域名注册完成后,接下来将上传网站,可以让ISP(网络技术服务商)来完成。ISP将提供FTP地址(有的不支持FTP上传的只能用Web上传了),还有一个用户名和密码,以便用户将自己的网站上传到服务器空间。只要下载一个FTP上传工具,输入用户名和密码后,把本地的网站传上去就可以了。

上传完网站后,就可以用申请的域名直接访问了。

网站发布后并不表示所有的工作都完成了,后期还需要对网站进行维护,不断更新网站的信息,从而使网站的运行更加稳定,内容更丰富。

习题参考答案

第 1 章

一、选择题

1. B　　2. C　　3. C　　4. A

二、填空题

1. 首页（或主页）

2. DOCTYPE、过渡型

3. 双标记、单标记

4. 空格

第 2 章

一、选择题

1. C　　2. B　　3. B　　4. C

二、填空题

1.

2. 无序列表、有序列表

3. <a href="mailto:cai8net@sohu.com">

4. < bgsound src="url" loop="#">

第 3 章

一、选择题

1. B　　2. D　　3. C

二、填空题

1. 锚点链接

2. 服务器协议

3. ../

4. 紫

5. mailto：

6. 特定位置

7. <area>

第 4 章

一、选择题

1. B   2. C   3. B   4. D

二、填空题

1. ＜caption＞

2. cellspacing

3. 框架集

4. src

5. 0

6. no

7. name

第 5 章

一、选择题

1. C   2. B   3. A   4. D

二、填空题

1. 信息交换

2. 表单

3. post

4. readonly

5. 提交表单

6. name

7. post

8. selected

第 6 章

一、选择题

1. C   2. A   3. C   4. A   5. D

二、填空题

1. Cascading Style Sheet

2. / *   * /

3. 伪类和伪元素

4. 网页结构

5. rel＝"stylesheet"

6. ＜p＞＜/p＞、＜body＞＜/body＞

第 7 章

一、选择题

1．B　　　2．C　　　3．C　　　4．A　　　5．D　　　6．D

二、填空题

1．＜div class＝"a b"＞　　＜/div＞

2．both

3．margin

4．none

5．块状元素、内联元素

第 8 章

一、选择题

1．D　　　2．B　　　3．C　　　4．C　　　5．B　　　6．C

二、填空题

1．text-decoration、underline

2．line-height：normal|数字|长度|百分比

3．text-align

4．scroll

5．color

6．clip

第 9 章

一、选择题

1．A　　　2．C　　　3．A　　　4．D　　　5．A　　　6．B　　　7．A

二、填空题

1．顺序结构、选择结构和循环结构

2．switch

3．双斜线"//"

4．形式参数、实际参数

5．for…in 循环

第 10 章

一、选择题

1．C　　　2．B　　　3．B　　　4．B　　　5．A

二、填空题

1．基本内置对象、宿主对象

2．确认按钮